西门子

S7-200 SMART PLC

编程及应用

视频微课版

徐宁 赵丽君 ◎ 编著

清华大学出版社

北京

内 容 简 介

本书系统地讲解了西门子 S7-200 SMART 系列 PLC 外部器件和模块接线方法、变频器的应用,以及 PLC 编程的 8 种模式,并以实际项目为案例深入讲解了 PLC 程序编写的过程。

本书分为 6 篇,共 33 章。基础入门篇(第 1~5 章)介绍 PLC 的工作原理和应用,S7-200 SMART PLC 编程软件等。常用接线篇(第 6~11 章)详细讲解 S7-200 SMART PLC 外部器件和模块接线(含数字量和模拟量)。变频器应用篇(第 12~14 章)介绍几种不同品牌变频器的接线和应用,通过 PLC 采用端子控制变频器和通信控制变频器。难点解析和重点应用篇(第 15~22 章)深入讲解数据区和数据类型。案例应用实战篇(第 23~31 章)共涉及 9 个案例,重点在提升读者数字量逻辑编程和模拟量编程的应用。番外提升篇(第 32、33 章)介绍可调用子程序的编写,以及自由口通信。

本书适合学习 PLC 编程和提升 PLC 编程能力的工程技术人员及从业的电工人员阅读,也可作为高等院校自动化、电气工程等专业的教材。

图书在版编目(CIP)数据

西门子 S7-200 SMART PLC 编程及应用: 视频微课版/徐宁,赵丽君编著.—北京:清华大学出版社,2021.2

ISBN 978-7-302-56872-8

Ⅰ.①西… Ⅱ.①徐… ②赵… Ⅲ.①PLC 技术—程序设计—高等学校—教材 Ⅳ.①TM571.61

中国版本图书馆 CIP 数据核字(2020)第 228096 号

责任编辑: 赵佳霓
封面设计: 吴 刚
责任校对: 徐俊伟
责任印制: 丛怀宇

出版发行: 清华大学出版社
    网 址: http://www.tup.com.cn, http://www.wqbook.com
    地 址: 北京清华大学学研大厦 A 座   邮 编: 100084
    社 总 机: 010-62770175   邮 购: 010-83470235
    投稿与读者服务: 010-62776969, c-service@tup.tsinghua.edu.cn
    质量反馈: 010-62772015, zhiliang@tup.tsinghua.edu.cn
    课件下载: http://www.tup.com.cn,010-83470236
印 装 者: 大厂回族自治县彩虹印刷有限公司
经 销: 全国新华书店
开 本: 186mm×240mm   印 张: 25.25   字 数: 576 千字
版 次: 2021 年 3 月第 1 版   印 次: 2021 年 3 月第 1 次印刷
印 数: 1~1500
定 价: 98.00 元

产品编号: 086689-01

前 言
PREFACE

可编程序控制器简称 PLC,是以微处理器为核心的工业自动控制通用装置。它具有控制功能强、可靠性高、使用灵活方便、易于扩展、通用性强等一系列优点,尤其现代的可编程序控制器,其功能已经大大超过了逻辑控制的范围,还包括运动控制、闭环过程控制、数据处理、网络通信等。

目前国内应用的主流 PLC 主要有西门子、三菱、欧姆龙、A-B 等品牌。我们做任何事情都要有一个主线,学习 PLC 也是一样,我们只有确定好了主线,然后按照主线去学习和工作才会事半功倍,本书的主线是 PLC 应用技术。

首先确定以哪种 PLC 为蓝本,以西门子、三菱、A-B、还是其他 PLC 为蓝本? 西门子 PLC 是目前在我国占有率最高的 PLC 品牌。常用的有 S7-200、S7-200 SMART、S7-300/400、S7-1200/1500 等系列,不同系列 PLC 所用的编程软件也不尽相同。S7-200 SMART 属于小型 PLC,其价格便宜、功能适中,比较适合初学者和入门人员学习,对于 S7-300/400 和 S7-1200/1500 更适用于比较大的项目,尤其作为现场总线主站的复杂项目。本书将以 S7-200 SMART 为例来讲解 PLC 编程及应用的快速入门过程。

我们总结的学习指导思想如下:以认知的态度来思考问题;以完美的心态来处理问题;复杂的问题简单化,是指能把控大的构思和方向;简单的问题复杂化,难点问题逐一深入剖析并解决。

我们授课将遵循一个原则:从本质上给大家讲明白一个电气控制原理或者道理,然后拿出一个应用对象来做示范,接着再归纳总结,得出一个通用的道理或者结论,最后再用这个结论来套用或者应用到其他案例即可。其实大家并不缺乏资料,而是缺少合理的学习方法和学习引导。希望本书能为大家构建良好的学习方法和实用的学习思路,以此帮助所有读者。

本书共分为 6 篇 33 章。

❖ 第一篇　基础入门篇,包括第 1~5 章。

介绍 PLC 的工作原理和应用,S7-200 SMART PLC 编程软件,常用指令的分析和应用,PLC 编程的一般步骤等。

❖ 第二篇　常用接线篇,包括第 6~11 章。

详细介绍 S7-200 SMART PLC 外部器件和模块接线含数字量和模拟量,以及温控器和液位控制器的原理和应用。

❖ **第三篇 变频器应用篇**,包括第 12～14 章。

介绍几种不同品牌变频器的接线和应用,变频器恒压供水应用,通过 PLC 采用端子控制变频器和通信控制变频器。

❖ **第四篇 难点解析和重点应用篇**,包括第 15～22 章。

详细介绍数据区和数据类型,将常用的 PLC 编程归纳为:数字量逻辑编程、模拟量编程、高速计数器、PID 调节、运动控制、Modbus 通信、西门子 PLC 之间的 S7 通信。

❖ **第五篇 案例应用实战篇**,包括第 23～31 章。

一共涉及 9 个案例,重点在提升读者数字量逻辑编程和模拟量编程的应用。案例以实际应用为原型,精简提炼并深入解析编程思路和编程方法的应用。

❖ **第六篇 番外提升篇**,包括第 32、33 章。

介绍可调用子程序的编写,介绍如何大批量地处理同一类逻辑控制程序,介绍自由口通信,在 PLC 编程中算得上是难度比较大的一个,方便读者跟第三方设备自定义协议通信。

本书由网络主播徐宁和承德石油高等专科学校赵丽君副教授编写,本书视频部分主要由徐宁录制。赵丽君编写了第一篇和第四篇,其他章节由徐宁负责编写。全书由赵丽君统稿。

本书由承德石油高等专科学校李长久教授任主审,他对本书的内容、结构及文字方面提出了许多宝贵的建议,在此表示衷心的感谢!

本书部分图片由周玉海绘制并提供,在此表示衷心的感谢!也非常感谢杜海洋、张宁、梁进和徐少华对本书提供的支持和帮助。

由于编者水平有限,书中难免有不足和错漏之处,恳请读者批评指正。

徐 宁 赵丽君

2021 年 1 月

本书源代码(上)　本书源代码(下)　　教学课件　　编程软件及资料

目录
CONTENTS

第一篇　基础入门篇

第二篇　常用接线篇

第四篇　难点解析和重点应用篇

第五篇　案例应用实战篇

第六篇　番外提升篇

第一篇　基础入门篇

第 1 章

PLC 的硬件组成和工作原理

学习电气控制,PLC 编程是学习的重点。我们需要从本质上了解 PLC 的工作原理才能更好地去应用。PLC 的硬件组成、PLC 的工作原理、PLC 编程的编程思路和 PLC 编程的学习方法都是大家要学习的重点。

▶ 17min

1.1 PLC 概述

PLC 在早期是一种开关逻辑控制装置,被称为可编程序逻辑控制器(Programmable Logic Controller),简称 PLC。随着计算机技术和通信技术的发展,PLC 采用微处理器作为其控制核心,它的功能已不再局限于逻辑控制的范畴。因此,1980 年美国电气制造协会(NEMA)将其命名为 Programmable Controller(PC),但为了避免与个人计算机(Personal Computer)的简称 PC 混淆,习惯上仍将其称为 PLC。

▶ 18min

1987 年 2 月,国际电工委员会(IEC)对 PLC 的定义为: PLC 是一种数字运算操作的电子系统,专为在工业环境下的应用而设计。它采用了可编程序的存储器,用于在其内部存储执行逻辑运算、顺序控制、定时、计数和算术运算等操作的指令,并通过数字式和模拟式的输入和输出,控制各种类型机械的生产过程。而有关的外围设备,都应按照方便与工业系统联成一个整体、易于扩充其功能的原则设计。

1.2 PLC 的硬件组成

1.2.1 PLC 的控制系统构成

如图 1.1 所示为 PLC 控制系统的构成图。PLC 的核心部件是【CPU 模块】,该模块主要由【微处理器】和【存储器】组成,主要负责数据处理和数据存储,同时它连接了【输入模块】和【输出模块】,还可以通过【编程设备】编写和修改 CPU 内部的程序。当然所有的模块和设备都是需要供电的,【CPU 模块】、【输入模块】、【输出模块】都需要【供电电源】来供电。【输入模块】的作用是负责采集【外部设备】的输入状态和信号,经过【CPU 模块】处理后,决定输出信号,而输出信号必须通过【外部设备】来实现控制和动作。我们看到【输入模块】和

【输出模块】都是连接的【外部设备】,但两者是不一样的,一个是输入设备,而另一个是输出设备。即使是同一个设备,也可能不是同一个端口,还是要区分输入和输出的。后边讲到的变频器和电动调节阀在同一个设备上既可作为输入也可作为输出,但是接线端子必须区分输入和输出。

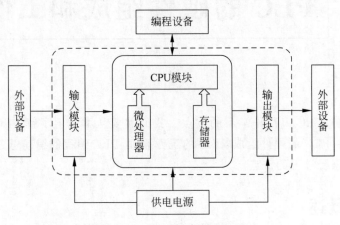

图 1.1　PLC 控制系统构成图

1.2.2　模块组成和连接

图 1.2 是常用自控系统模块连接图。在 PLC 控制系统中,CPU 模块是必不可少的,它是整个系统的大脑。【通信模块】根据使用需求选配,PLC 需要与外部通信时就选择通信模块。【输入模块】和【输出模块】一般都是必须有,输入是为了采集外部信号,而输出是为了控制外部设备。有人说:“我用 CPU 只做通信,不做输入也不做输出。”在特殊情况下那样使用也是可以的。常规使用都有数字量输入、数字量输出和通信,基于这种情况,小型的 CPU 模块集合了数字量输入和数字量输出,同时也集成了对外通信端口。如果当前配置满足使用需求就不需要加扩展模块,不满足使用需求就需要增加对应扩展模块。如果用到【模拟量输入模块】和【模拟量输出模块】时,根据使用需求选配。一套 PLC 控制系统可以通过扩展模块来实现各种功能和满足各种需求,不过每一种 CPU 模块支持的扩展模块数量是不同的。具体到某种 CPU 模块的扩展能力和支持扩展模块的数量要查看对应的说明书。

图 1.2　自控系统模块连接图

如图 1.3 所示,串口通信模块通常分为以下 3 类:RS-232 通信模块、RS-485 通信模块、RS-422 通信模块。一般情况下,一个通信模块只支持一种通信方式。为了满足市场需求和兼容性,有的通信模块可能具备两种或者多种通信方式,例如有的模块同时支持 RS-485 通信和 RS-232 通信。同一种通信方式也可能支持多种协议,例如通过 DB9 接口下载程序时,西门子 S7-200 系列 CPU 模块和计算机通信采用 RS-485 通信方式,协议采用 PPI 协议;西门子 S7-300 系列 CPU 模块和计算机通信采用 RS-485 通信方式,协议采用 MPI 协议。总结一下:通信接口方式一样,但是采用的通信协议可能不一样。只有通信接口方式一样,并且采用的通信协议一样,二者才能实现通信。如果把通信方式比喻成不同的道路,而协议就是道路上跑的车。如公路上可以跑不同的车,例如卡车、轿车和货车等,但是不能跑火车。某种通信方式支持的协议是有限的,不能支持所有协议。

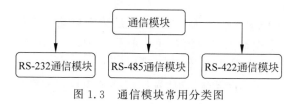

图 1.3　通信模块常用分类图

如图 1.4 所示,CPU 模块根据使用需求来划分大致有 3 种。

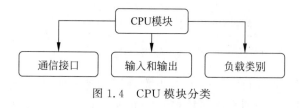

图 1.4　CPU 模块分类

第 1 种是根据通信接口的不同来分类,如 CPU 模块带 RS-485 通信接口、RS-232 通信接口或者网口等。

第 2 种是根据输入和输出数量不同来分类,如 SR20 自带 12 个数字量输入和 8 个数字量输出,SR30 自带 18 个数字量输入和 12 个数字量输出。

第 3 种是根据负载类别来分类,如 SR20 是通过继电器输出的,没有高速脉冲输出,也就不能做运动控制,而 ST20 是通过晶体管输出的,有高速脉冲输出,可以做运动控制,但是 ST20 只能做 2 个轴的运动控制。如果想做 3 个轴的运动控制就要选择 ST30 或者 ST40 等具备控制 3 个运动轴的 CPU 模块。

每一种 CPU 模块的详细情况和负载能力都要参看对应的手册或者说明书。在设计选型的时候一定要注意:不能等到控制系统做好了,才发现 CPU 模块选错了。

如图 1.5 所示,输入模块主要分两类,一类是数字量输入模块,另一类是模拟量输入模块。数字量输入模块根据接入点数的不同一般分为 4DI、8DI、16DI 和 32DI 等,4DI 是指有 4 个数字量输入点,而 8DI 是指有 8 个数字量输入点,以此类推。模拟量输入模块一般分为 2AI、4AI 和 8AI 等。做 PLC 控制系统时具体选用哪一种模块需要根据工程项目需求来确定。

模块数量是根据工程项目需求的 I/O 点来规划和确定的,同时还要预留部分 I/O 点。最后要根据模块手册或者说明书详细核实该模块种类和数量是否满足实际使用需求。本书

图 1.5 输入模块分类

后续章节对数字量输入模块接线(第 6 章)和模拟量输入模块接线(第 8 章)分别做了详细讲解。

如图 1.6 所示,输出模块主要分为两类,一类是数字量输出模块,另一类是模拟量输出模块。数字量输出模块根据输出点数的不同一般分为 4DO、8DO 和 16DO 等,4DO 是指有 4 个数字量输出点,8DO 是指有 8 个数字量输出点,以此类推。模拟量输出模块一般分为 2AO 和 4AO 等。做 PLC 控制系统时具体选用哪一种模块需要根据工程项目需求来确定。

图 1.6 输出模块分类

模块数量是根据工程项目需求的 I/O 点来规划和确定的,同时还要预留部分 I/O 点。最后要根据模块手册或者说明书详细核实该模块种类和数量是否满足实际使用需求。本书后续章节对数字量输出模块接线(第 7 章)和模拟量输出模块接线(第 9 章)分别做详细讲解。

如图 1.7 所示,混合模块主要分为两类,一类是数字量输入和输出混合模块,另一类是模拟量输入和输出混合模块。混合模块就是既具备输入信号也具备输出信号的模块,一般输入和输出的通道是分开的,输入通道只能接输入,而输出通道只能接输出。当然也有那种通用通道的模块,就是该通道既可以接输入也可以接输出,也不区分数字量和模拟量。接线的原则依然是按照说明书接线,越复杂的设备越需要详细解读说明书。在实际工作中,混合模块一般是为了匹配输入和输出点数,同时也节约了模块占位的数量。

图 1.7 混合模块分类

如图 1.8 所示汇总了常用模块的分类信息,大家要对比理解常用模块的使用情况。当然还有其他特殊功能模块没有列出来,在学习的过程中需要查看说明书理解和使用。

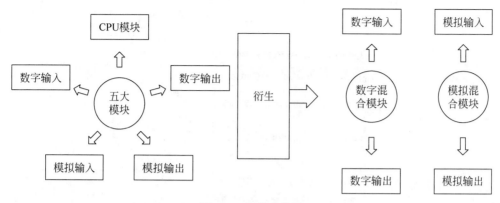

图 1.8　模块分类图

1.3　PLC 的工作原理

1.3.1　PLC 的基本原理和执行过程

不同的设备工作方式也不一样。计算机的工作方式为等待命令的工作方式,而 PLC 的工作方式为循环扫描的工作方式。

PLC 的循环扫描原理如下:CPU 从第一条指令开始进行周期性地循环扫描,如果无跳转指令,则从第一条指令开始逐条按顺序执行用户程序,直至遇到结束符后又返回第一条指令,周而复始不断循环,每一个循环称为一个扫描周期。一个扫描周期主要分为 3 个阶段:输入刷新阶段、程序执行阶段和输出刷新阶段。

输入扫描:将输入模块的当前状态读取到 CPU 的输入映像寄存器中,以备程序扫描。

程序扫描:CPU 从第一条用户程序开始,根据输入映像寄存器,及其他数据状态来确定对外部设备的控制,将控制信息送到输出映像寄存器。

输出扫描:将输出映像寄存器的状态传送到输出模块。

如图 1.9 所示为 PLC 主要工作原理图和执行过程。PLC 周而复始地执行一系列任务,任务循环执行一次称为一个扫描周期,只要 CPU 在运行状态就会不停地扫描。

1.3.2　PLC 各部分的主要作用

1. CPU 模块

CPU 模块主要由微处理器(CPU 芯片)和存储器组成。CPU 模块主要用于诊断 PLC 电源、内部电路的工作状态及用户程序中的语法错误。采集现场的状态或数据,并输入 PLC 的寄存器中;逐条读取指令,完成各种运算和操作;将处理结果送至输出端;响应各种外部设备的工作请求。

存储器分为系统程序存储器和用户程序存储器。系统程序存储器用以存放系统管理程序、监控程序及系统内部数据。PLC 出厂前已将系统程序固化在只读存储器 ROM 或

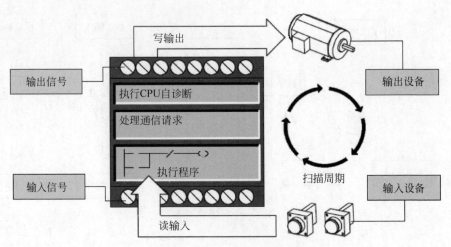

图1.9　PLC工作原理示意图

PROM中,用户不能更改。用户存储器包括用户程序存储区及工作数据存储区。这类存储器一般由低功耗的CMOS-RAM构成,其中的存储内容可读出并可更改。

注意:PLC产品手册中给出的"存储器类型"和"程序容量"是针对用户程序存储器而言的。

2. 数字输入接口电路

输入电路中每路输入信号均经过光电隔离、滤波,然后送入输入缓冲器等待CPU采样,每路输入信号均有LED显示,以指明信号是否到达PLC的输入端子,输入信号的电源均可由用户提供,直流输入信号的电源也可由PLC自身提供。输入模块的种类有:直流输入和交流输入。

(1)直流输入。直流输入电路如图1.10所示,虚线框内是PLC内部的输入电路,框外左侧为外部用户连接线,有些小型系统外接的直流电源的极性任意。图中只画出对应于一个输入点的输入电路,而各个输入点对应的输入电路均相同。在图1.10中,T为一个光电耦合器、发光二极管和光电三极管封装在一个管壳中。当二极管中有电流时发光,可使光电三极管导通。R_1为限流电阻,R_2和C构成滤波电路,可滤除输入信号中的高频干扰,LED显示该输入点状态。

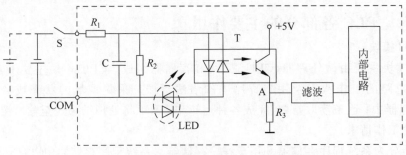

图1.10　数字输入接口电路(直流输入)

其工作原理如下：当S闭合时,光电耦合器导通,LED点亮,表示输入开关S处于接通状态。此时A点为高电平,该电平经滤波器送到内部电路中。当在CPU循环的输入阶段锁入该路信号时,将该输入点对应的映像寄存器状态置1;当S断开时,光电耦合器不导通,LED不亮,表示输入开关S处于断开状态。此时A点为低电平,该电平经滤波器送到内部电路中。当CPU在输入阶段锁入该路信号时,将该输入点对应的映像寄存器状态置0,以备在程序执行阶段使用。

（2）交流输入。交流输入的电路如图1.11所示,虚线框内是PLC内部的输入电路,框外左侧为外部用户连接线。图中只画出对应于一个输入点的输入电路,而各个输入点对应的输入电路均相同。在图1.11中,C为隔直电容,此电容对交流电相当于短路,电阻R_1和R_2构成分压电路。这里光电耦合器中是两个反向并联的发光二极管,任意一个二极管发光均可以使光电三极管导通,用于显示的两个发光二极管LED也是反向并联的,该电路可以接受外部的交流输入电压,其工作原理与直流输入电路基本相同。

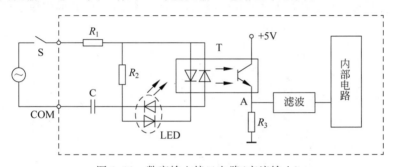

图1.11　数字输入接口电路（交流输入）

PLC的输入电路分为汇点式、分组式、隔离式三种。输入单元只有一个公共端子（COM）的称为汇点式,外部输入的元器件均有一个端子与COM相接;分组式是指将输入端子分为若干组,每组分别共用一个公共端子;隔离式输入单元是指具有公共端子的各组输入点之间互相隔离,可各自使用独立的电源。

【扩展理解】　一般用一个开关来反馈信号,但也可以用多个开关来反馈信号。多个开关可以并联,也可以串联来完成一个信号的输入。对于大型系统的直流输入模块,很多COM端固定接负或者接正。COM端固定接负也称为源型（SOURCE）,高电平有效,意思是电流从输入点流入（灌电流）时信号为ON。COM端固定接正也称为漏型（SINK）,低电平有效,意思是电流从输入点流出（拉电流）时信号为ON。当然光电开关和接近开关也分PNP和NPN输出,为此选择检测开关时输出型式必须和PLC输入模块相适应。负COM端（源型）的PLC输入模块选择PNP输出的开关,正COM端（漏型）的PLC输入模块选择NPN输出的开关。

另外有人会提出这样的疑问：“如果我想直接输入交流信号呢?”一般的处理方法有两种,第1种是交流信号接到中间继电器线圈,通过中间继电器的触点来接入PLC输入模块;

第 2 种是直接选用交流输入的数字量输入模块,将输入信号接入输入模块即可。

3. 数字输出接口电路

数字输出接口的作用是将内部的电平信号转换为外部所需的电平等级输出信号,并传给外部负载。每个输出点的输出电路可以等效成一个输出继电器,按负载使用电源的不同,可分为直流输出、交流输出和交直流输出三种;按输出电路所用的开关器件不同,可分为晶体管输出、晶闸管输出和继电器输出。它们所能驱动的负载类型、负载的大小和响应时间是不一样的。

(1) 继电器输出类型:继电器输出通过线圈的通和断来控制触点输出,为无源触点输出方式,用于接通或断开开关频率较低的直流负载或交流负载回路。

如图 1.12 所示,K 为一小型直流继电器,其工作原理如下:当输出锁存器的对应位为 1 时,K 得电吸合,其常开触点闭合,负载得电,LED 点亮,表示该输出点接通;当输出锁存器的对应位为 0 时,K 失电,其常开触点断开,负载失电,LED 熄灭,表示该输出点断开。

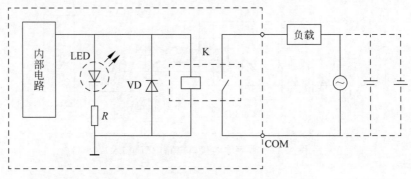

图 1.12　继电器输出电路

继电器输出点负责把公共端和输出点之间接通。如果公共端接负,输出就是负;如果公共端接正,输出就是正;如果接火线 L,输出就是火线 L;如果接零线 N,输出就是零线 N。总结成一句话就是:公共端给什么就输出什么。

从图 1.12 可以看出,继电器输出型 PLC 的负载电源可以是交流电,也可以是直流电,为有触点开关,带负载能力比较强,一般在 2A 左右,但寿命比无触点开关要短,开关动作频率也相应低一些,一般小于等于 1Hz。

(2) 晶体管输出型:如图 1.13 所示为 NPN 输出接口电路,它的输出电路采用晶体管驱动,也叫晶体管输出模块。但在实际使用中,晶体管输出模块也不一定全采用三极管,而是采用的其他晶体管,例如 S7-200 SMART 晶体管输出模块采用的就是 MOSFET 场效应管。此处讲解的是晶体管输出基本知识,其他类型详见产品样本。在图 1.13 中,T 是光电耦合器,LED 用于指示输出点的状态,VT 为输出晶体管,VD 为保护二极管,可防止负载电压极性接反或高电压、交流电压损坏晶体管。FU 为熔断器,可防止负载短路时损坏 PLC。其工作原理是:当输出锁存器的对应位为 1 时,通过内部电路使光电耦合器 T 导通,从而使晶体管 VT 饱和导通,使负载得电,同时点亮 LED,以表示该路输出点有输出。当输出锁存器的对应位为 0 时,光电耦合器 T 不导通,晶体管 VT 截止,使负载失电,此时 LED 不亮,表示该输出点状态为 0。如果负载是感性的,则必须给负载并接续流二极管(如图 1.13 右侧虚线所示),使负载关断时,可通过续流二极管释放能量,保护输出晶体管 VT 免受高电压的冲击。

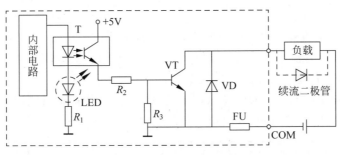

图 1.13 晶体管输出电路

注意:S7-200 SMART 晶体管输出为源型(高电平),公共端接正。

晶体管输出模块用于带直流负载,每一个输出点的带负载能力一般为零点几安培。因晶体管输出模块为无触点输出模块,所以使用寿命比较长、响应速度快。

(3) 晶闸管输出类型:如图 1.14 所示,晶闸管输出电路是采用光控双向晶闸管驱动的,所以又叫双向晶闸管输出模块。在图 1.14 中,T 为光控双向晶闸管,R_2 和 C 构成阻容吸收保护电路。其工作原理是:当输出锁存器的对应位为 1 时,发光二极管导通发光,使双向晶闸管 T 导通,从而使负载得电,同时输出指示灯 LED 亮,表示该输出点为 ON;当输出锁存器的对应位为 0 时,双向晶闸管 T 不导通,负载失电,输出指示灯 LED 灭,表示该输出点为 OFF。

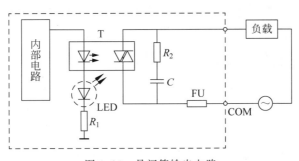

图 1.14 晶闸管输出电路

晶闸管输出模块需要外加交流电源,带负载能力一般电压为 250V,而电流为 1A 左右,不同型号的外加电压和带负载的能力有所不同。双向晶闸管为无触点开关,使用寿命较长,反应速度快,可靠性高。

PLC 的输出电路分为汇点式、分组式、隔离式等类型。

【扩展理解】 我们要根据实际负载的需求配置 PLC 输出模块,当出现多种电流和电压类型时,尽量采用统一输出类型的模块来减少系统的复杂性。例如:控制交流负载时,也可以用晶体管输出模块控制直流中间继电器或者接触器,进而控制 220V 或者 380V 的交流负载。

4. 电源

PLC 的电源是指将外部输入的交直流电源转换成供 CPU、存储器、输入和输出接口等内部电路工作需要的直流电源。许多 PLC 的直流电源采用外部开关电源,不仅可以给模块供电,还可以为输入和输出设备提供负载电源。

一般继电器输出的 CPU 模块,输入电源是 AC220V。而晶体管输出的 CPU 模块,输入电源是 DC24V。有些 CPU 模块还集成了负载电源。

【扩展理解】 很多小型 CPU 模块集成直流 24V 负载电源,此电源的带负载能力很小,一般只有几百毫安。当所需负载电流超出该集成电源时需要外接电源。电源一般不能并联使用,如果 CPU 集成的 24V 电源不够,则负载电源可全部采用外部 24V 电源。

1.4 PLC 编程的学习路线

本书不仅讲述方法和经验,还包含学习思路的指引。跟着教程和案例,学习,练习,再实践。还要善于做笔记和自我总结,方便以后回顾。不懂的地方可研究与之相关的知识,及时记录疑问并想办法解决。随着时间的推移,大家就会积累自己的经验并慢慢感悟,逐渐就能独立编程。就像开车一样,拿到驾照之后也是需要实际上路来开车实践的。本书就像导航软件一样对大家进行一些指导和指引,帮助大家找到合适的方法和路线,避免绕远和走弯路,进而提高学习效率。

1.4.1 学习电气控制的主导思想

简单的问题复杂化就是将简单的问题扩充并延伸学习。例如用到了绿色启动按钮,就要去搜索所有类型的按钮,总结出来按钮如何选型、如何接线,以及按钮的类型、品牌、性价比。

复杂的问题简单化就是将复杂的问题简化处理。找准思路,通过对比学习、类比学习等方法来简化问题和难题。有了思路之后再将原来简化的东西填充回去。

各个击破,深度解析。复杂的问题简单化处理就是对于遇到的各种问题,将问题分解,并各个击破,然后深度解析(简单的问题复杂化),解析完毕之后,再重新串联贯穿起来。如果还有问题,继续使用这种方法来分析和处理问题,一直到整体解决为止。

1.4.2　学习 PLC 编程的主导思想

（1）复杂的问题简单化：确定编程用到哪些基本指令，分解开来并专题化学习。

（2）简单的问题复杂化：根据能用到的所有场景将各个指令深入测试和研究，常规和非常规的都要测试。

（3）梯形图思维：每一个指令的变化将会导致不同的结果。用梯形图的思维按照生产工艺去编写程序，逐个分析指令的增减可能导致的结果，修改并完善程序，然后再调试运行。

（4）以被控机械为主、电气控制为辅的原则来实现工艺需求。

1.4.3　学习电气控制和 PLC 需要具备的能力

（1）自学能力：电气控制技术更新换代比较快，所以需要具备自学能力才能应对逐渐变化的技术发展。

（2）分析能力：电气接线和编程一般都比较复杂，同一现象的发生可能是由多种因素导致的，因此需要良好的分析能力和判断能力。

（3）处理问题的能力：做电气控制要胆大心细，要有处理问题的能力，否则以后面对新的现场和复杂的程序，没有处理问题的能力则无法顺利完成项目。

1.4.4　学习电气控制和 PLC 的工具

（1）官网：官网有经典实用案例和特别注意事项，官网有技术客服、软件、手册和说明书。

（2）百度：百度一般有你想要的资料，百度能解决一般的问题，百度也可以给你指引一定的思路。

（3）淘宝：万能的淘宝几乎什么都有，如果想要学习，比较快捷的方法是去淘宝搜索自己需要的设备和器件，没有相同型号的则可以找类似的，卖家将宝贝描述的详细程度让你不懂都不行。这家不行再找下一家，总有一家能解决你的问题。最为突出的就是使用参数和基本的接线，不懂的还可以打电话问淘宝卖家如何使用。

1.5　学习的心态

1.5.1　以认知的态度来学习

什么叫认知的态度？不管你懂不懂，必须以不懂的态度来学习；不管你会不会，必须以不会的态度来学习。本着借鉴和提升的想法，取其精华去其糟粕，三人行必有我师。我们不是去学习别人的缺点的，所以需要只盯着别人的优点去学习，不好的地方心里有数即可。任何一种学习方法或者一本书都不是完美的，大家要以良好的心态来学习，以提升自己为目的。

1.5.2 以教授其他人的态度来学习

不管你具备什么基础知识,既然来学习,我们就会一视同仁地对待。既然你要学习就证明你不是超人,你不是超人就会有所忘记。既然你会有所忘记,你就需要做笔记或者总结文档,方便日后自己不懂的时候拿出来看看,也方便你日后可以教授给其他人。总结一下:把自己当老师来对待,做好将所学知识教给其他人的准备,因为每个人的见解都是独特的。

1.5.3 营造学习氛围

找到工控圈或者学习群,这样的群体会给你带来不同的价值观、体验观和不同的机会。包括学习机会、开阔视野的机会、就业机会和做工程项目的机会等。我们每个人都需要有自己的圈子,电气人员更需要有这样的圈子。

1.6 PLC 编程的学习路线

1.6.1 制订学习计划表

如果一个人学一门课程没有规划那是失败的。要么按照我们的学习思路,要么按照自己的学习思路制订学习计划表。按照学习计划表去要求和约束自己的行为。学习一门课程所遇到的每一个课题大家都要反问自己:学到什么程度?掌握了哪些内容?

1.6.2 适当地改变自己

一个人的成长过程是难受的,甚至是痛苦的。就像爬坡,过程很艰辛,但是爬上去以后就会有很多收获。在学习的过程中,可能会面临着一步三个坎,面临着无人问询,或者问谁都不知道,面临着困惑和不知所措,面临着无助和无奈。我们的书籍和课程,是经验的总结,也是方法的介绍。展现在你面前的都是很好的思路。突然自己开始做,就会各种碰壁。碰壁了你就会领悟到方法和思路,碰壁了你才会思考。案例和课程都是相对的,应用实例是千差万别的,学习要学会抓方法找原理,更要改变自己。改变自己的学习方法,改变自己的学习思路,改变自己的思维模式。所有的这些都离不开"坚持"两个字,否则一事无成。

不管大家出于什么原因来选择学习电气控制或者 PLC 编程,只要选择了就要坚持下去。编程确实能改变原来的思维,不管是从思想上还是从认知上都会有一定的提升。

反问一下自己:学习 PLC 编程要达到一种什么高度?如何保证自己达到这个高度?自己将做出如何的努力?

本 章 小 结

学习电气控制和 PLC 编程要确定学习目标和自己努力的途径。这样才能有的放矢,否则就变成了想学就学,不想学就拉倒了。如果你的学习效率和学习劲头差,那你就是在浪费生命,还不如学点你感兴趣的学科。要想在任何一门学科学有所成,必须付出一定的辛苦和努力,天上掉馅饼的事情不存在。你也不一定是天才,就算你是天才你也不可能什么都会,所以学习永远不晚。社会在发展,科技在进步。现在干什么的人都多,所有的事情都在往高、精、尖的方向发展。如果我们不孤注一掷努力学习,后悔的永远是自己。不管你干什么,只有达到了高、精、尖,做出了成绩,才能实现自我的价值。所以努力吧,学习永远不晚!

请大家按照自己的实际情况如实填写 3 个问题。

学习的目的:＿＿＿＿＿＿＿＿＿＿＿＿＿＿＿＿＿＿＿＿＿＿＿。

努力的途径:＿＿＿＿＿＿＿＿＿＿＿＿＿＿＿＿＿＿＿＿＿＿＿。

想要的高度:＿＿＿＿＿＿＿＿＿＿＿＿＿＿＿＿＿＿＿＿＿＿＿。

第2章 西门子 PLC 常用编程软件

不管学习西门子哪一种 PLC 编程软件，需要掌握的基本内容大致如下：软件和计算机的通信设置、程序的上传和下载、程序块的添加、程序块的调用、符号表的添加和不同变量的建立、基本指令的测试和掌握、程序变量的在线监视、密码设置、断电保持设置等。以上内容在学习和实践的过程中，要深入地测试和研究并灵活掌握和应用。

2.1 西门子 PLC 常用编程软件

不同的 PLC 需要使用不同的编程软件来完成（如图 2.1 所示），如 S7-200 系列、S7-300 系列和 S7-200 SMART 系列分别有自己的编程软件。每一种软件都有不同的版本号，一般高版本编程软件可以向下兼容低版本软件编写的程序，如 S7-1200 和 S7-1500 系列均使用博图软件编程，博图软件向下兼容一个版本号，版本相差较多将无法打开所编写的程序。本书 S7-200 SMART 的案例程序使用的软件版本号是 V2.4，S7-1200 的案例程序使用的软件的版本号是 TIA Portal V14，如果要查看源程序来学习本教材内容，需要从西门子官方网站下载并安装相应版本的软件。以后具体学习使用到的常用软件名称如下：

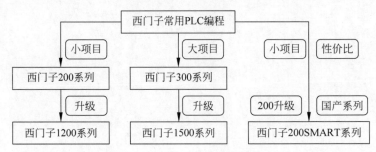

图 2.1　西门子常用编程软件

S7-200 系列 PLC 编程软件【V4.0 STEP 7 MicroWIN SP9（不需要密钥）】。

S7-200 SMART 系列 PLC 编程软件【STEP 7 MicroWIN SMART V2.4（不需要密钥）】。

S7-300 系列 PLC 编程软件【SIMATIC_STEP7_V5.5_SP2_Chinese（需要安装密钥）】。

S7-1200 系列 PLC 编程软件【TIA Portal V13sp1、TIA Portal V14（需要安装密钥）】。

S7-200 SMART 系列触摸屏软件【WinCC flexible SMART V3(需要安装密钥)】。

2.2　S7-200 SMART PLC 编程软件介绍

19min

本书将以 S7-200 SMART 系列为主来讲解西门子 PLC 编程。S7-200 SMART 系列 PLC 编程软件选用 STEP 7 MicroWIN SMART V2.4。

16min

实际操作练习可购买 S7-200 SMART 系列的 ST20,该款 CPU 模块自带 12 路数字量输入、8 路数字量输出、晶体管输出,可以做 2 个轴的运动控制,自带 1 个以太网口和 1 个 RS-485 通信接口。

2.2.1　软件安装

15min

如图 2.2 所示,下载安装包之后,要进行解压缩,解压缩之后就可以安装了。计算机系统需要的是 Windows 7 旗舰版或者 Windows 10 专业版,其他版本需参考西门子软件兼容性列表。

图 2.2　S7-200 SMART 软件安装包

如图 2.3 所示,安装软件具体操作如下:双击【setup】应用程序,根据操作提示单击下一步,一直到提示安装完成,桌面出现快捷方式【STEP 7-MicroWIN SMART】,双击该快捷方式即可打开编程软件。

注意:西门子软件安装路径不能出现汉字,还有个别软件要求安装到 C 盘,所以为了减少不必要的麻烦,尽量使用默认安装路径。如果需要改变路径,需尽量选择 C 盘或者 D 盘并且安装到该盘的根目录下。

2.2.2　软件常用操作

如图 2.4 所示,软件安装完毕后,打开编程软件,将看到导航栏和工具栏所显示的很多功能。需要对图中标注的常用功能进行测试和使用,逐步熟悉并掌握。

1. 项目的新建和保存

如图 2.5 所示为软件导航栏【文件】下的【操作】栏。左上角为快捷方式的图标,单击后显示:新建、打开、关闭、保存等选项,通过该操作栏,可以新建项目、打开已有项目、保存当前项目或者另存为其他名称的项目。也可以通过【保存】直接保存,或者单击下方的小三角会显示【保存】和【另存为】。

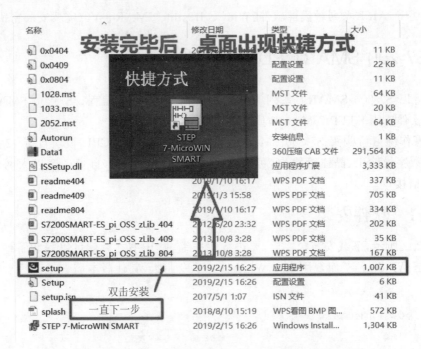

图 2.3 S7-200 SMART 软件解压安装包后的文件列表

图 2.4 S7-200 SMART 编程软件常用功能

图 2.5 保存操作图片

2. 项目的上传和下载

软件导航栏【文件】右下方的【传送】栏,如图2.6所示,当需要将计算机上的工程下载到CPU时选择下载功能,下载之前需要将通信电缆和计算机连接好,并且计算机已经安装好驱动,驱动一般在安装软件时自动安装好了。当需要将CPU中的程序上传到计算机时,选择【上传】功能。如图2.7所示,【上传】和【下载】下面的小三角是可以打开的,通过打开小三角可以选择上传或者下载的内容:程序块、数据块和系统块等,一般选择【全部】。

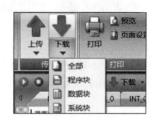

图2.6　上传和下载操作　　　　　　　图2.7　下载操作选项

3. 编程的常用导航栏

编写程序常用的操作显示在程序块上方的导航栏。如图2.8所示的标注,【启动CPU】、【停止CPU】、【编译】、【监视程序】和【停止监视】这些功能在编程的过程中使用频率比较高。

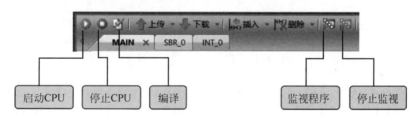

图2.8　常用导航栏

如图2.9所示为程序编辑常用的工具栏。有增加行、添加分支、增加触点和增加线圈等操作,这些是编程常用的操作。软件安装后把鼠标放到哪里,哪里就会显示该操作的作用。

图2.9　程序编辑工具栏

4. 软件的常用导航栏

如图2.10所示为导航栏【编辑】对应的操作。编程的导航栏有一些常用的操作,如果需要查找或替换变量,就需要用到最右侧【搜索】栏的查找和替换功能。将常用的功能按键单独放在编程界面,便于快速使用(类似图2.9所示的工具栏),所以图2.10和图2.9有些功能按键是重复的。

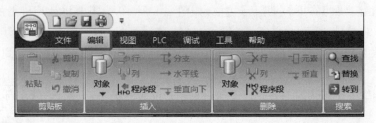

图 2.10 【编辑】下的功能按键

如图 2.11 所示,由左往右依次是【编辑器】、【窗口】、【符号】、【注释】、【书签】和【属性】。常用的是前 4 栏,第 1 栏【编辑器】是用于切换编程语言的,剩余 3 栏已经做了标注。其他的内容了解一下即可。

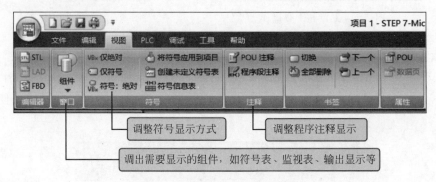

图 2.11 【视图】下的功能按键

如图 2.12 所示,导航栏【PLC】下的功能有【操作】、【传送】、【存储卡】、【信息】和【修改】。常用的是【操作】、【传送】和【信息】。鼠标放到【操作】处将显示该操作的作用,按下按键后执行对应的操作功能。【信息】内可以查看 PLC 的信息及比较软件程序和 PLC 中的程序是否一致。【清除】功能是将 PLC 内部程序全部清空。

图 2.12 【PLC】下的功能按键

如图 2.13 所示,导航栏中的【调试】主要针对程序测试使用,后面章节将根据实例讲解使用方法。

图 2.13 【调试】下的功能按键

如图 2.14 所示,导航栏中的【工具】下有【向导】、【工具】和【设置】。一般较为复杂的程序需要按照向导逐步设置应用,需要用到【向导】功能。所谓"向导"就是针对典型的案例做的模板化指导流程和操作,同时自动生成一些子程序。常用向导有:高速计数器、运动控制和 PID 调节等。【工具】是在调试的过程中用到的手动操作面板,如运动控制面板和 PID 控制面板。【设置】下的【选项】用于设置程序里的内容,详细内容可查看【设置】下的【选项】。注意:调整程序代码显示宽度和监视程序宽度,需要进入【选项】进行相应设置,这样就能让 I/O 符号的宽度变大,能显示更多内容。

图 2.14 【工具】下的功能按键

2.2.3 软件常用设置

1. 组态配置 CPU

双击项目树下的【CPU SR30】,如图 2.15(a)所示,出现图 2.15(b)模块配置页面,双击【CPU SR30(AC/DC/Relay)】会出现一个小三角。单击小三角会出现 CPU 模块的选择菜单,如图 2.15(c)所示,选择 CPU 型号并确定即可,这里选择 CPU SR30(AC/DC/Relay)。

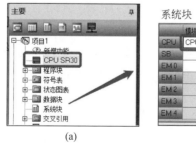
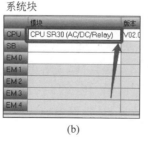
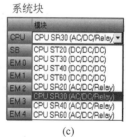

(a)   (b)   (c)

图 2.15 组态配置 CPU

配置完 CPU 型号后,按照图 2.16 配置扩展模块。配置各个模块的过程就是硬件组态的过程。所谓组态就是将外部实际使用的模块,用直观的形式表示出来。对于西门子 PLC 模块而言,订货号就是型号。

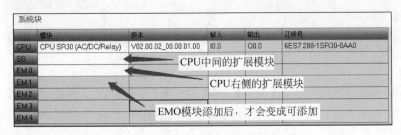

图 2.16　PLC 组态添加

如图 2.17 所示,使用模拟量模块时需要设置模拟量通道的类型。如何设置模拟量模块的通道类型呢?一般根据外接传感器的输出类型来确定,外接传感器如果是电压型就要设置成电压型,外接传感器如果是电流型就要设置为电流型。S7-200 SMART 组态如果采用的是电流型时,只能选择 0～20mA 的类型,如果外接传感器是 4～20mA 的信号,则需要在程序中做相应处理,在本书第 17 章有详细讲解。

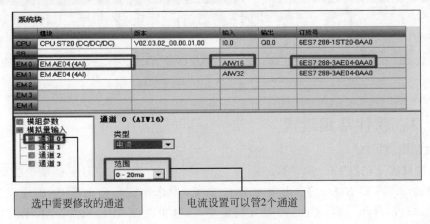

图 2.17　PLC 组态模拟量模块

2. 数据保持区域设置

如图 2.18 所示,进入组态设置并选中【保持范围】,范围 0～5 都是可以设置的,每一个范围又可以选择数据区、偏移量和元素数目。【清除】按钮可以清除已经设置好的内容。【数据区】可以选择并设置不同的数据区如 VB、VW、VD、MB、MW 和 MD 等。【偏移量】是指设置的数据区的起始地址。【元素数目】是指设置的数据区的变量个数。

3. 程序密码设置

如图 2.19 所示,进入组态设置页面,选中 CPU 模块,找到【安全】,右侧显示密码的区域根据密码安全等级一共分了 4 种加密方式,加密等级越高操作权限越低。如图 2.19 选择的

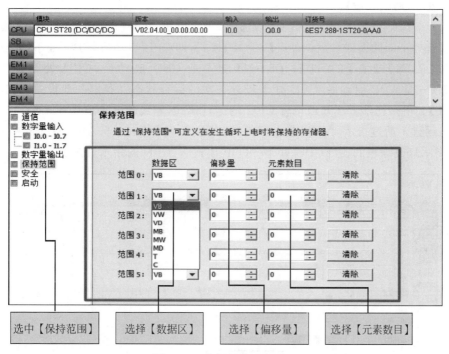

图 2.18　数据操持区的设置

是【读取权限】,可以读取程序,但是写入程序需要密码。图中标注了输入密码的区域,【密码】处输入密码,【验证】处输入同样的密码用于验证,设置完毕后,下载程序时只需要输入一次密码即可。此处加密是对所有程序加密,还可以单独对子程序块进行加密。

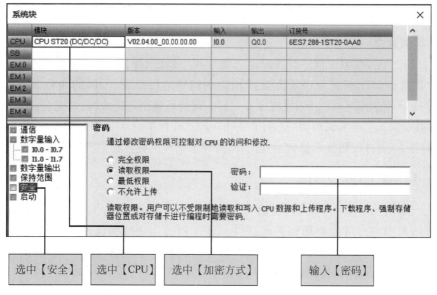

图 2.19　PLC 程序密码设置

4. CPU 启动模式设置

如图 2.20 所示,进入组态设置页面,选中 CPU 模块,选择【启动】,点开 CPU 模式下的三角可以选择不同的模式。默认的是【STOP】模式,即 CPU 启动后,CPU 处于停止模式,可以设置为【RUN】或者【LAST】。【RUN】模式是 CPU 启动后,CPU 处于运行模式;【LAST】模式是 CPU 启动后,CPU 处于最近一次的运行状态。我们一般设置为【RUN】或者【LAST】。很多初学者不知道设置 CPU 的运行模式,导致断电重启后原来编写测试好的程序不能运行。通过指示灯的状态也可判断 CPU 的运行状态,当 CPU 处于运行模式时,CPU 的指示灯是绿色的;当 CPU 处于 STOP 模式时,CPU 的指示灯是黄色的。

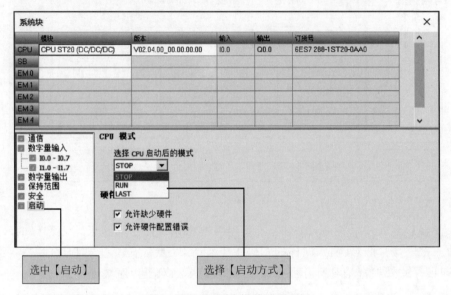

图 2.20 CPU 启动模式设置

5. 向导的建立

如图 2.21 所示,在编写程序时可以通过指令树中的【向导】建立向导。常用的向导有:运动、高速计数器和 PID,根据程序需要选择相应的向导进行设置,不同的向导设置方法也不一样;同一个向导,使用需求不一样,设置也不一样。向导设置组态完成后,系统会自动生成对应的子程序,然后根据工艺要求调用相应的子程序编程,这样便简化了程序的编写。使用向导时,选择需要的向导,双击并按照提示操作建立向导,向导中出现的设置根据实际使用需求填写即可。

2.2.4 添加库文件

如图 2.22 所示,项目程序都在【程序块】的目录下,在对应的程序块内编写程序。如图 2.23 所示为编程时可能会用到的库文件。库文件可以理解为已经编写好的程序块,可以供用户使用或调用,有的库文件是编程软件自带的,而有的库文件是用户添加的。如模拟量比例换算指令库【Scale】就是用户自己添加而生成的。

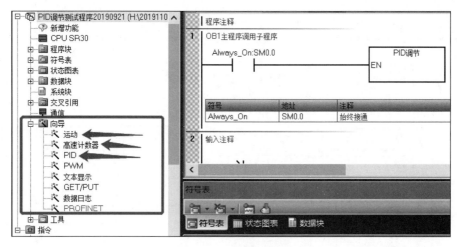

图 2.21 向导的建立

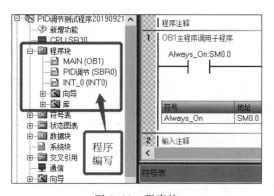

图 2.22 程序块

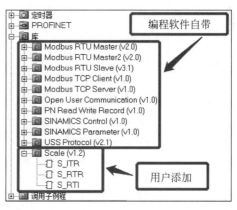

图 2.23 库文件

S7-200 SMART 模拟量比例换算指令库【Scale】的添加步骤如下：①下载安装或自己编写库文件。②如图 2.24 所示，打开编程软件找到【库】，右键后选择【打开库文件夹】。③如图 2.25 所示，可以看到库文件目录，将库文件复制到库文件夹。④关闭软件重新打开，如图 2.26 所示，从左下角指令树找到库文件子程序，这样模拟量比例换算指令库【Scale】就可以使用了。

图 2.24 库文件夹

2.2.5 符号表的建立

如图 2.27 所示，在指令树中找到【符号表】，双击【表格 1】可以添加自定义的符号表。打开【I/O 符号】可以修改系统自动生成的符号表。符号表一共有 3 项：【符号】、【地址】和【注释】。【符号】就是为变量设定的代号，【地址】就是 PLC 里数据区的地址，如 I0.0、M10.0、

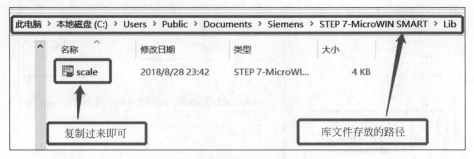

图 2.25 库文件存放位置

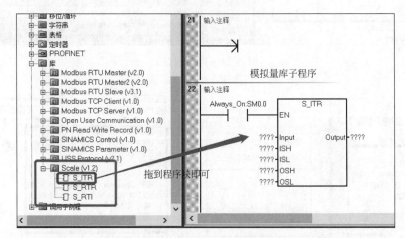

图 2.26 库文件应用到程序

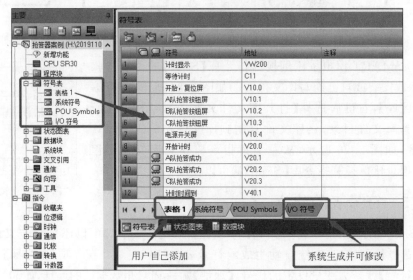

图 2.27 符号表

V100.0、MW20 和 VD200 等。【注释】就是对变量定义的解释，为了方便解读程序而设定的。注释不是唯一的，每个人写的注释都不一样，只有编程人员最清楚注释的意思，当然也可以不写注释。注释要保证简单、易读，用于理解指令所表达的意思，不能大篇幅地去解释。由于 S7-200 SMART 编程软件符号和注释不在一起显示，很多人习惯把代号用汉字去描述，使汉字和绝对地址在一起显示，这样更容易解读程序，编程也更方便。

2.2.6　程序数据监控

如图 2.28 所示，在指令树中找到【状态图表】，双击【图表 1】可以添加自己要监视的变量。添加完毕后选择显示格式，最右侧新值部分输入新值，可以写入 PLC 并修改变量数值。状态图表下边的小导航栏中有一个铅笔形状的图标是用于向 PLC 写入新值的操作按键，左侧有个绿色三角的按键，点下去此按键可以选择监视变量的当前值。

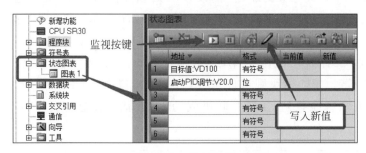

图 2.28　状态图表

2.2.7　子程序调用

西门子 PLC 大部分程序块都需要被 OB1 调用之后才会被 CPU 循环扫描，否则 CPU不扫描该程序块，该程序块的指令也就不会被执行。如图 2.29 所示，编好子程序之后，一定要在 OB1 中调用才可以被执行。调用的方式一般有两种：第一种是 OB1 对子程序一直调用，保证子程序的运行；第二种是根据已经调用和执行的程序条件来判断，根据需要来调用子程序。如程序段 2 中，当 V20.0 接通时才会调用 "PID调节" 子程序。

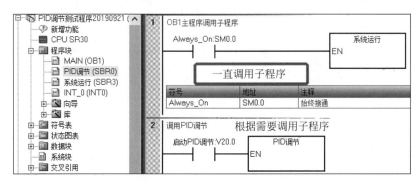

图 2.29　子程序调用

2.3 与计算机联机操作

计算机与 PLC 联机时需要具备的硬件配置：计算机、CPU 模块和通信电缆。硬件连接：将计算机和 CPU 模块通过通信电缆连接在一起。

联机操作注意事项：计算机和 CPU 模块如果采用网线连接，计算机和 CPU 模块一定要在同一网段，但是 IP 地址不能重复。例如 CPU 模块的 IP 地址设置为 192.168.1.11，计算机就要设置成 192.168.1.X，两者 IP 地址除了第 4 段不一样，其他的 3 段都是 192.168.1。使用 IP 地址尽量不要使用 192.168.1.1，因为路由器经常使用此地址。

如图 2.30 所示，S7-200 SMART 与计算机连接操作步骤如下：第一步，选择指令树下的【通信】，选择计算机对应的驱动（网线连接则选择网卡驱动，无线连接则选择 Wi-Fi 驱动）。第二步，设置 CPU 模块的 IP 地址。第三步，设置计算机的 IP 地址，并保证计算机的 IP 地址和 CPU 模块的 IP 地址在同一网段（用网线设置网卡 IP 地址，用无线设置 Wi-Fi 的 IP 地址，二者不可混用）。第四步，设置完毕以后，单击【查找 CPU】来搜索 CPU 模块，如果查找不到 CPU 模块则可以选择【添加 CPU】输入 CPU 的 IP 地址，然后添加。一般通过上述方法就能找到 CPU 并联机成功，然后就可以进行程序的下载和上传操作了。

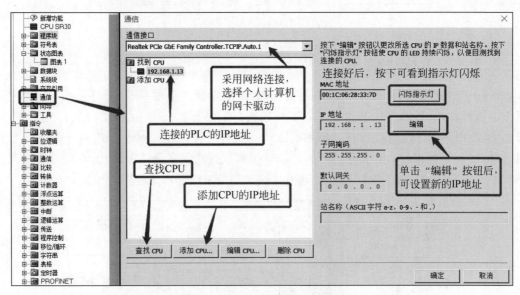

图 2.30　软件与计算机联机设置

本 章 小 结

　　PLC 编程只是学习电气控制的一小部分而已,但是在编程之前初学者一定要对软件的框架和使用有一定的了解。就像学习开车一样,虽然不需要把汽车所有部件都了解清楚,但是常用的部件必须要知道如何操作,如离合、油门、刹车、灯光、前机盖和油箱盖等。

第 3 章

S7-200 SMART PLC 基本指令

本章主要讲述如何学习和测试指令并学会基本的应用。常用指令有位逻辑指令、系统时钟、比较指令、定时器、计数器、传送指令和数值计算等。

3.1　位逻辑指令

3.1.1　常开和常闭触点

如果启动按钮接开点,停止按钮接闭点,对应的启停程序如图 3.1 所示。为什么【停止按钮 I0.1】在程序里采用常开触点呢? 以【启动按钮 I0.0】为例,如果外部接常开触点,按下按钮程序里边的 I0.0 会接通,就是动作接通。如果【停止按钮 I0.1】外部接的是常闭触点,不按下按钮就是接通的。按照操作过程来理解一下程序就是:当按下启动按钮,不按下停止按钮时,就开始运行。对于初学者可能不好理解,大家可以进一步对比并理解一下急停故障程序。

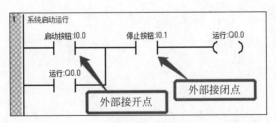

图 3.1　启停程序

如图 3.2 所示,【急停按钮: I0.3】外部接常闭触点,程序里也采用常闭触点。外部同样都是接的常闭点,程序中有的需要用开点,有的需要用闭点。初学者就会困惑:怎么与以前学的电气理论知识不一样呢? PLC 输入信号全部作为采集使用,采集完输入信号后的逻辑控制全部由 PLC 程序来执行。结合下图理解一下输入信号接通原则:灯亮开点亮,灯灭开点灭,开点和闭点总相反。

数字量输入部分,外部使用的开关和按钮什么时候接常开,什么时候接常闭呢? 外部的开关和按钮接开点和闭点取决于控制系统的设计者,设计者是根据现场使用工艺来确定的。

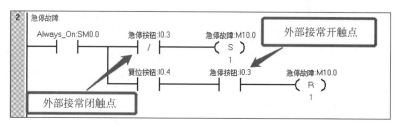

图 3.2　急停故障程序

凡是涉及安全和关键部分的,都要保证在外部器件损坏的前提下也必须能停止工作,以免对人员造成伤害和对设备造成损坏。如停止、限位和急停等外部开关都是接常闭触点,当开关损坏以后,PLC 程序会立刻收到一个停止信号或者故障信号。因为接常闭触点,正常情况下,PLC 输入模块会一直采集到信号,但一旦信号丢失,通过故障程序就能停止相关设备运行。相反,如果采用常开触点做停机类故障,在正常情况下,外部开关和按钮动作以后,PLC才会采集到一个信号,一旦外部开关或者按钮损坏,将无法及时给 PLC 反馈一个停机信号,从而导致不能及时停机,这样便容易造成事故。

　　程序里使用常开或者常闭到底跟哪个因素有关,对应到程序如何编写呢? PLC 的数字量输入模块采集开关或者按钮的信号,如果启动按钮接的是常开触点,当按下该按钮以后,PLC 才会收到信号,按钮要用什么触点状态,取决于编程人员,编程人员如何使用,取决于工艺。一般工艺要求是:按下启动按钮,在无故障的前提下,设备系统开启。由于按下按钮的动作触发了该事件的启动,那么程序要体现出按下按钮这个过程。如果按钮接的是常开状态,按下按钮后程序里的常开触点亮,那么程序用常开触点;如果外部接的是常闭状态,不按按钮程序里的常开触点就会亮。按下按钮后程序里的常开触点就会灭,而对应的常闭触点才会亮。初学者可以实际编程体验一下。通过表 3.1 可以理解外部接线和程序的常开触点和常闭触点的关系。

表 3.1　外部接线触点和程序触点接通对应表

序号	外部接线	PLC 内部	外部无动作	外部动作	无动作符号	动作后符号
1	常开点	常开点	断开	接通	-||-	-|||-
2	常开点	常闭点	接通	断开	-|/|-	-|/|-
3	常闭点	常开点	接通	断开	-|||-	-||-
4	常闭点	常闭点	断开	接通	-|/|-	-|/||-

3.1.2　取反

取反指令(NOT),取反能流输入的状态。

NOT 触点会改变能流输入的状态,能流到达 NOT 触点时将停止。没有能流到达

NOT 触点时,该触点会提供能流,即 NOT 是对逻辑结果进行取反。

如图 3.3 所示,程序段 3 和程序段 4 都是为了表达早班不运行的时候,晚班才运行。对 V20.1 的状态取反就是 V20.1 的常闭触点的状态,所以程序段 3 和程序段 4 中的 V30.1 的输出结果一样。一般采用程序段 4 的方式来编写程序,而程序段 3 的方式就显得复杂了。

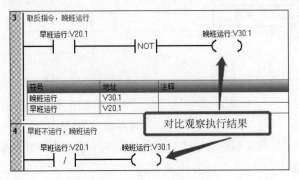

图 3.3 取反程序对比 1

如图 3.4 所示,程序段 5 和程序段 6 都是为了描述能陪孩子的时间,除每个月 1 日的 8 点到 12 点之外的时间都能陪孩子。

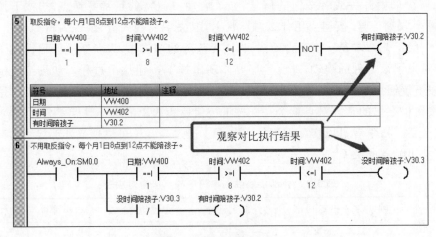

图 3.4 取反程序对比 2

为了表示能陪孩子的时间,程序段 5 采用了 NOT 指令,程序显得简洁很多。

通过图 3.3 和图 3.4 的对比,图 3.4 的情况更适合使用 NOT 指令。要表达"除什么之外的情况"采用 NOT 指令较为合适。

3.1.3 线圈的使用

凡是数字量输出都需要用到线圈,中间变量的输出也需要用到线圈,如:M10.0 的输出。一般 M 点的输出可以理解为中间继电器输出,Q 点的输出是驱动外部器件的输出。Q

点可以输出电压,其他的输出点不可以。如 S7-200 SMART 中的 V100.0 用作线圈输出和 S7-1200 中的 DB100.DBX0.0 用作线圈输出,都是中间继电器输出。

一般输出线圈在同时执行的程序中只能出现一次,出现两次或者多次则属于多线圈输出错误。此时程序不会报错,但是程序会按照最后一次扫描的状态来执行输出,这样会导致程序执行的混乱和逻辑错误。

同一个线圈的辅助触点是可以无限次使用的,如 M10.0 的常开触点和常闭触点都是可以无限使用的。但是同一线圈的常开触点和常闭触点的状态总是相反的。当线圈接通时常开触点就闭合,常闭触点就断开。当线圈断开时,常开触点就断开,常闭触点就闭合。输出线圈遵循一个原则:同一线圈的常开触点和常闭触点的状态总相反。

结合图 3.5 的程序进行测试并理解上文讲到的触点和线圈的接通原则。

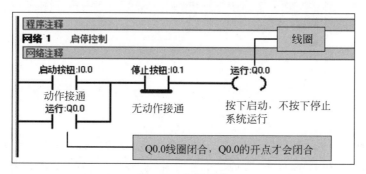

图 3.5　自保程序

理论上在同一个程序段是不允许出现多线圈的,但是有些程序不仅出现了双线圈还出现了多线圈,并且也不报故障。情况一:多个子程序不同时被调用,在每一个子程序都可以出现一次该线圈。例如:子程序 SBR_0 和 SBR_1 里同时都使用了 Q0.0 的线圈,只要子程序 SBR_0 和 SBR_1 不同时被调用就没有问题。情况二:采用顺控程序,不同的顺控程序里可以调用同一个线圈。由于顺控程序只执行结构体内的一小段程序,而两个或者多个顺控程序也不同时执行,所以实际意义上也不是多线圈的同时使用。

总结:只要程序中没有同时接通的双线圈或者多线圈即可。

【扩展理解】　一个人不能在同一时空的同一时间点出现。例如,2019 年 9 月 9 日,小徐在北京;2019 年 9 月 9 日,小徐在天津;2019 年 9 月 9 日,小徐在上海。那么 2019 年 9 月 9 日这一天小徐到底在哪里?看似很矛盾,其实他可能从北京到了天津,又从天津到了上海,是在同一天完成的,也就是在同一天存在了 3 个空间。只要从时间上严格区分开是没有问题的。双线圈也是这个道理,只要不是在同一时间出现,从形式上来讲是双线圈或者多线圈是没有问题的。但是如果这个双线圈同时发生了,肯定只有一个线圈会接通。就像 2019 年 9 月 9 日 9 点 9 分 9 秒,小徐只能在现实空间中的一个地方一样。

3.1.4 置位和复位

如图 3.6 所示,程序段 1 采用了置位指令 S,按下启动按钮(I0.0)置位 M10.0。程序段 2 采用了复位指令 R,按下停止按钮(I0.1)复位 M10.0,停止按钮外部接常闭触点。程序段 1 中 M10.0 下方的 1 表示置位的位数,如果改成 2,就是置位 M10.0 和 M10.1;程序段 2 中 M10.0 下方的 1 表示复位的位数,如果改成 3,就是复位 M10.0、M10.1 和 M10.2。

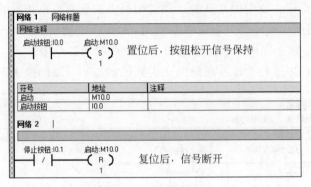

图 3.6 置、复位 1

如图 3.7 所示为 SR 触发器的使用。该指令为置、复位一体的指令,且为置位优先。当置位信号 S1 和复位信号都为 1 时,输出为 1。当 S1 输入端和 R 输入端都接通时,置位有效,此时 M10.1 接通并保持。

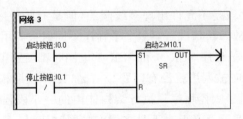

图 3.7 置、复位(置位优先指令)

如图 3.8 所示为 RS 触发器的使用。该指令为置、复位一体的指令,且为复位优先。当置位信号 S 和复位信号都为 1 时,输出为 0。当 S 输入端和 R1 输入端都接通时,复位有效,此时 M10.2 断开。

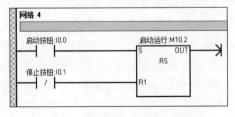

图 3.8 置、复位(复位优先指令)

置位的作用是一直让该数据位保持为1,复位的作用是一直让该数据位保持为0;置位作用时间为瞬动,就是激活置位以后无须再持续给信号,复位也一样,激活复位以后也无须持续给信号。

采用置位优先和复位优先的指令是为了区分置位条件和复位条件同时接通时的情况。当置位和复位同时发生时,置位优先的就会执行置位,而复位优先的就会执行复位。

置位可以理解为:某事件发生后,将这个事件写到记事本上,不管什么时候查看记事本,这个事件一直记录着。复位可以理解为将记录的这个事情从记事本上划掉了。只要不划掉,记事本将一直记着这笔账。

线圈可以理解为:事件发生以后,记性好的可能多记一会,就是用了自保。记性不好的,转身就忘记了,这是没有自保的。

如何区分置位优先还是复位优先呢? S 为 set 的代号,表示的是置位,R 为 reset 的代号,表示的是复位,SR 触发器是置位优先,RS 触发器是复位优先,哪个代号在前边就是哪个优先。针对程序指令的区分就是哪个代号带有"1"就是哪个优先。另外"1"也可以理解为"接通"的意思,所以带"1"的优先。

3.1.5　上升沿和下降沿

13min

如图 3.9 所示,事件发生的最前端触发的边沿叫上升沿,事件结束的最末端触发的边沿叫下降沿。上升沿和下降沿属于瞬间动作,可以理解为沿的发生几乎不占用时间。如图 3.10 所示,用启动按钮(I0.0)的上升沿来置位 M10.2,用停止按钮(I0.1)的下降沿来复位 M10.2。启动按钮(I0.0)外部接常开触点,上升沿是刚按下启动按钮的瞬间;停止按钮(I0.1)外部接常开触点,下降沿是按下停止按钮的那一瞬间。

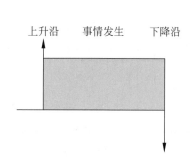

图 3.9　上升沿和下降沿发生示意图

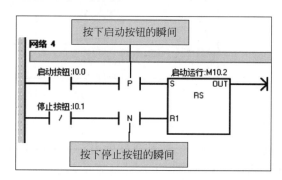

图 3.10　上升沿和下降沿的使用

在编程的过程中很多情况都需要用到边沿触发,如:计数器、Modbus 通信和运动控制等。有时候可以不用上升沿和下降沿,而是用逻辑控制来达到一个边沿触发的效果。

3.2 系统时钟

3.2.1 读取时钟

16min

READ_RTC 是读取时钟指令。读取系统时钟并存放到指定的数据区。如图 3.11 所示,指定读取后存放的起始地址是 VB100,那么读取的时间会依次存放在从 VB100 开始的 8 字节内,依次存放的是:年、月、日、时、分、秒、X(未定义)和星期。读取后的数值是以 BCD 码(十六进制)显示,如果想要显示十进制的数据就要进行数据转换。

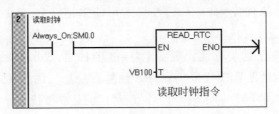

图 3.11　读取时钟

如图 3.12 所示,该监控表是读取时钟后的变量数值显示,可以选择监控的变量区域和数值,监控数据的格式可以根据需要进行调整。由于读取的时钟采用十六进制显示才正常,可以使用数据转换指令将数据转换为需要的格式。

	地址	格式	当前值	新值
1	VB100	十六进制	16#18	
2	VB101	十六进制	16#09	
3	VB102	十六进制	16#01	
4	VB103	十六进制	16#09	
5	VB104	十六进制	16#30	
6	VB105	十六进制	16#36	
7	VB106	十六进制	16#00	
8	VB107	十六进制	16#07	
9	VB108	十六进制	16#00	
10		有符号		

图 3.12　读取时钟存放状态表

如图 3.13 所示,有两种将十六进制显示转换为十进制显示的思路。第 1 种思路:用 B_I 指令将 Byte 转成 Int,将数据宽度由 8 位变成 16 位,然后再利用 BCD_I 指令实现数据格式显示的转换。转换前为十六进制显示,转换后为十进制显示。第 2 种思路:做一个进制转换的子程序,如图 3.13 所示的第二行程序,用子程序来实现数据的转换显示。

从 PLC 内部读取的时钟未必是准确的,因此需要将 PLC 的时钟设置准确。第 1 种方法:通过人工输入来设置时钟,人工输入时会核对准确后再设置时钟。第 2 种方法:如果触摸屏的时钟是准确的,将触摸屏的时钟设置给 PLC。设置时钟后要核实时钟是否写入成功。

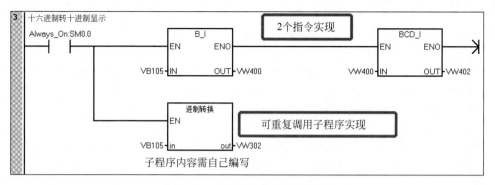

图 3.13 十六进制转十进制显示

时钟一般用于通过时间来控制外部设备的场合或者利用时钟来设定设备使用的有效期。

3.2.2 设置时钟

如图 3.14 所示,从 VB200 开始的 6 字节分别存放年、月、日、时、分、秒,然后通过设置时钟指令(SET_RTC)将从 VB200 开始的 6 字节存放的时间写入 CPU 内部,指令中用到的地址是用户自定义的。设置时钟前,需要将设置的时间分别写入对应的数据区(将 VB200到 VB205 进行赋值),然后再写入时钟。由于 PLC 内置万年历,设置好日期后星期会随着日期自动变化,所以星期就不用手动设置了。该程序要表达的意思为:通过 V60.0 的上升沿给 PLC 设定时钟为 2018 年 09 月 01 日 09 时 18 分 0 秒。

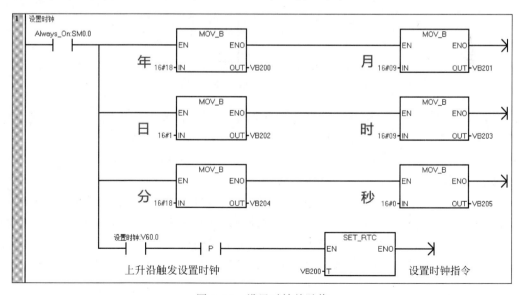

图 3.14 设置时钟并赋值

如图 3.15 所示，VW830 和 VW834 为触摸屏设置时钟的变量，需要将 VW830 和 VW834 都转换为 BCD 码，然后存放在对应的字节中。

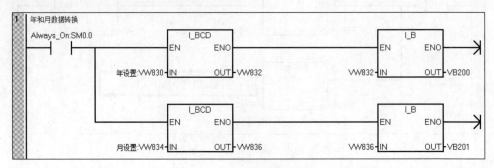

图 3.15　年和月数据转换

数据转换过程如下：先通过 I_BCD 指令将十进制数转换为 BCD 码，再通过 I_B 指令将 16 位的数据转换为 8 位的数据。

利用上述方法将年设定参数 VW830 转换后存放在 VB200 中，将月设定参数 VW834 转换后存放在 VB201 中。正确调用设置时钟指令(SET_RTC)后，可以将年和月设置完成。

3.2.3　实例应用

接下来看一个定时响铃的案例。如图 3.16 读取系统时钟，读取的时钟存放在 VB800 开始的区域。

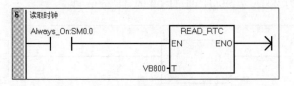

图 3.16　读取时钟

如图 3.17 所示，将时钟转换成需要的数据格式。将存放时的 VB803 转换后存放在 VW902 中，同理依次转换了分和秒的显示，分别存放在 VW906 和 VW910 中。

如图 3.18 所示，当时间为 12 时 0 分时，从 0 秒到 15 秒响铃；当时间为 17 时 30 分时，从 0 秒到 15 秒响铃。

本案例通过读取时钟和数据转换获得系统时间。如果时间准确，将继续沿用当前时钟，如果时间不准确，就要利用上文讲到的设置时钟的方法来纠正时钟。读取时间后，控制每天的 12 时开始响铃并且响铃 15 秒，每天 17 时 30 分开始响铃并且响铃 15 秒。如果这个案例应用到学校放学响铃，那么就需要加上星期的控制(如周六和周日休息而不需要响铃)，读者可以思考如何完善和修改程序。

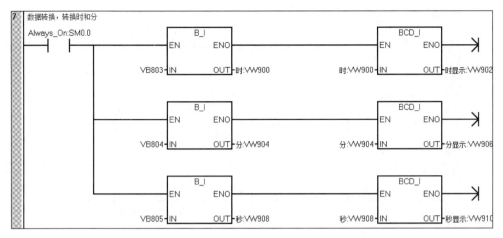

图 3.17　数据转换

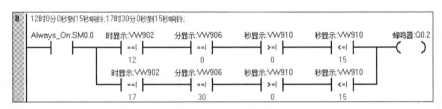

图 3.18　定点响铃

3.3　比较指令

3.3.1　比较指令

10min

比较指令用于两个数据的比较,不同的数据类型采用不同的比较指令。

如果要做无符号整形减法运算,就要先比较数值大小,然后再进行减法运算。必须是同一数据类型的数值才能做比较。数据类型可以理解为容纳数据的盒子,盒子一样大才能比较里面哪个盒子放的东西多还是少。涉及数据类型的区分,本书将在第 15 章做详细的讲解。

比较的结果有 6 种可能:大于等于、大于、小于等于、小于、等于、不等于。所以每一种数据类型的比较,都将出现 6 种结果中的一种,具体使用哪种比较方式,取决于比较结果的应用,需根据实际情况而决定。

如图 3.19 所示,程序段 1 为无符号字节的 6 种比较关系;程序段 2 为有符号字整数的 6 种比较关系;程序段 3 为有符号双字整数的 6 种比较关系;程序段 4 为有符号实数的 6 种比较关系。把数据类型的比较指令列举出来方便对比学习。图 3.19 中都是变量与数值作比较,也可以用两个同一种数据类型的变量进行比较。

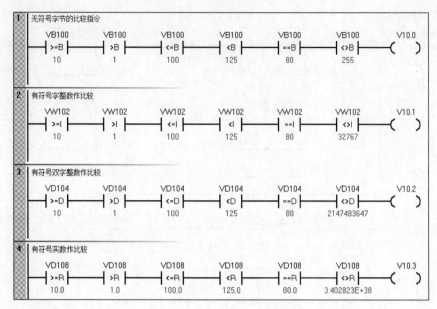

图 3.19 比较指令对比

编程时进行数据运算和处理的过程中需要用到比较指令。在实际编程的过程中,存在不同数据类型的比较,例如想用 VD108 的数值和计数器 C1 的数值作比较。计数器 C1 的数据宽度是 16 位,VD108 的数据宽度是 32 位,那么需要将计数器 C1 的数据宽度转换成 32 位,并且必须是同一种数据类型才能进行数值比较。

3.3.2 比较指令的应用

如图 3.20 所示工艺过程是:如果 VD200 大于等于 VD204,那么就置位传感器故障;当 VD200 小于 VD204 时按下复位按钮可以复位传感器故障。

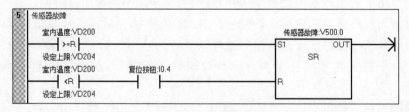

图 3.20 传感器故障程序

如图 3.21 所示,需要大数减去小数。两个比较指令存在着一个交叉点,即当两个数相等时,两个比较值都会接通,这样便会导致逻辑混乱。在编写程序时,可以选择一个比较指令用"大于等于",另一个比较指令用"小于",这样就不会有交叉,而且从逻辑上也好理解。

如图 3.22 所示为比较指令的组合使用。要表示一个温度区间,设定的温度是 25.0~26.0℃之间,如果包含两边的临界点,需要添加等于;如果不包含临界点,就不需要添加等于。

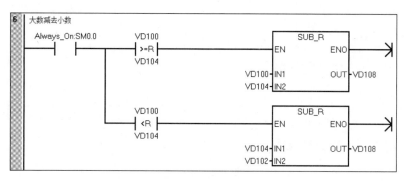

图 3.21 减法运算

图 3.22 满足温度比较

如图 3.23 所示,程序段 3 也是比较指令的组合使用,用于表示两种不同的温度区间。区间 1:VD108 小于 25.0;区间 2:VD108 大于 26.0;如果 V600.0 接通,在任何一个温度区间内 T50 开始计时,T50 接通后复位 V600.1。

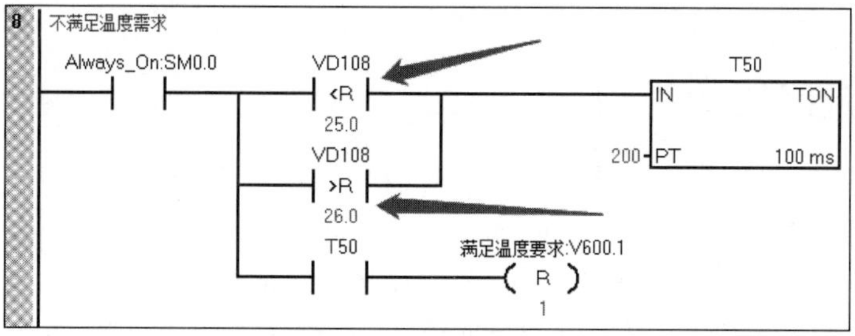

图 3.23 区间的表达

如图 3.24 所示为比较指令的综合使用。当小时显示(VW902)为 23 时,并且人员计数(C1)大于 0 时,将 C1 赋值给 VW700。

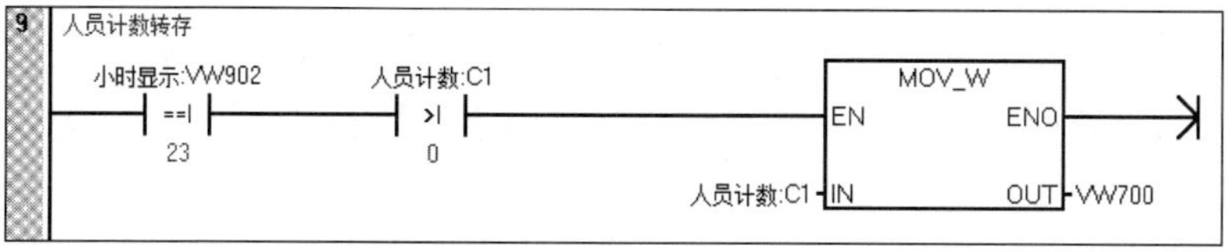

图 3.24 不同的比较组合使用

▶ 16min

3.4 定时器

3.4.1 定时器的编号

如表3.2所示,定时器的编号用定时器的名称和数值编号(最大为255)来表示,即 T*** 。如:T51。定时器的编号包含两方面的意义:定时器的类型和时基(分辨率)。定时器既可以位操作,也可以整数操作。

表 3.2　定时器

定时器类型	分　辨　率	最大当前值	定时器编号
TONR	1ms	32.767s	T0、T64
	10ms	327.67s	T1～T4、T65～T68
	100ms	3276.7s	T5～T31、T69～T95
TON、TOF	1ms	32.767s	T32、T96
	10ms	327.67s	T33～T36、T97～T100
	100ms	3276.7s	T37～T63、T101～T255

定时器位:与其他继电器的输出相似。当定时器的当前值达到设定值时,定时器的触点动作。

定时器当前值:存储定时器当前所累计的时间,用16位有符号整数来表示,最大计数值为32767。

3.4.2 定时器的类型

根据分辨率区分:1ms定时器、10ms定时器和100ms定时器。

1. 1ms定时器

对于1ms分辨率的定时器来说,定时器位和当前值的更新与扫描周期不会同步。对于大于1ms的程序扫描周期,定时器位和当前值在一个扫描周期内刷新多次。

2. 10ms定时器

系统在每个扫描周期开始时自动刷新,由于在每个扫描周期只刷新一次,故在一个扫描周期内定时器位和定时器的当前值保持不变。

3. 100ms定时器

该类型定时器在定时器指令执行时被刷新,因此,100ms定时器被激活后,如果不是每个扫描周期都执行定时器指令或在一个扫描周期内多次执行定时器指令,都会造成计时失真。在跳转指令和循环指令中使用定时器时要格外注意:100ms定时器仅用在定时器指令在每个扫描周期只执行一次的程序中。

根据接通类型区分:TON、TONR和TOF。

TON:接通延时定时器,用于测定单独的时间间隔。

TONR：保持性接通延时定时器,用于累积多个定时时间间隔的时间值。

TOF：断开延时定时器,用于在 OFF 条件之后延长一定时间间隔。

3.4.3　定时器的应用

如图 3.25 所示,V1.5、V100.0 和 V0.4 都接通以后 T45 开始计时,T45 累加到 30 后定时器 T45 接通,然后利用 T45 的常开触点来置位 V103.3。延时时间为 3s,即3000ms(30×100ms)。

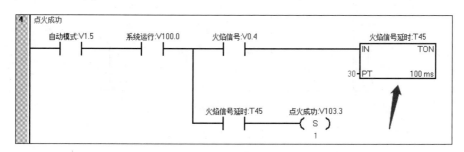

图 3.25　定时器的使用

如图 3.26 所示,V1.5、V100.0、V0.6 和 Q0.1 都接通以后 T43 开始计时,T43 延时 6s接通,T43 的常开触点置位 V101.1。

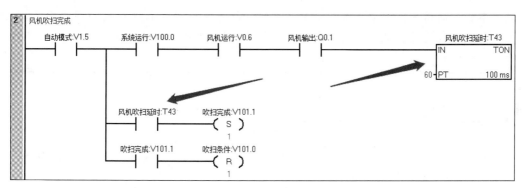

图 3.26　定时器触点的使用

如图 3.27 所示,3 种方法都可以实现 1s 的延时,如果根据延时需求来选择定时器,则应该选择 100ms 分辨率的定时器 T52 较为合适。如果需要实现 8ms 的延时,就要选择1ms 分辨率的定时器 T32 较为合适。在选择定时器时要根据控制要求来选择对应分辨率的定时器。

以上讲的都是延时接通定时器,延时断开定时器原理与延时接通道理类似。延时接通定时器相当于通电延时型时间继电器,而延时断开定时器相当于断电延时型时间继电器。

还有一种定时器就是保持性接通延时定时器(TONR),可以理解成带记忆功能的定时

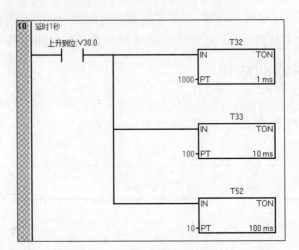

图 3.27　定时器分辨率的确定

器。例如总延时 60s,在计时 20s 时条件断开,该定时器依然保存原来的时间值 20s,条件再次接通时继续在 20s 的基础上累加。

【扩展理解】　定时器的作用就是延时,延时的时间可以为固定值也可以为变量。延时的作用一般用于某动作或事件发生之后的延时,或者用于状态的延时。状态的延时一般用于过滤不稳定的信号。例如信号不稳定带来的故障或者程序执行逻辑的瞬间错误等,加上延时可能就会过滤掉。延时的主要目的就是等待时机,等延时到了以后,再触发其他事件的发生。

3.5　计数器

18min

　　计数器指令有增计数器(CTU)、减计数器(CTD)和增/减计数器(CTUD)3 种类型。如图 3.28 所示为 3 种不同类型的计数器指令。

名称 格式	增计数器	减计数器	增/减计数器
LAD/FBD	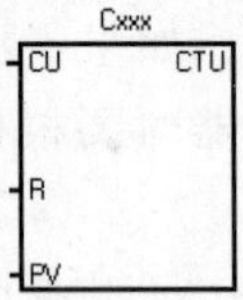 Cxxx CU CTU R PV	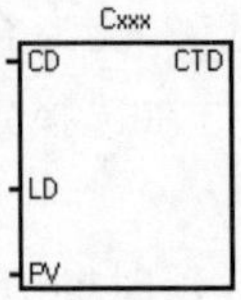 Cxxx CD CTD LD PV	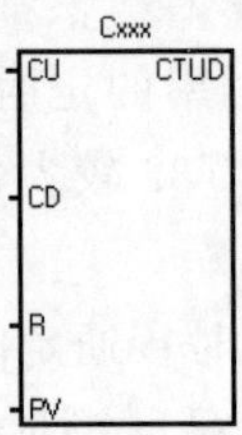 Cxxx CU CTUD CD R PV

图 3.28　计数器分类

增计数器指令：每次 CU 加计数输入从 OFF 转换为 ON 时，CTU 加计数指令就会从当前值开始加计数。当前值 Cxxx 大于或等于预设值 PV 时，计数器位 Cxxx 接通。当复位输入 R 接通或对 Cxxx 地址执行复位指令时，当前计数值会复位。达到最大值 32767 时，计数器停止计数。

减计数器指令：每次 CD 减计数输入从 OFF 转换为 ON 时，CTD 减计数指令就会从计数器的当前值开始减计数。当前值 Cxxx 等于 0 时，计数器位 Cxxx 接通。LD 装载输入接通时，复位计数器位 Cxxx 并用预设值 PV 装载当前值。到 0 后，计数器停止，计数器位 Cxxx 接通。

增/减计数器指令：每次 CU 加计数输入从 OFF 转换为 ON 时，CTUD 加/减计数指令就会加计数，每次 CD 减计数输入从 OFF 转换为 ON 时，就会减计数。计数器的当前值 Cxxx 保持当前计数值。每次执行计数器指令时，都会将 PV 预设值与当前值进行比较。

达到最大值 32767 时，加计数输入处的下一上升沿导致当前计数值变为最小值 −32768。达到最小值 −32768 时，减计数输入处的下一上升沿导致当前计数值变为最大值 32767。

当前值 Cxxx 大于或等于 PV 预设值时，计数器位 Cxxx 接通，否则，计数器位关断。当 R 复位输入接通或对 Cxxx 地址执行复位指令时，计数器复位。

图 3.29 为计数器的应用。程序段 1，V20.1 接通后通过 SM0.5(1s 脉冲时钟)的上升沿来触发计数器 C11 来计数，V20.0 接通后复位计数器 C11，计数器 C11 的数值清零。PV 预设值＝10000，当计数到 10000 后 C11 的常开触点接通，C11 会继续计数。

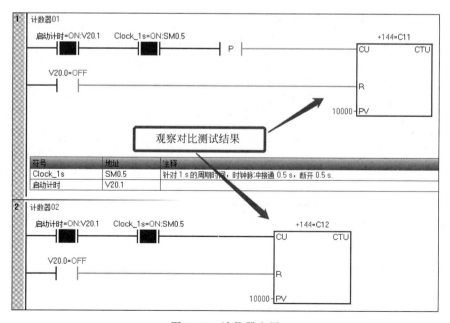

图 3.29　计数器应用

　　程序段 2 去掉了上升沿,通过 C12 来计数,其他条件与程序段 1 一样。监测结果发现 C11 和 C12 两个计数器数值一样,说明计数器本身自带边沿检测。

　　减计数器和增减计数器同增计数器的使用方法类似。如图 3.30 通过传送指令判断出计数器为 Word 或者 Int 数据类型,数据宽度为 16 位,计数数值范围是 −32768 到 32767 之间。如图 3.31 所示用 C2 和 VB10 作比较,数据类型为 Byte,C2 报警,证明 C2 的数据类型不是 Byte。通过 C2 跟 VW100 作比较不报警,判断出计数器的数据类型。

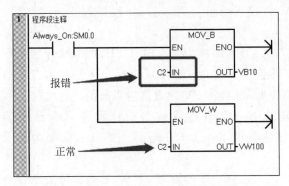

图 3.30　计数器通过传送指令赋值

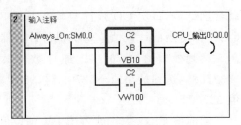

图 3.31　计数器用在比较指令

9min

3.6　转换指令

　　如图 3.32 所示,该数据转换在时钟设置时讲过。B_I 由 Byte 变为 Int 实现了 8 位数据到 16 位数据的转换,BCD_I 实现了数据格式的转换,而数据宽度不变。

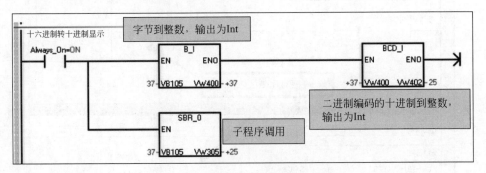

图 3.32　十六进制转十进制显示

　　如图 3.33 所示,ROUND 指令是将数据四舍五入后计算,最后转为整数。TRUNC 指令是将数据的小数部分去掉,只保留整数部分。在使用的过程中一定要注意二者的区别。

　　数据转换指令是把已有的数据转换成编程指令需要的数据。假如需要将 VB10 里存的数转换为实数。如图 3.34 所示为数据转换的过程,先用 B_I 指令转换为 Int,再用 I_DI 指令转换为 DInt,最后用 DI_R 指令转换为 Real 类型。

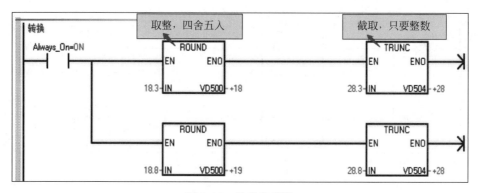

图 3.33 取整和截取

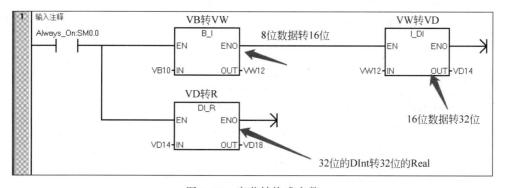

图 3.34 字节转换成实数

3.7 传送指令

9min

　　传送指令也就是赋值指令,赋值指令后边都跟着数据类型,即在赋值的时候一定是同一数据类型的赋值。如图3.35所示,不仅数据长度有区分,数据类型也有区分。简单说赋值就是把一个盒子里的东西拿出来放到另外一个盒子里,但是两个盒子大小要一致(数据宽度要一致),可以把小盒子里的东西放到大盒子里,但是要是把大盒子里的东西放到小盒子里,有可能放不下,造成数据溢出。官方约定:传送指令的输入和输出需要采用同样的数据类型。常用的赋值指令有4种:MOV_B、MOV_W、MOV_DW和MOV_R,可对不同的数据类型进行赋值操作。

　　如图3.35所示,将32767赋值给VW300;将327670000赋值给VD304;将32767.0赋值给VD308。这些赋值可理解为将数据放到带地址编号的盒子里,即将数据32767放到名为VW300的盒子里,盒子大小有16个数据位。将数据327670000放到名为VD304的盒子里,盒子大小有32个数据位,盒子小了也放不下。将数据32767.0放到名为VD308的盒子里,盒子大小有32个数据位。当然也可以把一个盒子里的数据放到另一个盒子里。

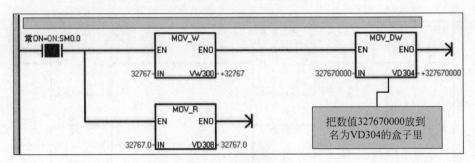

图 3.35 数据传送

如果对多个数据区域进行赋值,难道也要一个一个传送吗?不是的,此时可利用专门的块传送指令,如 BLKMOV_B,对连续的多个字节进行赋值和传送。

如图 3.36 所示,第一行程序是数据区的连续传送,将 VB10 开始的连续 10 个字节赋值给 VB500 开始的连续 10 个字节。

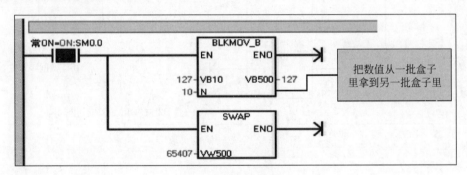

图 3.36 数据块传送

第二行程序是将 VW500 的高低字节互换,这个将在使用通信程序的时候用得到。此处 VB500 是 127,那么 VW500 是多少呢?这个取决于 VB501 是多少,VW500 实际数值是多少并不知道,只知道高 8 位和低 8 位互换以后是 65407。SWAP 指令是将一个字的高八位和低八位进行互换,并且显示。

127 和 65407 为十进制显示,其他进制显示:HEX 为十六进制,DEC 为十进制,BIN 为二进制。从十六进制数据看,如图 3.37 所示,一个是 7F,一个是 FF 7F,不像是对等高低字节调换,那么可以利用程序测试一下 SWAP 指令。

如图 3.38 所示,将 127 赋值给 VW500 和 VW510,单次赋值,并利用上升沿触发。

如图 3.39 所示,为了验证 VW510 这个盒子中 127 是如何存放的,以及到底是存在了 VB510 还是存在了 VB511,可以监视一下数值,发现 127 存放在了 VB511 这个小盒子里。使用 SWAP 指令以后 VW500 数据变成 32512,但是 VW510 是 127。通过监视发现 VW510 等于 127 的时候,将 127 存到了 VB511,结论是 VW510 的存放顺序是 VB510+VB511,VB510 属于高位。

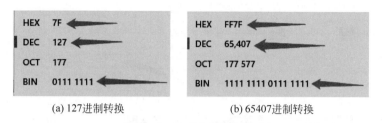

(a) 127进制转换　　　　　　(b) 65407进制转换

图 3.37　不同进制转换

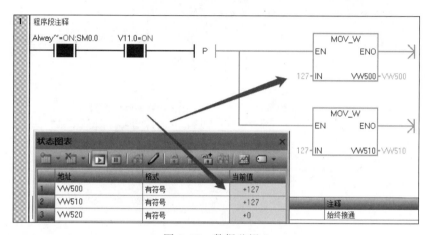

图 3.38　数据监视 1

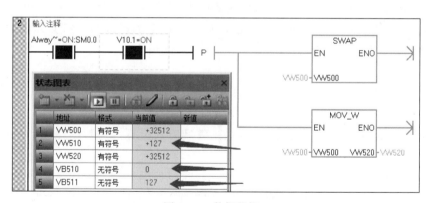

图 3.39　数据监视 2

如图 3.40 所示,使用 SWAP 指令之前的数据显示 VW500 为 127,VW510 也为 127。

VW500 原来数值为 127,单次使用 SWAP 指令后数值为 32512,执行结果分析对比就会得出答案,如图 3.41 和图 3.42 所示。

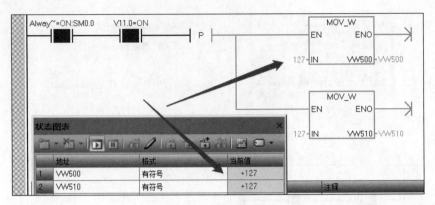

图 3.40　数据监视 3

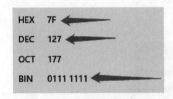

图 3.41　执行 SWAP 前

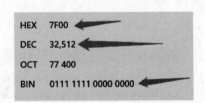

图 3.42　执行 SWAP 后

　　十进制数据不容易看出互换结果,十六进制数据显示很容易看出字节交换,执行调换指令 SWAP 以前为 7F,也就是 00 7F;执行 SWAP 以后变成了 7F 00。

　　经过程序测试可以发现,在使用指令的过程中对指令的理解和分析必须到位。当对程序指令或者软件自带的块有疑虑的时候,务必进行测试和检验。

9min

11min

11min

3.8　整数运算

　　整数运算包括加法运算、减法运算、乘法运算和除法运算。与数据比较和传送一样,数据运算都要在同一数据类型进行操作。

　　图 3.43 中的加法换成其他算法也是可以的,同一数据类型就像同一种颜色的水,如果混了其他颜色,最后的结果就会使颜色变混乱。数据计算也是一样,如果数据类型不一样是无法做运算的。

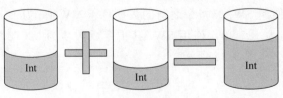

图 3.43　加法示意图

1. 加法运算

加法运算要注意数据类型和运算结果的存放。数据类型不一样,存放的最大数值就不一样。就像一个水杯,水杯做出来以后能装多少水是固定的,加多了就会溢出。如果数据盒子放不下所放的数据值也会使数据溢出并报错。

如图 3.44 所示,VW10 写入 32766,VW12 写入 1,此时进行加法运算,结果存放在 VW100 中。Word 为 16 位的字,除了首位存放正负号,其他 15 位存放数据,存放的数值为 32768(2 的 15 次方)。这里的 32768 是指 32768 个数的位置,按照整数开始计算,从 0 到 32767 一共是 32768 个数,所以正数最大到 32767,负数的数值区间是 −32768 到 −1。

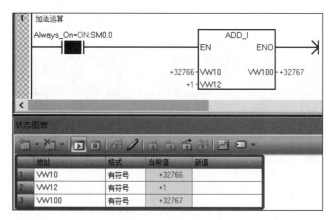

图 3.44　加法运算 1

如图 3.45 所示,VW10 写入 32767,VW12 写入 1,此时进行加法运算,结果存放在 VW100 中。当 VW100 存放 32768 时程序因为数据溢出而报警,因为 16 位数据宽度的数据存放的正数最大数值是 32767,超过此值后会报警。

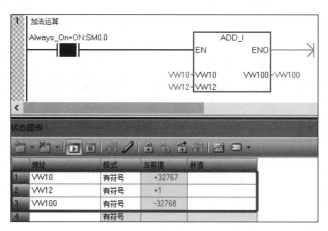

图 3.45　加法运算 2

2. 减法运算

减法运算要注意数据类型和运算结果的存放,还有正负号的问题。

如图 3.46 所示,VW20 写入 1,VW22 写入 32767,此时将 VW20 减去 VW22 的数值存放到 VW102 中。16 位数据的存放数值区间 $-32766 \sim 32767$,作为整数运算这一点是不变的。所以计算结果为 $1-32767=-32766$。

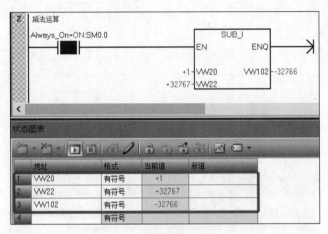

图 3.46 减法运算 1

如图 3.47 所示,VW20 写入 1,VW22 写入 32768,由于正数最大值是 32767,所以赋值以后 VW22 变为 -32768。计算结果是 $1-(-32768)=32769$,监视 VW102 的数值为 -32767。VW22 已经超出最大值,数据溢出指令就会变红而报警。

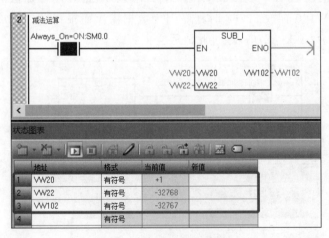

图 3.47 减法运算 2

3. 乘法运算

乘法运算要注意数据类型和运算结果的存放,要考虑到最后结果溢出的情况。要根据具体使用情况来确定使用指令和定义数据类型。

如图 3.48 所示,将 VW30 和 VW32 相乘的结果存放到 VW104 中。

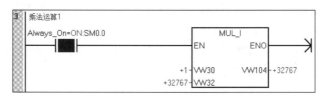

图 3.48　乘法运算 1

如图 3.49 所示,将 VW30 和 VW32 相乘的结果存放到 VW104 中。$2 \times 32767 = 65534$,由于 VW104 存放数值区间为 -32768 到 32767,结果溢出而报警。

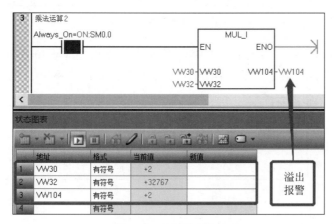

图 3.49　乘法运算 2

如图 3.50 所示,如果换成 MUL 指令就能实现更大范围的乘法运算了。将 VW30 和 VW32 相乘的结果存放到 VD108 中。而 VD108 数据宽度是 32 位,可以存放的数值是 -2147483648 到 2147483647 之间。乘法指令 MUL 默认的就是将运算结果存放在双字数据区中。

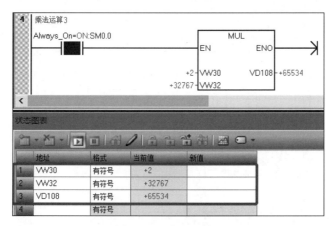

图 3.50　乘法运算 3

4．除法运算

除法运算要注意数据类型和运算结果的存放。主要是如何存放数据运算后的余数。

如图 3.51 所示为 DIV_I 指令的使用。VW40 写入 32767，VW42 写入 100，此时用 VW40 除以 VW42，结果放在 VW120 中。32767÷100＝327.67，由于 DIV_I 为整型除运算，则 VW120 为整型数据，所以只能存放 327。

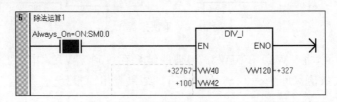

图 3.51　除法运算 1

如图 3.52 所示，VW40 写入 100，VW42 写入 200，此时用 VW40 除以 VW42，结果放在 VW120 中。由于进行整数运算是不存在小数的，只要运算结果小于 1，结果就是 0。

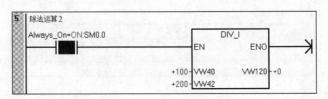

图 3.52　除法运算 2

除法运算不涉及数据溢出的问题，而会涉及运算结果产生小数的问题。如果产生小数，小数部分都会被舍掉，这样计算出来的实际数据就失真了。如果不想让数据失真就要转换成实数，采用 DIV 指令来计算。

如图 3.53 所示为 DIV 指令的使用。VW40 写入 32767，VW42 写入 100，此时用 VW40 除以 VW42，结果放在 VD124 中。其中 VW124 存余数，而 VW126 存商。

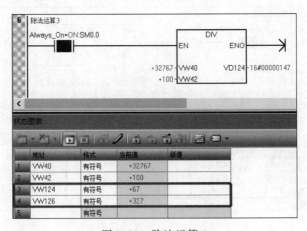

图 3.53　除法运算 3

5. 递增和递减运算

如图 3.54 所示,给 VB200 赋值 1,正常执行 INC_B 指令后,计算结果加 1。指令 INC_B 每执行一次计算结果加 1。

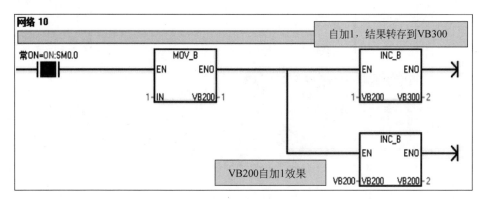

图 3.54　递增指令 1

接下来实际测试一下此运行过程。如图 3.55 所示,M10.0 写入 ON 再给 M10.0 写入 OFF,将 VB200 和 VB400 全部赋值为 1。

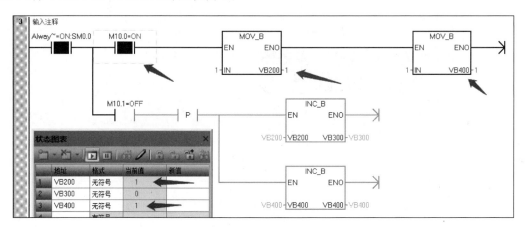

图 3.55　递增指令 2

如图 3.56 所示,接下来测试 INC_B 指令,给 M10.1 写入 ON,VB300 和 VB400 都变成 2 了。如图 3.57 所示,再次接通 M10.1,VB300 数值没有变,VB400 又加 1 而变为 3。初步判断:INC_B 指令的含义是使能接通一次,输入端数值加上 1。

为了验证这个推论,再接通一次 M10.1,看一下结果,如图 3.58 所示。如果推论成立:VB300 数值会依然不变,而 VB400 又加 1 则变为 4。证明推论是正确的:INC_B 指令使能接通一次,输入端数值加上 1。

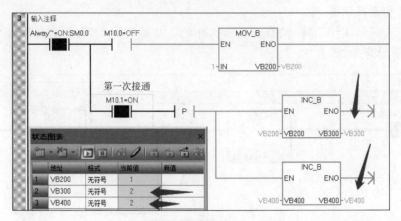

图 3.56 递增指令 3

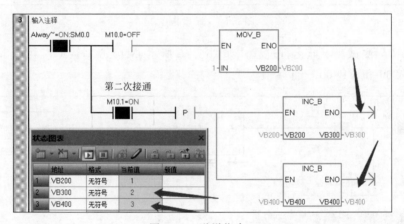

图 3.57 递增指令 4

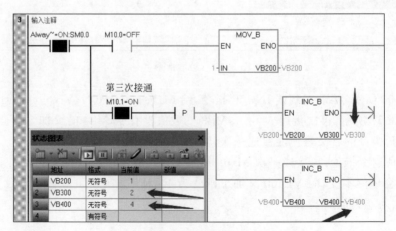

图 3.58 递增指令 5

如图 3.59 所示,如果将边沿触发去掉以后看一下测试结果。强制 M10.0 接通并初始化赋值,再断开 M10.0。强制 M10.1 接通以后,VB400 的数值就一直在跳变,说明 INC_B 指令一直在执行,不停地加 1,这样就不符合使用需求。所以在使用的 INC_B 指令过程中,一定要加上边沿触发。

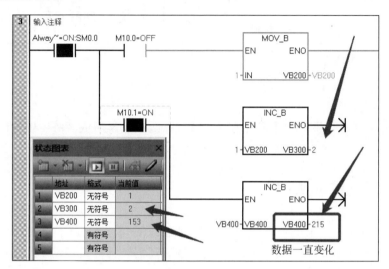

图 3.59　递增指令 6

本 章 小 结

初学者可以按照上图的程序段边学程序边测试一下结果并记录下来,这样就会发现不一样的结果。学习要深入,更要反复地测试。指令不懂或不熟悉,没有关系,只要知道如何测试和学习,知道如何去应用,学会现学现用,灵学活用就可以了。有的指令并不像我们看到的帮助文件说的那样。帮助文件只是提供一个基础性的理论讲解,深层次的理解需要测试或者应用才能得出正确的结论。

第 4 章

学习 PLC 编程

 25min

本章主要讲述编程所需的计算机配置、运行系统,以及学习或者练习配置的一些常用器件。学习测试三大件:个人计算机、PLC 和触摸屏。

4.1 编程计算机配置

计算机的配置(如图 4.1 所示)不低于:处理器 Inter(R) Core(TM)i5,内存 8GB,显存 1GB,固态硬盘 256GB,机械硬盘 1TB。装完系统后还需装计算机驱动:无线网卡驱动和网卡驱动。

安装的编程软件(如图 4.2 所示)不同,安装方式也不完全一样,但基本是大同小异,安装过程比较简单。

设备名称	T0TTZ7S4KG6NLV1
处理器	Intel(R) Core(TM) i5-8300H CPU @ 2.30GHz 2.30 GHz
已安装的 RAM	8.00 GB (7.88 GB usable)
设备 ID	BAF12233-BB0F-4AE7-9AAF-94BEFC0BF269
产品 ID	00331-10000-00001-AA821
系统类型	64-bit operating system, x64-based processor
笔和触控	没有可用于此显示器的笔或触控输入

重命名这台计算机 i5, 8GB内存

固态硬盘加机械提升速度

Windows 规格 系统选择专业版

版次	Windows 10 专业版

图 4.1 计算机系统配置

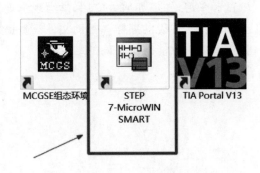

图 4.2 S7-200 SMART 编程软件快捷方式

4.2 PLC 的配置

西门子 S7-200 SMART 系列 PLC(ST20 晶体管输出)集成 RS-485 接口和以太网口,自带 12 个数字量输入和 8 个数字量输出。此 PLC 的缺点是不带模拟量输入和输出,学习模拟量需要配置模拟量输入和输出模块。

西门子 S7-200 SMART 系列学习机型配置推荐如下:

ST20 CPU 模块订货号:6ES7-288-1ST20-0AA0,CPU ST20,标准型 CPU,晶体管输出,24V DC 供电,12 输入/8 输出。

模拟量输入和输出模块订货号:6ES7-288-3AM03-0AA0,EM AM03,模拟量输入/输出模块,2 输入/1 输出。

4.3 触摸屏配置

触摸屏(昆仑通态 TPC7062Ti)集成 RS-232/RS-485 串口和以太网口,7 英寸真彩屏。可以使用以太网通信、RS-232 通信或 RS-485 通信,支持与大多数 PLC 进行通信。

以太网:触摸屏与西门子 S7-200 SMART/S7-1200 通过 S7 协议通信;与 S7-200 需要加以太网模块。

RS-485 通信:S7-200/200 SMART 自带 RS-485 接口,可采用 PPI 通信协议。

本 章 小 结

初学者要学会自己安装计算机系统,学会查看计算机配置,以及安装不同的 PLC 编程软件,还要学会安装触摸屏配置软件和绘图软件等。

第 5 章

PLC 编程的一般步骤

本章主要讲述两个问题,一个是编程思路的确定和一般步骤,另一个是编程的基本原则。

5.1 编程思路的确定

如图 5.1 所示为编程的一般步骤。一般编程可以按照以下步骤来完成。

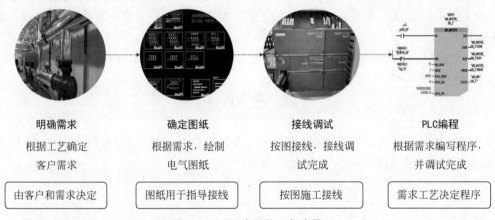

明确需求	确定图纸	接线调试	PLC 编程
根据工艺确定 客户需求	根据需求,绘制 电气图纸	按图接线,接线调 试完成	根据需求编写程序, 并调试完成
由客户和需求决定	图纸用于指导接线	按图施工接线	需求工艺决定程序

图 5.1 PLC 编程的一般步骤

① 确定设备的工艺和用户使用需求(工艺要求设想到各种情况的发生和解决措施)。

② 确定输入和输出,列出对应变量(输入和输出分数字量和模拟量,都要预留一定的裕量)。

③ 绘制电气图纸(按照电气规范绘制电气图纸)。

④ 编写变量符号表(规划点位使用,编制程序变量表)。

⑤ 按照工艺编写程序(按照工艺要求编写对应的程序)。

将各个工艺分成块来实现;先编写程序,编写完成以后检查并修改和验证程序;上电调试程序、空载测试以及联机测试。

编写程序需要有一定的条理,先编写故障程序;再编写启停程序;编写输入和输出程序;编写指示灯类程序;编写与其他设备通信对接程序;编写和上位机对接程序。

编程原则:不能动的坚决不动,该动的必须要动。自锁要锁得恰当,互锁要锁得彻底。

处理问题的原则:复杂的问题简单化,简单的问题复杂化。

5.2　PLC 程序编写的基本原则

在 S7-200 SMART 编程时,需遵循以下基本原则:

① 能流总是从左侧流向右侧。

② 线圈在最右侧,同时运行的程序中不能出现双线圈。

③ 输出的线圈执行后,对应的触点在下一个扫描周期执行。

④ 触点可以无限次使用。

⑤ 支路可以多次串联也可以多次并联。

⑥ 外部输入 I 点,外部输出 Q 点。

⑦ 触摸屏不能控制外部 I 点的输入。

如图 5.2 所示,西门子 S7-200 SMART 编程软件不允许输出与左母线直接相连,前边一定要有一个触点指令,否则就会报错。

图 5.2　输出窗口查看编译错误

如图 5.3 所示,程序段 1,出现了两个能流回路:一路是从 Always_On 开始的,终点是 MOV_R 指令;另一路是从 M10.0 开始的,终点是【CPU_输出 0】线圈输出指令。这种情况是错误的、不允许的。

如果想多支路或者多条件并行,图 5.4 和图 5.5 的两种编写方式都是没有问题的。如图 5.4 所示,采用一分多方式,一个干路分出多条支路。一个起点多个终点。如图 5.5 所示,多个支路合并成一条干路。多个起点一个终点。总结一下:起点和终点的回路可以一对多,也可以多对一,但是不能多对多。

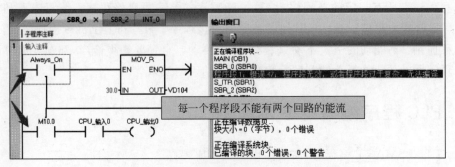

图 5.3   同一程序段出现两个回路的能流

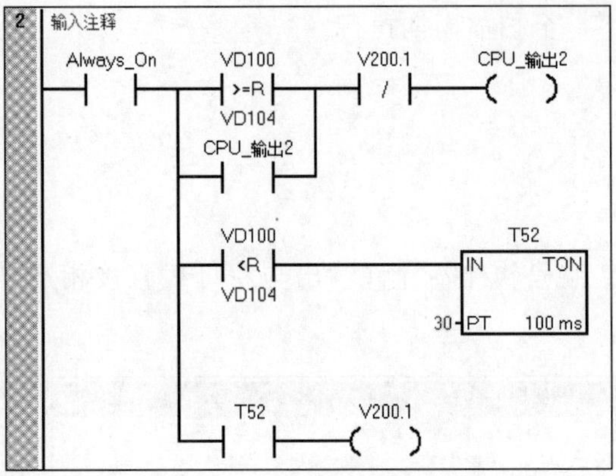

图 5.4   一个起点多个终点

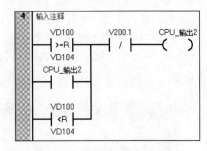

图 5.5   多个起点1个终点

本 章 小 结

　　本章所讲的编程思路和编程的基本原则都是根据经验总结出来的。作为初学者可以怀疑,但是请不要质疑。因为初学者没有编过程序,也没有实战经验。切记:初学者尽量按照本章规划的思路和方法进行学习和实践。

第二篇　常用接线篇

第 6 章

数字量输入接线

理解按钮、旋钮、行程开关、接近开关、光电开关等数字量输入开关的工作原理和接线方式。理解这些外部开关接到对应模块的原理，明白接线的方式并能独立操作。如图 6.1 所示为归纳总结的模块和外部元器件的接线分类情况，从第 6 章到第 11 章会按照该图的分类情况来讲元器件接线的。本章先讲数字量输入类接线内容。

18min

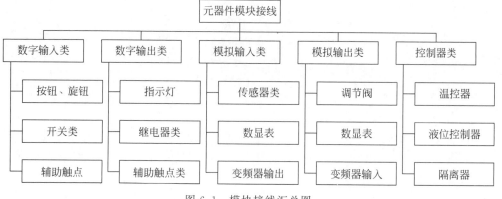

图 6.1　模块接线汇总图

6.1　数字量输入分类

6.1.1　按钮类

如图 6.2 所示为常用的可复位按钮，图 6.2(a)绿色按钮一般用于启动信号的发出，图 6.2(b)红色按钮用于停止信号的发出。图中的按钮带有两对触点，一对是绿色的常开触点，一对是红色的常闭触点。如图 6.3 所示，一般是绿色的代表常开触点 NO(Normal Open)；红色的代表常闭触点 NC(Normal Close)。

6.1.2　旋钮类

如图 6.4(a)所示为有 2 对触点的 3 位旋钮，旋转到左侧，一对触点接通；旋转到右侧，

(a)   (b)

图 6.2 绿色和红色按钮图片

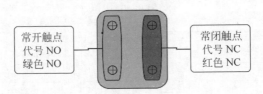

图 6.3 按钮触点分析示意图

另一对触点接通；旋转到中间位置，则两对触点都不接通。如图 6.4(b)所示也为 3 位旋钮，有 6 对触点，旋钮处于 0 位置，任何触点都不接通，旋钮处于 1 位置时，3 对触点接通，旋钮处于 2 位置时，另外 3 对触点接通。

(a) 旋钮1图   (b) 旋钮2图

图 6.4 旋钮图片

【小结】 旋钮的种类很多，原理都是控制一对或者多对触点的接通或断开。在选型的时候,要注意颜色、大小、常开点对数、常闭点对数和旋钮位数等。详细的内容大家可以下载按钮资料和手册进行深入地学习和了解。

6.1.3　行程开关

行程开关的工作原理是通过物体撞击或者压住驱动杆,驱动杆移动到一定的角度来控制微动开关触点的闭合或断开。如图 6.5 所示为不同形式的行程开关,要根据现场的使用要求和安装环境来确定行程开关的形式,但是工作原理都是一样的。如图 6.6 所示,行程开关有一对常开触点和一对常闭触点,常开用 NO 表示,常闭用 NC 表示。开关动作后,常开触点闭合,常闭触点断开。根据使用需求可以选择不同形式的行程开关。可以按照行程开关的触点对数、触点接通方式、驱动杆偏移角度和品牌等来选用行程开关。

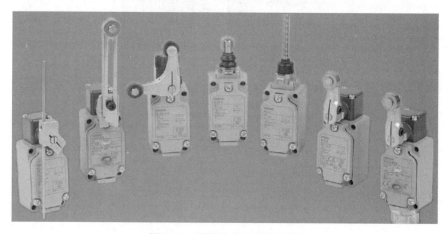

图 6.5　不同形式的行程开关

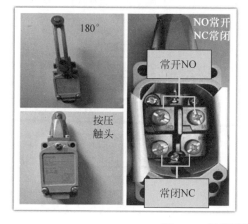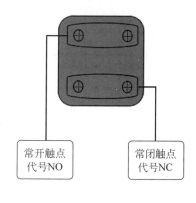

图 6.6　行程开关接线图

6.1.4 接近开关

电感式接近开关为一种用于检测铁磁性材料的无接触无触点开关。根据开关的大小它们的感应距离也不相同。常见的感应距离有 2mm、5mm、8mm、10mm、20mm 等。按形状分有圆形和方形;按照接线方式分有两线制和三线制;按照输出方式分有 PNP 和 NPN 输出,常开输出和常闭输出;各种接近开关的安装方式也不尽相同。

如图 6.7 所示为图尔克公司的一种接近开关,外径 M30,检测距离 10mm,接线方式 1 正、3 负、4 信号(常开)和 2 信号(常闭)。

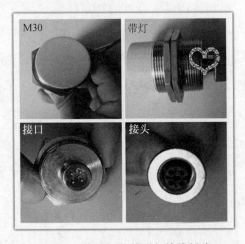

图 6.7　接近开关外形与接线插头

如图 6.8 所示为 NPN 输出的接近开关,有两线制和三线制。按照图中接线方式,二者都是输出 0V 电压。如图 6.9 所示为 PNP 输出的接近开关,同样也有两线制和三线制。按照图中接线方式,二者都是输出 24V 电压。

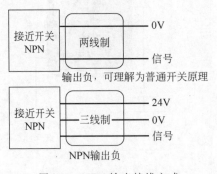

图 6.8　NPN 输出接线方式

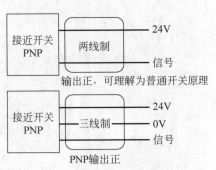

图 6.9　PNP 输出接线方式

表 6.1 所示为欧姆龙某系列接近开关的参数表。M12 的检测距离为 4mm,M18 的检测距离为 8mm,M30 的检测距离为 15mm;输出类型都有 PNP 和 NPN 两种输出。

表 6.1　接近开关参数表

形状		检测距离	输出
屏蔽	M12	4mm	PNP
			NPN
	M18	8mm	PNP
			NPN
	M30	15mm	PNP
			NPN

6.1.5　光电开关

如图 6.10 所示为不同形式的光电开关。它是利用物质对光束的遮蔽、吸收或反射等作用,对物体的位置、形状、标志、符号等进行检测。光电开关接头一般为 4 针公头,接插件有 180°的和 90°的,外壳有金属的和塑料的。光电开关一般分为漫反射、对射和反射(带反光板)。

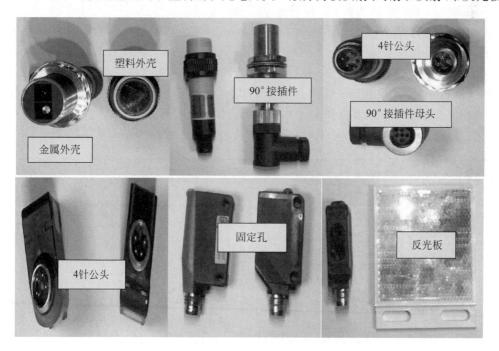

图 6.10　光电开关的种类和安装方式

根据现场项目经验,光电开关一般接线如下:1 正、3 负、4 信号(常开)和 2 信号(常闭);棕色正、蓝色负、黑色信号(常开点)和白色信号(常闭点);实际接线要以产品说明书为准。有的光电开关可以调整检测距离,还可切换常开和常闭输出,不同的品牌和型号标注也不完全一样(如图 6.11 所示)。

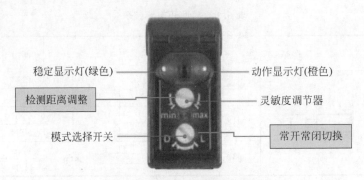

稳定显示灯(绿色)　　　　　　　动作显示灯(橙色)

检测距离调整　　　　　　　　　灵敏度调节器

模式选择开关　　　　　　　　　常开常闭切换

图 6.11　光电开关调节和指示灯

如图 6.11 所示,光电开关有 2 个指示灯,1 个是信号稳定指示灯,1 个是动作指示灯。为何设置 2 个指示灯呢?一般接近开关和行程开关所带指示灯都是动作指示灯。而光电开关增加了一个信号稳定指示灯,主要目的是方便调整信号,保证信号稳定输出。因为光电开关受光线干扰比较厉害,例如安装位置是否朝阳,使用环境的灯光,夜晚是否使用等,所以在选型的过程中一定要根据现场的使用环境来选择。

灵敏度调节旋钮,图 6.11 标注为 min 和 max,都是英文单词的简写,min 表示最小,max 表示最大。有的光电开关不是这样标注的,而是标注的一和十。对应方式关系:min 与一对应,max 与十对应。

模式选择开关,说得直接一点就是常开常闭的切换,详见图 6.12 有具体的说明。D 侧 ON 是暗通(遮光通),暗通就是光电开关检测到物体时有信号反馈;L 侧 ON 是亮通(入光通),入光通就是光电开关没有检测到物体时有信号反馈。

运行模式	时间图	模式选择开关	输出回路
入光时ON	入光时 无光时 动作显示灯 灯亮 (橙) 灯灭 输出 ON 晶体管 OFF 负载 动作 (例:继电器) 复位 (棕色和黑色导线之间)	L侧 (入光时ON)	对射型接收器,回归反射型 DC12~24V 动作显示灯(橙) 稳定显示灯(绿) 负载(继电器) 光电传感器主电路 100mA 黑 以下 (控制输出) 0V
遮光时ON	入光时 无光时 动作显示灯 灯亮 (橙) 灯灭 输出 ON 晶体管 OFF 负载 动作 (例:继电器) 复位 (棕色和黑色导线之间)	D侧 (遮光时ON)	M12连接器端子配置 M8 4端子连接器端子配置 M8 3端子连接器端子配置 e-CON连接器端子配置 1 压接式 2 3 4 注:端子2不使用

图 6.12　欧姆龙某光电开关参数表

【小结】　光电开关和接近开关都是分输出类型的,要么是 PNP 输出,要么是 NPN 输出。选择 PNP 还是 NPN 输出取决于 PLC 模块支持哪种类型。

6.2 数字量输入对比汇总

如图 6.13 所示,输入元器件主要有按钮、旋钮、行程开关、接近开关、光电开关、断路器辅助触点、热继电器辅助触点、智能仪表辅助触点、变频器辅助触点等。常用的输入元器件分类如图 6.14 所示。输入元器件的工作原理是什么呢? 总结一句话就是: 通过动作触点来控制电压的导通,进而控制信号的接通或断开。

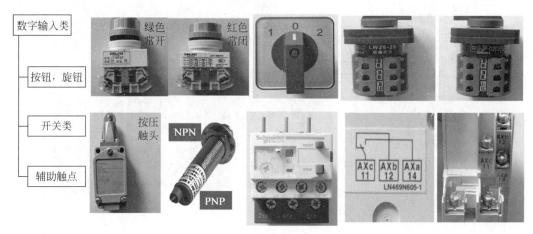

图 6.13 输入元器件汇总图

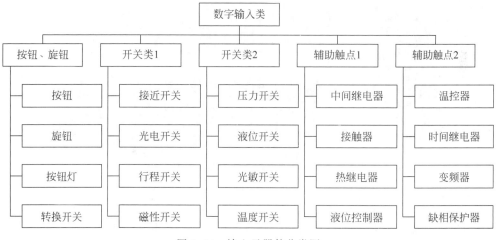

图 6.14 输入元器件分类图

6.3 接线原理分析

如图 6.15 所示,绿色按钮(启动按钮)接常开触点,红色按钮(停止按钮)接常闭触点,输入点分别选用 I0.2 和 I1.2。模块中公共端 1M 接 0V,启动按钮接入 I0.2,停止按钮接入 I1.2。如果模块供电正常,负载两端加上 24V 电压,对应的输入信号就会被检测到,所以 I0.2 输入灯不亮,I1.2 输入灯亮。根据本书第 1 章所讲解的数字量输入的原理,按照图 6.16 来接线也是可以的。

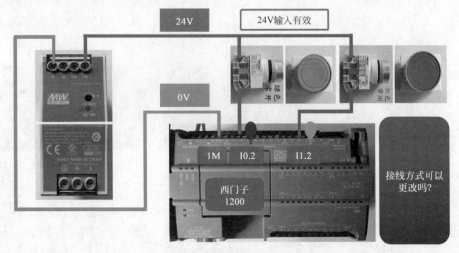

图 6.15　正公共端按钮接线图

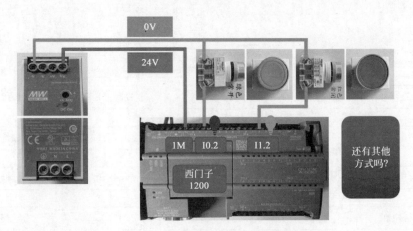

图 6.16　负公共端按钮接线图

其实数字量输入有开关也有按钮,有两线制也有三线制,例如接近开关和光电开关如何接线呢?如图 6.17 所示为负公共端,PNP 型接近开关的实物接线图。不论是两线制还是三线制,不管是按钮还是开关,最终都是将电压导通而已,只要掌握这个原理就理解了数字量输入接线的方式和方法。

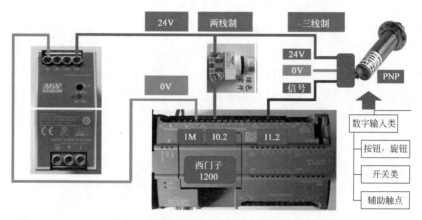

图 6.17　晶体管输出开关实物接线图

6.4　图纸分析

如图 6.18 所示,I8.0 和 I8.1 接热继电器,I8.2 接手动旋钮,I8.3 接急停按钮,I8.4 和 I8.5 接检测开关。虽然数字量输入原理都一样,但是在绘图时,每一种元器件的图形代号和图形表示方式都不一样。

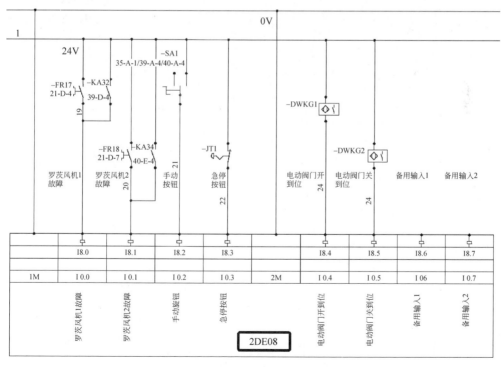

图 6.18　数字量输入电气接线图

本 章 小 结

学完本章需要对所有的数字量输入的接线全部掌握,包括模块接线和外部元器件接线。

接线测试主要流程如下:①确定输入模块是高电平有效还是低电平有效。②按照分类接线方式接元器件。③信号线接入输入模块。④测试元器件反复动作时的信号反馈。

第 7 章

数字量输出接线

本章主要讲解数字量输出元器件的原理和应用。输出元器件有指示灯、继电器、接触器和电磁阀等。理解这些外部开关接到对应模块的原理，明白接线的方式并能独立操作。

7.1 数字量输出分类

6min

如图 7.1 所示，图 a 中有 2 个继电器，左侧是 2 对触点的，右侧是 4 对触点的。图 b 中也有 2 个继电器，两者的触点位置不一样。图 c 中左侧继电器有一个输出并带 4 对触点，右侧为组合继电器，每个输出带一对触点，共计 4 组。图 d 中有一个继电器和一个接触器，继电器的触点流过的最大电流一般为 3A 或者 5A，接触器主触点最小规格的负载电流为 9A。

如图 7.2 所示，图 a 是一个交流接触器，标注的地方是接触器的型号，根据接触器型号

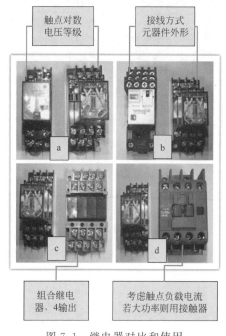

图 7.1 继电器对比和使用

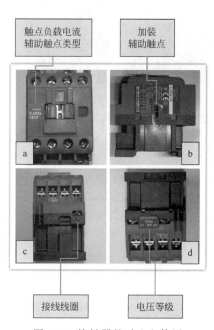

图 7.2 接触器的对比和使用

可以确认电压等级和辅助触点种类。如图 b 所示,如果使用过程中辅助触点不够用,可以加装辅助触点。如图 c 所示,在接线的过程中要区分线圈触点、主触点和辅助触点。如图 d 标注了接触器的电压等级,常用的接触器线圈是 DC24V 的和 AC220V 的。

如图 7.3 所示,在选择指示灯的时候要注意选择品牌、颜色,还要注意电压等级和安装孔径。指示灯品牌很多,种类也很多,详细说明可以查阅某品牌的指示灯说明书了解使用情况。如图 7.4 所示,电磁阀是 DC24V 电压,功耗 4W,接线时要注意接线引脚,安装方式一般跟油气分离器一起安装,红色按钮为动作测试按钮,按下按钮电磁阀的气路就会导通,需要注意的是该红色按钮可以旋转并锁住气路从而导致电磁阀电路部分无法控制,所以在调试的过程中需要检查该旋钮是否处于正常状态。

AC220V 的电磁阀如何控制呢?先通过 PLC 数字量输出模块来控制 24V 继电器去接通,用继电器来控制 AC220V 电磁阀的接通和断开。一般中间继电器的触点负载电流最大是 5A,部分继电器触点负载电流是 3A。

图 7.3 指示灯分类对比

图 7.4 电磁阀

7.2 数字量输出对比汇总

如图 7.5 所示归纳总结了数字量输出的分类情况。大家可以按照这些分类情况逐步去学习。

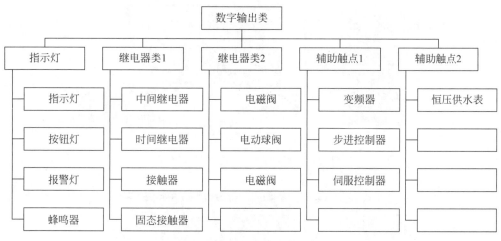

图 7.5 输出元器件分类汇总图

7.3 接线原理分析

如图 7.6 是直流 24V 红色指示灯,图 7.7 是直流 24V 继电器,4 对触点,线圈是直流 24V。

图 7.6 DC24V 指示灯

图 7.7 DC24V 继电器

如图 7.8 是 DC24V 红色指示灯输出实物接线图,输出电压为 24V。负载不管是指示灯还是中间继电器,只要输出模块的类型一样,接线原理就一样。根据上文讲过的输出接口原理如图 7.9 所示的接线也是正确的。因为负载两端接通额定电压就可以。

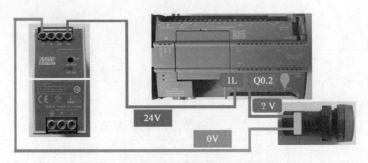

图 7.8　DC24V 指示灯实物接线图 1

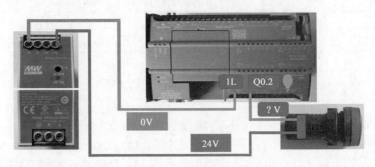

图 7.9　DC24V 指示灯实物接线图 2

如图 7.10 所示,将输入输出原理经过汇总和对比形成了这张图,初学者通过这张图便能理解和消化数字量输入和输出的原理,同时掌握数字量输入和输出接线。

图 7.10　输入输出原理对比图

7.4　数字量输出接线的应用

如图 7.11 所示,不同的输出元器件,图形代号都不一样。大家在作图时要提前做好元器件代号库,这样在绘制图纸时才能及时调用。输出模块的输出点提供的电压和输出元器件另一端所接的电压应该是一致。该模块有两组公共端 3L 和 4L,接的都是 24V,那么输出电压也是 24V。输出都是接的中间继电器,通过中间继电器的触点来控制其他元器件或者设备。

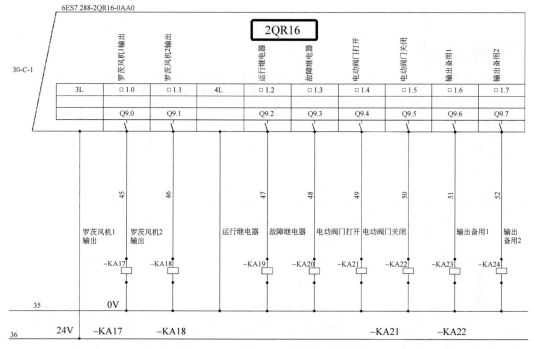

图 7.11 输出模块电气接线图

本 章 小 结

本章的难点在于对晶体管输出模块的区分,还有对晶闸管输出模块的了解。学完本章要掌握数字量输出的接线,包括模块接线和外部元器件接线。

第8章

模拟量输入接线

理解温度、压力和液位等传感器的工作原理和接线方式。掌握传感器接线方式并能独立操作。掌握模拟量模块的接线方式。

14min

8.1 模拟量输入的分类

如图 8.1 所示,图 8.1(a)为温度传感器模块接线示意图,温度变送器模块是将电阻信号的变化转换成电压或者电流信号,该模块为无源转换模块,所以需要外部提供电源。图 8.1(b)为一体化温度传感器实物图,一体化温度传感器需要采用专用的焊接管箍来安装,安装时需要注意插入深度和管道管径的配合,一般插入深度为管径的一半为宜。图 8.1(c)为不同的传感器和 PLC 模拟量模块的接线示意图。温度传感器接到模拟量输入通道 0+和 0−。

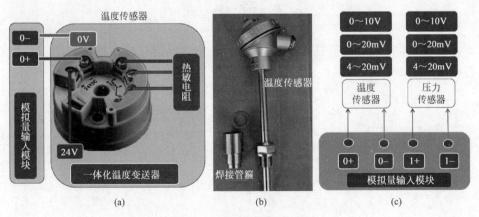

图 8.1 温度传感器接线

如图 8.2 所示,图 8.2(a)为压力传感器模块接线示意图,压力变送器模块是将电阻信号的变化转换成电压或者电流信号。该模块为无源转换模块,所以需要外部提供电源。图 8.2(b)为压力传感器实物图,压力变送器安装时需要加装针型阀、表弯和焊接管箍来满足使用需求。图 8.2(c)为不同的传感器和 PLC 模拟量模块的接线示意图。压力传感器接到模拟量输入通道 1+和 1−。

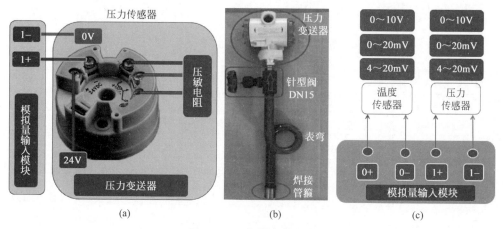

图 8.2　压力传感器接线

如图 8.3 所示,图 8.3(a)为液位传感器模块接线示意图,液位变送器模块是将电阻信号的变化转换成电压或者电流信号。该模块为无源转换模块,所以需要外部提供电源。图 8.3(b)为投放式液位传感器实物图,该液位传感器安装时,检测探头不要接触到水箱底部,要距离水箱底部 10~20cm 为宜。图 8.3(c)为不同的传感器和 PLC 模拟量模块的接线示意图。液位传感器接到模拟量输入通道 2+和 2−。

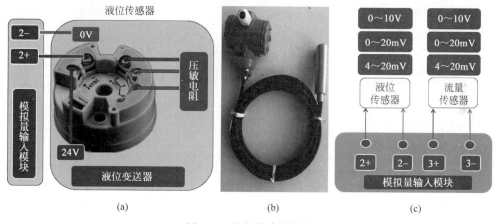

图 8.3　液位传感器接线

8.2　模拟量输入分类汇总

如图 8.4 所列的是常用模拟量信号,主要有温度、压力、液位、流量、变频器频率、电流和调节阀开度等。这些信号中有的是无源信号,有的是有源信号,无源信号是传感器本身或者信号不带电,需要从控制柜内引入 24V。有源信号就是信号本身就是反馈的电压或者电流信号,不需要再接入电源。后边会详细讲解无源和有源模拟量信号接线。

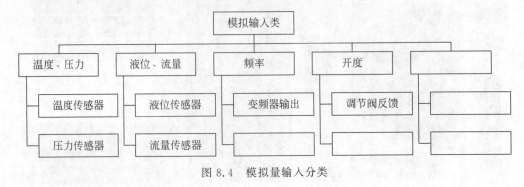

图 8.4 模拟量输入分类

8.3 模拟量输入原理

如图 8.5 所示,图 8.5(a)汇总了模拟量的接线原理示意图。传感器通过电阻值的变化转换成电压或者电流信号的变化,模拟量输入模块通过检测这些信号的变化值来确定外部实际信号的变化。图 8.5(b)为两线制变送器的控制电路示意图。模拟量数值的变化如何跟 PLC 程序联系起来,又是如何真实地反应外部温度、压力等信号的呢?

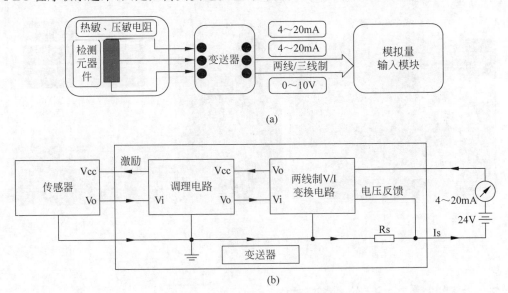

(a)

(b)

图 8.5 传感器信号采集原理图

图 8.6 为模拟量转化的原理图。模拟量信号要想跟 PLC 程序结合起来就需要将模拟量信号转换成数值。图 8.6 描述了模拟量数值与实际触感器数值的对应关系。模拟量本身就是线性比例关系,根据相似三角形定理推出以下公式:

$$(Y_{max}-Y_{min})/(OUT-Y_{min})=(X_{max}-X_{min})/(IN-X_{min}) \qquad (8.1)$$

由式 8.1 可以推导出模拟量输出公式:

$$OUT=(Y_{max}-Y_{min})/[(X_{max}-X_{min})/(IN-X_{min})]+Y_{min} \qquad (8.2)$$

其实程序中的模拟量库文件或者模拟量程序块就是使用这个公式计算的。例如量程为 0~100℃,4~20mA 输出的传感器如何与西门子 S7-200 SMATT 系列模块对应呢? 0~100℃对应 4~20mA; 4~20mA 对应数值 5530~27648。那么可以认为 0~100℃对应 5530~27648(AIW 的数值)。根据图 8.6 对号入座: Y_{max}(100℃),Y_{min}(0℃),X_{max}(27648), X_{min}(5530),IN(AIW),OUT(模拟量输出值)。

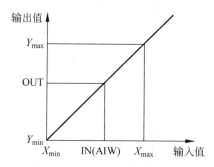

图 8.6 模拟量信号数值转换原理

模拟量转化就是调用一个模拟量库(可调用子程序块)来实现数据转换和显示,学会使用该模拟量库就可以实现模拟量数据转换。S7-200 系列和 S7-200 SMART 系列都有对应的模拟库,需要添加后才可以调用模拟量程序块。如图 8.7 所示,以西门子 S7-200 系列为例,举例说明模拟量程序的编写过程。如图 8.8 所示,是采用西门子 S7-200 SMART 系列做的模拟量转换程序,调用方式是一样的,区别是 S7-200 SMART 的数值的最大值是 27648。

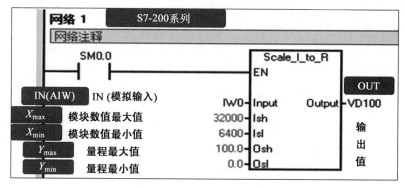

图 8.7 S7-200 系列 PLC 模拟量程序的编写

上面讲解了传感器的采集原理,还讲解了模拟量转换的原理和模拟量程序块的调用,如图 8.9 所示,汇总传感器的使用流程。在实际使用过程中,先了解传感器如何转换,再按照正确的方式将传感器接到模拟量输入模块对应的通道,最后将通道内的数值通过 PLC 程序

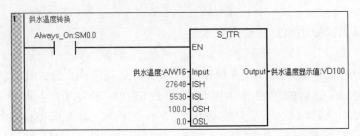

图 8.8　S7-200 SMART 系列 PLC 模拟量程序的编写

转换成显示值。

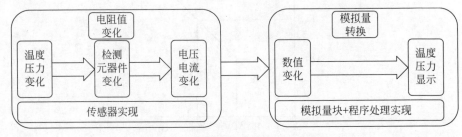

图 8.9　传感器显示的流程示意图

8.4　模拟量输入接线的应用

8.4.1　无源传感器接线

如图 8.10 所示,图 8.10(a)为 4 通道模拟量输入模块接线原理图,图 8.10(b)为无源两线制模拟量接线示意图,接入的是第 3 个通道,2+和 2−。如图 8.11 所示,图 8.11(a)为 4 通道模拟量输入模块接线原理图,图 8.11(b)为无源三线制模拟量接线示意图,接入的是第 3 个通道,2+和 2−。将图 8.10 和图 8.11 对比可以发现:三线制多接了一个 0V,其他的接线方式一样。

8.4.2　模拟量有源接线

如图 8.12 所示,图 8.12(a)为 4 通道模拟量输入模块接线原理图,图 8.12(b)为有源两线制模拟量接线示意图。模拟量输入有源接线最简单,就是将模拟量输出设备的(+)接模拟量输入模块的(+),将模拟量输出设备的(−)接模拟量输入模块的(−)。如图 8.12(b)中 AO1 和 AGND 是变频器模拟量输出的通道,AO1 为(+),AGND 为(−);图 8.12(b)中 U 为调节阀模拟量输出的(+),图中 M 为调节阀模拟量输出的(−)。具体情况根据不同的设备,查阅相关说明书或者手册。如果接入的是电压信号,对应的模拟量模块通道一定要设置成电压型。同理如果接入的是电流型信号,模块组态设置就设置成电流型。

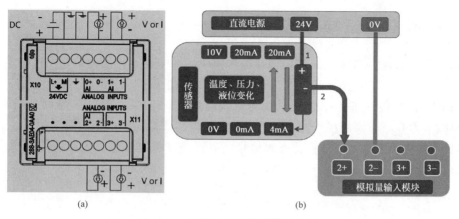

图 8.10　无源两线制传感器接线图

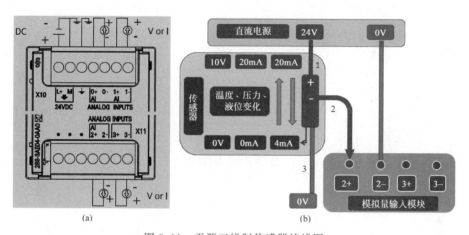

图 8.11　无源三线制传感器接线图

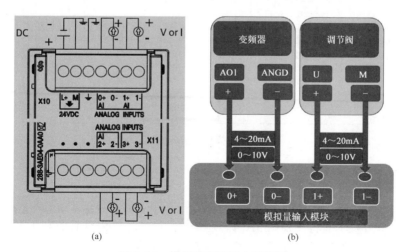

图 8.12　模拟量有源输入接线图

8.5 模拟量图纸接线应用

图 8.13 所示为(AE08)8 通道模拟量输入模块后 4 个通道接线图。每个模拟量占用一个字也就是一个 W,如通道 5 地址是 AIW56,通道 6 地址就是 AIW58,以此类推。通道 4+和 4−接的是液位传感器,该模拟量为无源两线制接线。通道 5+和 5−接的是调节池 PH 计,该模拟量为有源两线制接线。一般不带供电的传感器接的模拟量信号都是无源信号,带供电的传感器模拟量信号接的都是有源信号。不管是有源信号还是无源信号,只有掌握了基本原理才能去应用和使用。

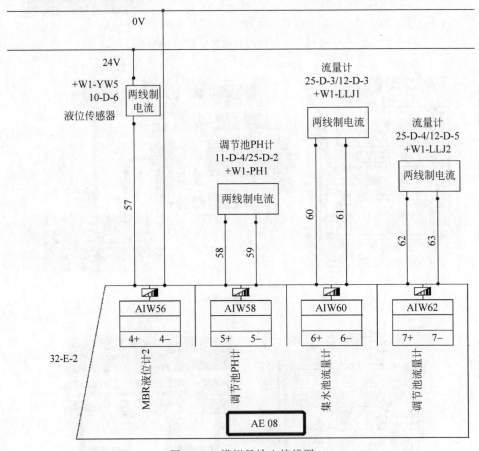

图 8.13 模拟量输入接线图

本 章 小 结

通过本章学习要掌握传感器的工作原理和接线方法。学会对有源和无源信号的区分。遇到没有见过的传感器要学会变通,能根据说明书去接线和使用。

第 9 章

模拟量输出接线

理解频率、开度等模拟量输出的工作原理和接线方式,了解接线的方式并能独立操作。归纳总结模拟量输出的应用。

▶ 9min

9.1 模拟量输出的分类

常用的模拟量输出有变频器频率控制和调节阀开度控制。变频器和调节阀的模拟量输出信号一般为 0~10V 或者 4~20mA。模拟量输出接线方式如图 9.1 所示,图 9.1(a)为两通道模拟量输出模块,图 9.1(b)为模拟量接线图,图 9.1(c)为电动调节阀接线图、变频器和调节阀实物图。模拟量输出的信号直接接到外部设备即可,如模拟量模块输出的(+)接变频器模拟量输入的(+);如模拟量模块输出的(-)接变频器模拟量输入的(-);电动调节阀接线方式也是一样的,调节阀控制信号 Y 和公共端 M 需要接入 2 个端子。按图接线,需要注意的是模拟量输出模块的类型也要和设备接收信号的类型一致,是电流则都是电流,是电压则都是电压。

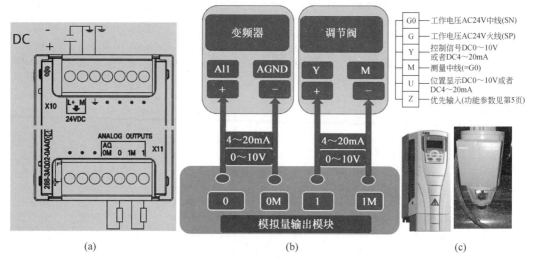

图 9.1 模拟量输出接线

9.2 模拟量分类汇总

如图 9.2 汇总的是常用的带模拟量输出的设备,主要有调节阀、数显表、变频器等。接线方式按照图 9.1 接线即可。

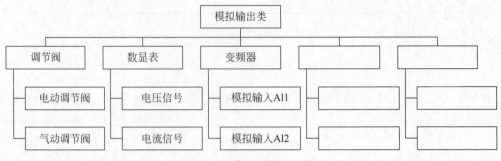

图 9.2 模拟量输出分类

9.3 模拟量输出原理分析

如图 9.3 为 S7-200 SMART 编写模拟量输出程序,该程序的编写依然是调用模拟量库,理解程序块各个引脚的使用。VD200 为开度设定值,数据类型为实数,开度量程为 0.0～100.0,4～20mA 的信号对应的数值范围是 5530～27648,开度控制的输出通道为 AQW32。模拟量输出和模拟量输入正好是相反的过程,可以结合模拟量输入一起理解和应用。

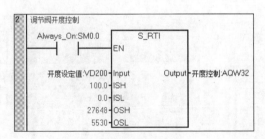

图 9.3 模拟量输出程序

9.4 模拟量输出接线应用

如图 9.4 为西门子 S7-1200 系列 4 通道模拟量输出模块电气接线图。QW202 频率由系统-2 号循环泵频率给定,接线端 1M 和接线端 1 为第二个通道模拟量输出接线端。

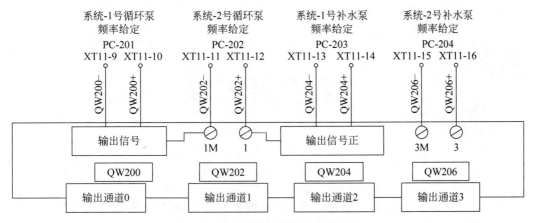

图 9.4　模拟量输出模块电气接线图

本 章 小 结

　　模拟量输出接线是有源的,要么是电压信号,要么是电流信号。首先将对应的信号类型设置好,再把对应的量程设置好,最后把线接正确就可以了。

第 10 章

温控器接线和应用

8min

掌握温控器的工作原理,了解如何根据温度控制工艺选择温控器,能读懂跟温控器有关的电气原理图。

10.1 温控器

如图 10.1 为温度控制器使用流程图。温控器通过热元器件(铂电阻或者热电偶)对温度的感应产生电阻值的变化,经过温控器电路板将信号处理,显示出实时温度,并可以输出继电器信号或者其他信号。

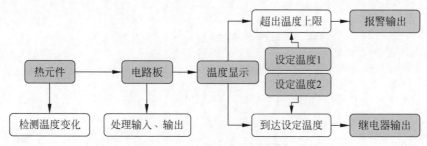

图 10.1 温控器使用流程图

图 10.2(a)为温控器前面板示意图,可以通过指示灯观察运行情况,还可以通过温度设定按键设定温度。图 10.2(b)为温控器前后板接线示意图。输入端接线:TC 接热电偶;RTD 接热电阻;如果接热电偶,热电偶分正负,输入端有 TC+、TC-。如果接热电阻,输入端有两根线是并在一起的,三线热电偶有两个颜色一样的线和 1 个不一样颜色的线,颜色一样的两根接到并接线端子,剩下的 1 根其他颜色的线接到剩下的一个端子即可。

OUT1(上限)和 OUT2(高、总、低)一般都是继电器输出,一个是公共端,其余两个是端子,一个是常开触点,而一个是常闭触点,常开和常闭的选择要根据使用需求确定。

(地、中、相)三个接线端子,地:接地线;中:接中性线(零线);相:接相线(火线)。

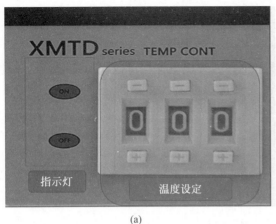 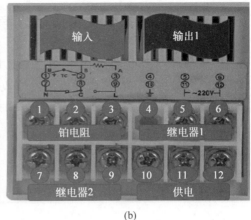

(a)　　　　　　　　　　　(b)

图10.2　温控器接线图

10.2　温控器的应用

如图10.3所示为温控器的应用电路原理图,负载电源可以根据需求选择,可以用AC220V,也可以用AC380V,还可以用DC24V。这里采用AC220V的负载电源,因为温控器是由AC220V供电的,这样电源取电方便。其他电源负载选择原理一样。

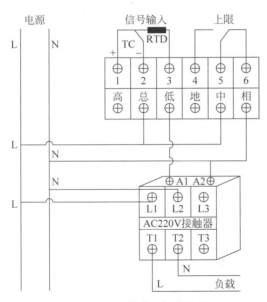

图10.3　温控器电气接线图

本 章 小 结

温控器种类很多,原理和应用万变不离其宗。有的智能温控器可以通过设置参数来修改输入端接入的探头类型,如可以通过修改参数来选择接 PT100、PT1000 还是 K 型探头等。如果把原来固定的温差参数做成可调的,则还可以设置回路温差。

第 11 章

液位控制器接线和应用

掌握液位控制器的工作原理,掌握电气原理图的绘制方法,知道如何根据液位控制工艺选择液位控制器和选择其他设备。

17min

11.1 液位控制器的分类

液位控制类元器件一般有浮球开关、液位继电器和电极式液位控制器。要根据不同的场景来选择使用。

11.1.1 浮球开关

如图 11.1~图 11.4 所示,不管是供水(如图 11.1 所示)还是排水(如图 11.3 所示)控制,都是通过浮球开关的接通和断开来控制的。具体用常开点还是用常闭点我们在图中做了详细标注。

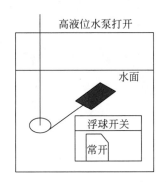
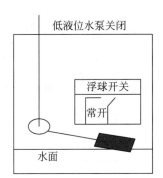

图 11.1 浮球开关控制水泵排水示意图

排水控制就是当水位高的时候,控制接触器的接通,水位高的时候浮球会漂浮起来,里边的微动开关会动作,那么图 11.2 所示的情况就应该接常开触点。

浮球开关共有黑、棕、蓝三根线,当浮球漂浮的时候,用万用表的蜂鸣器挡位测试哪两根线是断开的。再让浮球开关动作,动作后测试哪两根线是闭合的。以此确定需要接的两根线。

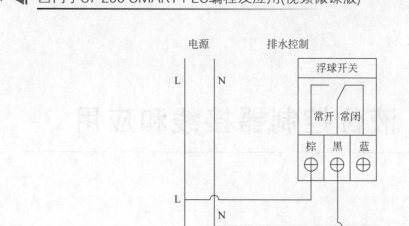

图 11.2　浮球井关控制水泵排水电气接线图

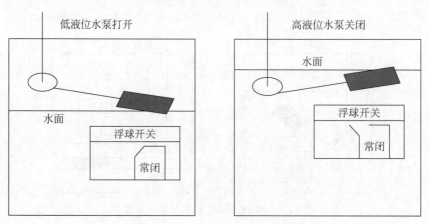

图 11.3　浮球开关控制水泵供水示意图

同理浮球开关用到供水控制,接一对常闭触点(如图 11.4 所示)。因为供水和排水是相反的状态,常开和常闭也是相反的状态。排水用常开触点,那么供水就用常闭触点。

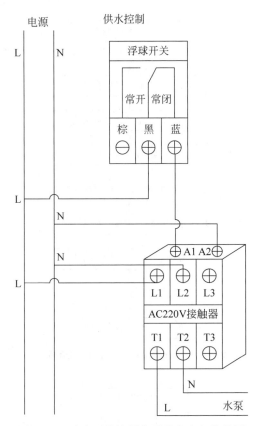

图 11.4　浮球开关控制水泵供水电气接线图

11.1.2　液位继电器

如图 11.5 所示为液位继电器接线原理图。经过分析,液位继电器起作用的是高液位和中液位,最终液位保持在高液位和中液位之间。控制方式与浮球开关的控制原理一样,电气原理图和浮球开关的原理图也一样,接线时对应替换浮球开关的触点即可。图 11.6 为液位继电器排水控制流程图,图 11.7 为液位继电器供水控制流程图,在使用供水和排水控制时按照流程图来控制即可。

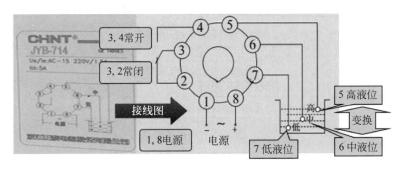

图 11.5　液位继电器接线原理图

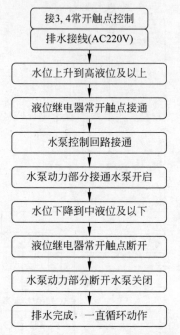

图 11.6　液位继电器排水控制流程图

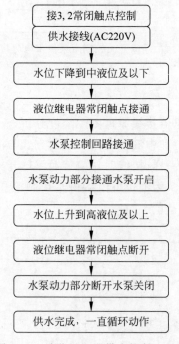

图 11.7　液位继电器供水控制流程图

11.1.3 电极式液位控制器

如图 11.8 所示为电极式液位控制器接线图。电极式液位控制器是通过 4 个电极来检测超高、高、低、超低四个液位,如果电极被水淹没,每个电极和公共端之间就会产生微弱的电流,经过电路板处理并识别该信号,即可显示到控制器。同时控制器有高报、低报等报警输出继电器和控制水泵启停的继电器。原理与温控器原理相似,只是比温控器复杂一些。

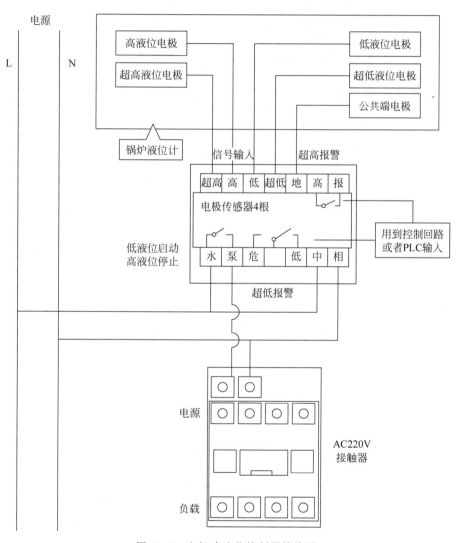

图 11.8 电极式液位控制器接线图

本 章 小 结

液位控制器种类很多,掌握了原理即可,因为万变不离其宗。知道现场控制器应该接开点还是闭点,能根据现场使用需求选择对应的液位控制器,利用电气原理实现控制即可。

第三篇　变频器应用篇

第 12 章

变频器接线和快速应用

12.1 变频器的原理

▶ 16min

▶ 12min

如图 12.1 所示,变频器的主要工作原理就是将输入的交流电进行整流、储能和逆变之后输出便能控制电机。在这个过程中,可以控制频率输出来改变电机的转速,从而达到调速的目的。变频器的品牌比较多,常用的进口品牌有:西门子、三菱、ABB、丹弗斯、施耐德和艾默生等,国产的有台达、英威腾、正泰、德力西、易能等。虽然品牌众多,但是变频器的常规应用也就那么几种,只要我们掌握了其中的原理,再多的品牌我们也能掌握和应用。

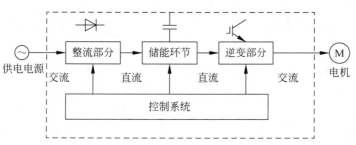

图 12.1 变频器原理图

12.2 变频器的接线

12.2.1 台达变频器接线

如图 12.2 所示为台达 VFD-M 系列变频器接线图,主电路输入部分接线端子 R、S、T,输出部分 U、V、W。变频器动力部分需主要注意以下几点:电源进线和电机出线绝对不可以接错。如果外接制动单元或者制动电阻,需根据说明书接线和操作。控制部分有数字量输入、数字量输出、模拟量输入、模拟量输出和通信共计 5 部分。

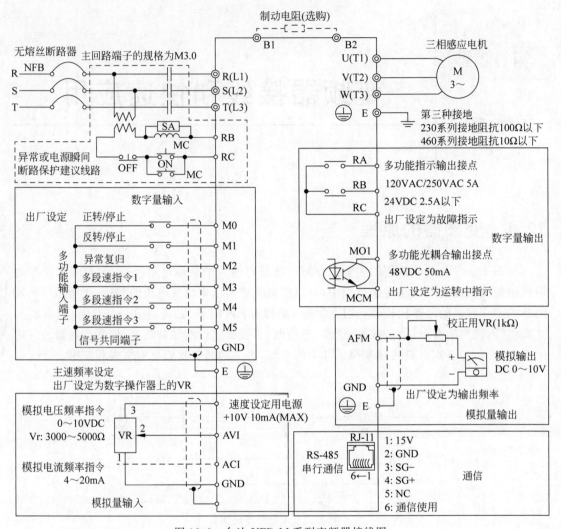

图 12.2　台达 VFD-M 系列变频器接线图

12.2.2　三菱变频器接线

如图 12.3 所示为三菱 A740 系列变频器控制部分接线图,控制部主要分 5 大部分:数字量输入、数字量输出、模拟量输入、模拟量输出和通信。这里比海利普变频器多出了一个通信部分。

12.2.3　ABB 变频器接线

如图 12.4 所示,控制部分由数字量输入、数字量输出、模拟量输入和模拟量输出 4 部分组成。

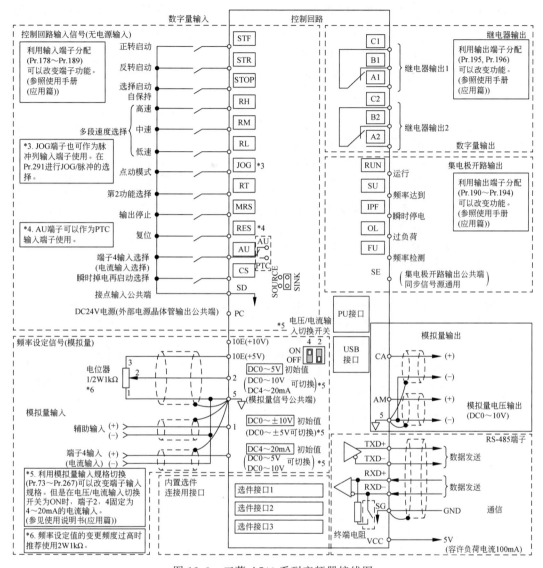

图 12.3 三菱 A740 系列变频器接线图

经过汇总并对比发现,变频器控制部分必备的 4 部分是:数字量输入、数字量输出、模拟量输入和模拟量输出。这 4 部分与 PLC 的输入和输出模块的类型也一致,所以变频器和PLC 在原理上是相通的。

数字量输入部分:主要用于变频器启停、复位、高中低速等。默认参数,控制对应的触点接通和断开就可以实现控制。

数字量输出部分:主要有继电器输出和晶体管输出,两种输出的区别和数字量输出模块输出原理一样。

模拟量输入部分：主要用于接受外部模拟量信号的输入，用于控制变频器频率，或者进行 PID 调节；分无源输入(电位器控制频率设定)和有源输入(PLC 的模拟量输出模块)。

模拟量输出部分：主要用于显示变频器的运行频率、运行电流、运行转速等。变频器的模拟量输出接到仪表或者 PLC 的模拟量输入模块。变频器模拟量输出是有源的。

应用宏：ABB标准宏(默认)

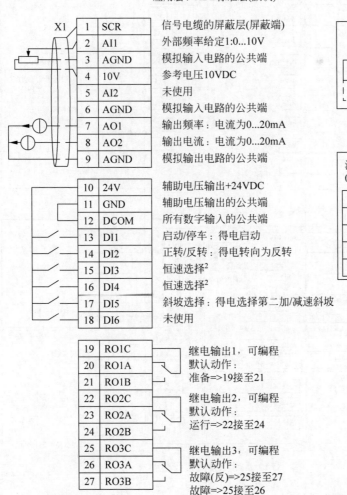

X1	1	SCR	信号电缆的屏蔽层(屏蔽端)
	2	AI1	外部频率给定1:0...10V
	3	AGND	模拟输入电路的公共端
	4	10V	参考电压10VDC
	5	AI2	未使用
	6	AGND	模拟输入电路的公共端
	7	AO1	输出频率：电流为0...20mA
	8	AO2	输出电流：电流为0...20mA
	9	AGND	模拟输出电路的公共端
	10	24V	辅助电压输出+24VDC
	11	GND	辅助电压输出的公共端
	12	DCOM	所有数字输入的公共端
	13	DI1	启动/停车：得电启动
	14	DI2	正转/反转：得电转向为反转
	15	DI3	恒速选择²
	16	DI4	恒速选择²
	17	DI5	斜坡选择：得电选择第二加/减速斜坡
	18	DI6	未使用
	19	RO1C	继电输出1，可编程
	20	RO1A	默认动作：
	21	RO1B	准备=>19接至21
	22	RO2C	继电输出2，可编程
	23	RO2A	默认动作：
	24	RO2B	运行=>22接至24
	25	RO3C	继电输出3，可编程
	26	RO3A	默认动作：
	27	RO3B	故障(反)=>25接至27 / 故障=>25接至26

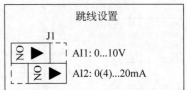

跳线设置

J1

AI1: 0...10V
AI2: 0(4)...20mA

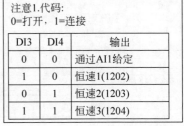

注意1.代码：
0=打开，1=连接

DI3	DI4	输出
0	0	通过AI1给定
1	0	恒速1(1202)
0	1	恒速2(1203)
1	1	恒速3(1204)

输入信号
- 模拟给定(AI1)
- 启、停和方向(DI1,2)
- 恒速选择(DI3,4)
- 斜坡1/2选择(DI5)

输出信号
- 模拟输出AO1: 频率
- 模拟输出AO2: 电流
- 继电输出1: 准备
- 继电输出2: 运行
- 继电输出3: 故障(-1)

图 12.4　ABB ACS510 系列变频器接线图

具体每一个端子的作用,如果都采用默认,就可以按说明书中写的那样使用,其实每一个接线端子都有一个参数用于控制该端子的接线的具体作用,所以如果要改变端子的功能和作用,可以通过参数来修改,并不是说,哪个端子的功能和作用是固定不变的。但是这些还有一定的限定,数字量输入可以互换,但是不可以和其他部分互换,同理,数字量输出可以通过调整参数来调整对应的功能,也不能和其他部分互换。模拟量也是如此。能调整功能参数的端子都定义为多功能端子,其参数可以设置。如图 12.4 所示,两个模拟量输入通道 AI1 和 AI2,两个模拟量输出通道 AO1 和 AO2,数字量输入有 6 个,数字量输出(继电器)有 3 个。默认设置如图 12.4 所示,如果想改变对应端子的功能,改变参数设置即可。

ABB 系列变频器有时选用标准宏,有时选用 PID 宏,不管选用哪种宏都可以按照功能部分去划分,如表 12.1 为整理的 ACS510 变频器接线代号表,以后接线和设置参数可参照此表。

表 12.1　ACS510 变频器接线代号表

ACS510 系列	序号	代号	描述 1	描述 2	默认功能
模拟量输入	1	SCR	屏蔽端		
	2	AI1	模拟输入 1		频率给定
	3	AGND	模拟量公共端		
	4	+10V	参考电压输出	最大 10mA	
	5	AI2	模拟输入 2		不使用
	6	AGND	模拟量公共端		
模拟量输出	7	AO1	模拟输出 1	电流为 0~20mA	频率
	8	AO2	模拟输出 2	电流为 0~20mA	频率
	9	AGND	模拟量公共端		
数字量输入	10	+24V	辅助电压输出	24V/250mA	
	11	GND	辅助输出公共端		
	12	DCOM	数字输入公共端		
	13	DI1	数字输入 1	可编程	启/停
	14	DI2	数字输入 2	可编程	正向/反向
	15	DI3	数字输入 3	可编程	恒速选择
	16	DI4	数字输入 4	可编程	恒速选择
	17	DI5	数字输入 5	可编程	斜坡选择
	18	DI6	数字输入 6	可编程	未使用
数字量输出	20	RO1A	一对常闭		准备好
	19	RO1C		一对常开	最大 250VAC
	21	RO1B			30VDC,2A
	23	RO2A	一对常闭		运行
	22	RO2C		一对常开	最大 250VAC
	24	RO2B			30VDC,2A
	25	RO3A	一对常闭		故障
	26	RO3C		一对常开	最大 250VAC
	27	RO3B			30VDC,2A

如表 12.2 所示为变频器代号对照表。为了深入了解变频器的接线方式,我们将台达 VFD 系列、三菱 A740 系列和 ABB ACS510 系列三类变频器的接线图对比后并汇总整理成了该表格。希望大家能掌握变频器控制部分的接线。

表 12.2　变频器代号对照表

变频器代号对照表

序号	部分	名称	台达	三菱	ABB	英文
1	数字量输入	正转	M0	STF	DI1	foreward
2		反转	M1	STR	DI2	reverse
3		高速	M3	RH	DI3	high speed
4		中速	M4	RM	DI4	middle speed
5		低速	M5	RL	DI5	low speed
6		复位	M2	RES	DI6	reset
7		公共端	GND	SD	24V	common port
8	数字量输出	数字量输出 1	RA	A1	RO1B	
9		数字量输出 1	RC	C1	RO1C	
10		数字量输出 2		A2	RO2B	
11		数字量输出 2		C2	RO2C	
12	模拟量输入	模拟量输入 1(电流)	ACI	1	AI1	
13		模拟量输入 2(电压)	AVI	4	AI2	
14		电源正	10V	10E	10V	
15		模拟量公共端	GND	5	AGND	
16	模拟量输出	模拟量输出 1(电流)		CA	AO1	
17		模拟量输出 2(电压)	AFM	AM	AO2	
18		模拟量公共端	GND	5	AGND	

12.3　变频器总结和应用

如图 12.5 所示,变频器控制部分常用板块的划分跟 PLC 基本类似,也可以划分为 4 个板块。供电是必须的部分,通信是选配的部分。输入部分和输出部分则是必备的。输入部分由数字量输入和模拟量输入组成;输出部分是由数字量输出和模拟量输出组成。大家先掌握变频器控制原理,再掌握控制部分接线,最后掌握参数设置与现场应用的配合,这样就能掌握变频器的常规应用。

如图 12.6 所示,我们把 PLC 的数字量输入模块和变频器的数字量输入联系了起来。图 12.4 中 ABB 变频器数字量输入接线部分跟我们的演化过程有相似之处。通过对变频器数字量输入和 PLC 数字量输入模块的对比,让我们深层次地领悟其原理。

PLC 数字量输入模块需要接入按钮或者开关输入,如果接的都是常开触点,无非也是

图 12.5 变频器和 PLC 构架图

控制模块公共端和对应的输入点接通而已。我们 PLC 的输入点是设计者自定义的。而变频器数字量输入则是固化好的,需要修改参数来改变功能,修改参数的过程相当于我们 PLC 编程的过程。变频器的数字量输入原理和 PLC 数字量输入模块的原理相同,只要控制公共端和对应输入端子的接通就可以,由于系统默认了很多端子功能,所以不要以为这些参数是固化好的,如果是多功能端子,这些功能和定义都是可以通过参数修改。

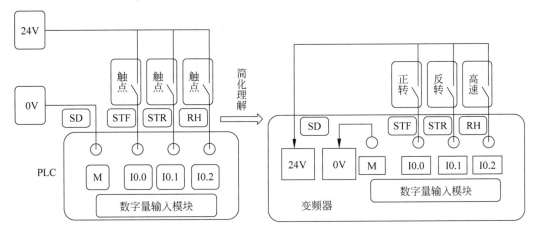

图 12.6 变频器和 PLC 演化关系图

我们绘制的 ABB 变频器 ACS510 的控制部分的电气图纸如图 12.7 所示。该图纸一共包含了控制线路的 5 部分。

数字量输入部分:如果 Q0.0 控制了 KA9 继电器,那么 Q0.0 就控制了变频器的启停(变频器设置为端子控制启停模式)。

数字量输出部分:变频器运行信号,一般接常开触点,监视变频器是否处于运行。变频器报警信号,一般接常闭触点,监视变频器是否处于故障。

模拟量输入部分:AI1 是变频器的模拟量输入,设置参数为控制变频器的频率,默认需要 4～20mA 的信号,接 PLC 的模拟量输出通道,且设置为 4～20mA 电流输出。

模拟量输出部分:AI1 是变频器的模拟量输入,设置参数为控制变频器的频率,默认需要 4～20mA 的信号,接 PLC 的模拟量输出通道,且设置为 4～20mA 电流输出。

通信部分:RS-485 通信,只有支持 Modbus_RTU 通信协议才选用该通信。

如图 12.8 所示为变频器模拟量接线示意图。图 12.8(a)为变频器模拟量输出接到 PLC 模拟量输入模块接线图。图 12.8(b)为 PLC 模拟量输出模块接到变频器模拟量输入

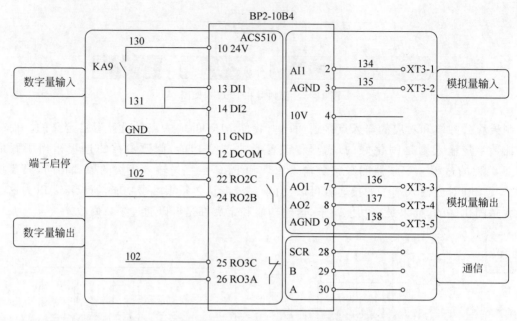

图 12.7　ABB 变频器 ACS510 变频器控制部分电气图

接线图。本书模拟量接线部分有关于变频器接线部分的详细介绍,变频器的接线端子可查阅说明书。

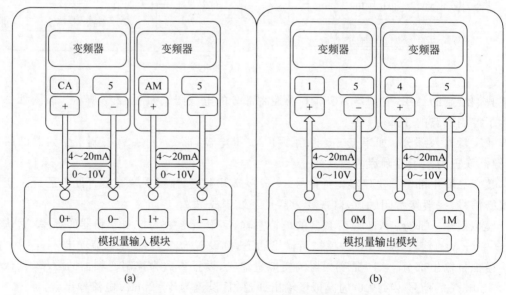

图 12.8　三菱 A740 变频器模拟量接线示意图

图 12.9(a)为变频器使用时一般的参数设定。一共分为 5 部分:数字量输入部分采用

DI1 和 DI2 控制端子启停；数字量输出部分监视变频器运行和报警状态；模拟量输入部分用于接受频率控制和信号控制；模拟量输出部分反馈运行频率和运行电流等信号；通信控制可以控制变频器的运行和频率。

图 12.9(b)为变频器运行的 5 种控制应用。启停控制分为面板给定、端子给定和通信给定；运行参数分为基本参数和启停参数；频率控制分为面板给定、端子给定和通信给定；恒压供水选择 PID 模式或者 PID 宏；速度控制的是多段速应用。

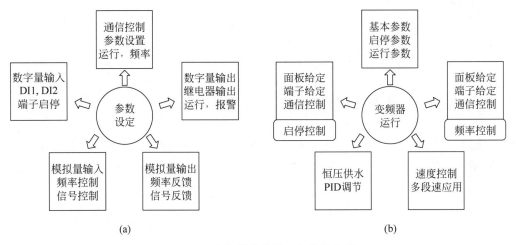

(a)　　　　　　　　　　　　　(b)

图 12.9　变频器参数设置和常规应用

本 章 小 结

本章讲解了变频器的工作原理，台达、三菱和 ABB 变频器的接线，总结了常规变频器的工作方式。需读者掌握变频器控制部分的分块划分，掌握变频器控制的常用接线和控制方式，掌握变频器的参数设置。

第 13 章

变频器的恒压供水使用

18min

7min

13.1　变频恒压供水的原理

　　首先确定远传压力表接线,然后确定变频器接线,最后确定变频器参数设置。如图 13.1 所示为远传压力表和变频器接线示意图。远传压力表的 3 根线分别接到变频器的 AGND、10V 和 AI2 端子。

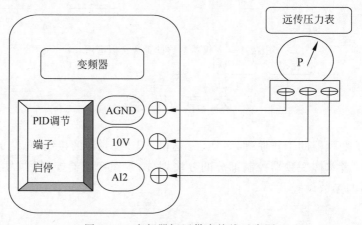

图 13.1　变频器恒压供水接线示意图

　　如图 13.2 所示为远传压力表的电位图。随着检测压力的升高,压力电位逐渐变高。电压越高,反馈给变频的数值就越大。如果测量电阻值,最大值的两端接电源,剩余的一端接输出。

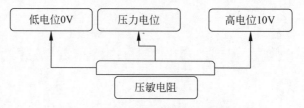

图 13.2　远传压力表电位图

如图 13.3 所示为现场实测电阻值。1 号（红色线）和 3 号（黄色线）之间的电阻为 160Ω；3 号（黄色线）和 2 号（绿色线）之间的电阻为 260Ω；1 号（红色线）和 2 号（绿色线）之间的电阻为 380Ω。那么我们判定 1 号（红色线）和 2 号（绿色线）应该接电压，一个接 10V，另一个接 0V。现场压力为 0.16MPa 左右，如果定性分析，输出端 3 号（黄色线）和应该接 0V 的那一端阻值更小。查看测试数据显示：1 号（红色线）和 3 号（黄色线）之间阻值较小，那么就可以推断出 1 号（红色线）应该接 0V。

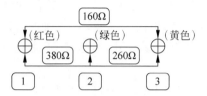

图 13.3　远传压力表电阻测试结果

按照图 13.4 所示接线，1 号（红色线）接变频器 0V(AGND)，2 号（绿色线）接 10V，3 号（黄色线）接 AI2 模拟量输入通道。变频器满足送电条件后送电，测试电压结果如下：当压力为 0.16MPa 时，红色和黄色电压为 0.98V。该远传压力表量程为 0～1.6Mpa，压力为 0.16MPa 是满量程的 10%。那么计算出输出电压应该为（10×10%＝1）1V 左右，实际测试结果 0.98V，加上信号偏差满足使用需求。

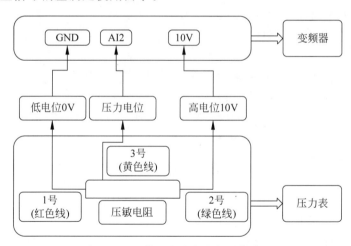

图 13.4　远传压力表与变频器接线图

当接线完毕并测试完成以后，设置完变频器参数就可以测试恒压供水了。那么肯定有人会提出疑问：变频器是如何知道远传压力表的量程的呢？其实变频器不知道远传压力表的量程，也无法知道。变频器接收的是电压或者电流信号，所以只能通过电压或者电流信号判定外部的压力。所以变频器设置目标值（外部压力值）时，是通过百分比来设定的，例如设定目标值为 20%，那么压力是多少呢？设定的压力的计算公式为：设定压力值－最小量程＝（最大量程－最小量程）×20%，那么根据这个公式计算一下即可。假如我们现场的压力表量程为 0～1.6MPa,那么计算公式就简化为:设定压力值＝最大量程×20％,计算结果为 1.6×0.2＝0.32MPa。那么我们设定的目标值为 0.32MPa,当压力达到 0.32MPa 左右时,变频器频率会逐渐减低甚至停止工作,当压力减小时,变频器的频率就会增加,重新恢复工作,如此循环。但是我们又不想让变频器频繁启停,那么就可以通过变频器 PID 调节的偏差值来设定。所谓的偏差值就是,PID 调节不是稳定在一个压力点,而是稳定在以目标值为中心的压力段。如我们设定目标值为 0.32MPa,偏差值设定为±1％,就相当于在低于目标值 0.032MPa 的压力后才会启动。当然了实际调试数值和计算数值会略有偏差,如果偏差过大可能是参数设置不对,或者哪里出了问题,需仔细查阅说明书,设置正确的参数。如果远传压力表最小量程是 0,那么问题就简化为:变频器的 PID 调节设置,调节目标就是满量程的百分比。

流程要点:(1)确定远程压力表和变频器的确切接线方式。(2)确定变频器参数设置(PID 模式参数和基本参数)。(3)设置参数和目标值,测试并调试直到满足使用要求为止。

13.2 变频器恒压供水的参数设置

13.2.1 变频器恒压供水案例应用

案例一采用英威腾变频器 GD200A 系列,选用 AI2 模拟量接远传压力表。英威腾变频器 PID 调节参数设置如下:

P00.01 ＝1,采用端子启动;

P00.06 ＝7,采用 PID 控制;

P09.00 ＝0,PID 给定源选择,键盘数字给定,需设置 P09.01;

P09.01 ＝10％,键盘预置 PID (PID 设定目标值);

P09.02 ＝1,通过此参数选择 PID 反馈通道,值为 1 时选择 AI2 反馈;

P09.08＝2％,PID 调节允许的最大偏差值。

设置电机运行参数如下:

P02.01　设置电机额定功率;

P02.02　设置电机额定频率;

P02.03　设置电机额定转速;

P02.04　设置电机额定电压;

P02.04　设置电机额定电流。

案例二采用 ABB 变频器 ACS510 系列,选用 AI2 模拟量接远传压力表。ABB 变频器 ACS510 的 PID 调节参数设置如下:

99.02＝6,选择 PID 宏;

10.02＝1,DI1 控制启停;

11.02＝7,选择外部 2;

16.01＝0,不需要启动允许信号;

　　13.04＝20％,实际信号为 4～20mA 或者 2～10V;

　　40.10＝19,选择内部设定给定值;

　　40.11＝30％,设定压力值(满量程的百分比);

　　4022＝7,选择休眠【内部】给定值和实际值来控制;

　　4023＝10,休眠频率;4024＝30,休眠延时;

　　4025＝2％,PID 调节允许偏差;4026＝3,休眠唤醒延时 3s;

　　PID 宏默认值如下:P1106＝19;P4014＝1 实际值 1;4016＝2 实际值 1 选择 AI2;如果选用 AI1 作为模拟量输入,需要修改 4016＝1 实际值 1 选择 AI1;

　　电机基本参数如下:9905 额定电压;9906 额定电流;9907 额定功率;9908 额定转速。

13.2.2　变频器恒压供水步骤

　　那么我们总结一下使用变频器做恒压供水的步骤吧。

　　第 1 步,管道安装远传压力表,并测试好接线方式。

　　第 2 步,确定变频器采用哪个通道来做恒压供水的反馈控制,一般默认第一个可用模拟量输入通道。

　　第 3 步,完成接线,并使用万用表,根据压力变化测试电压变化。电压变化和压力变化成正比。例如一个满量程是 0～1.0MPa 的远传压力表和 0～10V 成正比例对应关系。如果压力是 0.5MPa,那么我们测量的电压应该是 5V 左右,偏差不会太大,否则需检查接线和压力表的问题。

　　第 4 步,接线完毕以后设置变频器的参数。设置变频器的参数分为以下几步:

　　(1) 设置变频器为 PID 调节模式。

　　(2) 设置变频器 PID 调节的反馈通道参数。

　　(3) 设置对应的启停方式,一般采用端子启停多一些。

　　(4) 选择我们设定给定值的方式,并设定给定目标值。

　　(5) 设定调节偏差值,就是允许多少误差不用调节,根据偏差值调节即可。

　　(6) 设置电机运行基本参数信息。

　　(7) 如果变频器具备休眠模式则可以选择休眠模式设置。休眠模式一般为了不让变频器一直处于运行状态而让变频器休眠。一般需要设定休眠条件和唤醒条件,自己根据需求设定。

　　简化步骤以后确定的流程如图 13.5 所示。

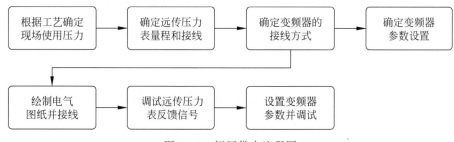

图 13.5　恒压供水流程图

13.3 恒压供水的应用

完成上述两种变频器的设置以后,基本掌握了恒压供水的参数设置。那么来检验一下我们的学习情况吧?选用台达 VFD-M 系列的变频器,如图 13.6 所示为接线图。利用上一章讲到的知识点,控制部分接线也是分 5 部分,分别为数字量输入、数字量输出、模拟量输入、模拟量输出和通信。

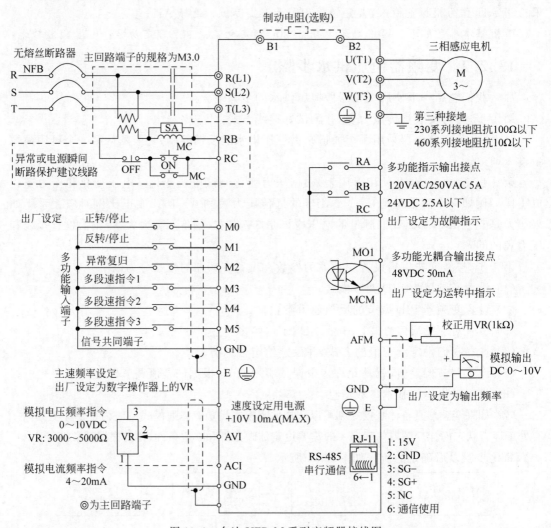

图 13.6 台达 VFD-M 系列变频器接线图

数字量输入部分:GND 为公共端、M1 为正转、M2 为反转、M3 为复位、M4 为多段速1、M5 为多段速 2 和 M6 为多段速 3。

数字量输出部分：RC和RA为一对常开触点，RC和RB为一对常闭触点（参照数字量输入部分可以推断出常开触点的形式）。

模拟量输入部分：ACI和GND为电流通道，ACI为电流信号输入端；AVI、GND和10V为电压通道，AVI为电压信号输入端。

模拟量输出部分：AFM和GND为模拟量输出通道，输出为电压类型。

关于变频器参数设置，我们需要先查一下参数表，把需要设置的参数勾选并记录下来。图13.7中，我们确定应该设置的参数如下：P00＝01（确定频率控制方式为电压信号控制，由AVI通道控制）、P01＝02（确定端子控制启停方式）、P02＝00（默认）、P03＝50（最高频率设置为50Hz），P0～P09选择默认参数。

参数码	参数功能	设定范围	出厂值	客户
P00	主频率输入来源设定	00：主频率输入由数字操作器控制 01：主频率输入由模拟信号0～10V输入(AVI) 02：主频率输入由模拟信号4～20mA输入(ACI) 03：主频率输入通信输入(RS-485) 04：主频率输入由数字操作器上的转扭控制	00	
P01	运转信号来源设定	00：运转指令由数字操作器控制 01：运转指令由外部端子控制，键盘STOP键有效 02：运转指令由外部端子控制，键盘STOP键无效 03：运转指令由通信输入控制，键盘STOP键有效 04：运转指令由通信输入控制，键盘STOP键无效	00	
P02	电机停车方式设定	00：以减速刹车方式停止 01：以自由运转方式停止	00	
P03	最高操作频率选择	50.00～400.0Hz	60.00	
P04	最大电压频率选择	10.00～400.0Hz	60.00	
P05	最高输出电压选择	115V/230V: 0.1～255.0V 460V: 0.1～510.0V 575V: 0.1～637.0V	220.0 440.0 575.0	
P06	中间频率选择	0.10～400.0Hz	1.50	
P07	中间电压选择	115V/230V: 0.1～255.0V 460V: 0.1～510.0V 575V: 0.1～637.0V	10.0 20.0 26.1	
P08	最低输出频率选择	0.10～20.00Hz	1.50	
P09	最低输出电压选择	115V/230V: 0.1～255.0V 460V: 0.1～510.0V 575V: 0.1～637.0V	10.0 20.0 26.1	

图13.7　台达变频器参数1

图13.8中，可选设置P10（第一加速时间）和P11（第一减速时间），P12～P23选择默认参数。

P10	第一加速时间选择	0.1~600.0s或0.01~600.0s	10.0	
P11	第一减速时间选择	0.1~600.0s或0.01~600.0s	10.0	
P12	第二加速时间选择	0.1~600.0s或0.01~600.0s	10.0	
P13	第二减速时间选择	0.1~600.0s或0.01~600.0s	10.0	
P14	S曲线加速设定	00~07	00	
P15	寸动加减速时间设定	0.1~600.0s或0.01~600.0s	1.0	
P16	寸动运转频率设定	0.00~400.0Hz	6.00	
P17	第一段频率设定	0.00~400.0Hz	0.00	
P18	第二段频率设定	0.00~400.0Hz	0.00	
P19	第三段频率设定	0.00~400.0Hz	0.00	
P20	第四段频率设定	0.00~400.0Hz	0.00	
P21	第五段频率设定	0.00~400.0Hz	0.00	
P22	第六段频率设定	0.00~400.0Hz	0.00	
P23	第七段频率设定	0.00~400.0Hz	0.00	

图 13.8　台达变频器参数 2

图 13.9 中,P10＝50(上限频率设置为 50Hz),P37～P42 选择默认参数。

图 13.10 中,P115＝4(选择 PID 模式),P116＝01(负反馈,0~10V,AVI 控制),P125＝20(PID 调节的目标值),P126＝1(PID 调节偏差值),P117、P118、P119 和 P127 根据需要调整,不需调整时则选择默认即可。其他参数值选择默认即可。最后我们归纳总结的参数设置如表 13.1 所示,其他的选择默认参数即可。

表 13.1　台达变频器 PID 调节参数设置表

参数序号	设置内容	含　义
P00	01	01:主频率输入由模拟信号 0~10V
P01	02	02:运转指令由外部端子控制,键盘 STOP 键无效
P02	00	00:以减速刹车方式停止
P03	50	最高频率设置
P04	50	最大电压频率
P05	400	最高输出电压
P08	10	最低输出频率
P17	20	速度 1
P18	30	速度 2
P20	40	速度 3
P36	50	输出频率上限
P37	0	输出频率下限
P38	00	M0 正转,M1 反转

续表

参数序号	设置内容	含　义
P39	05	默认复位
P40	06	多段速 1
P41	07	多段速 2
P42	08	多段速 3
P115	04	选择 PID 功能，并且目标值为：内部地址控制
P116	01	负反馈，0 到 10V，AVI 控制
P125	20%	目标值
P126	1	偏差

P33	允许停电最大时间	0.3～5.0s		2.0	
P34	速度追踪B.B.时间	0.3～5.0s		0.5	
P35	速度追踪最大电流设定	30～200%		150	
P36	输出频率上限设定	0.10～400.0Hz		400.0	
P37	输出频率下限设定	0.00～400.0Hz		0.00	
P38	多功能输入端子(M0，M1)功能选择	00	M0：正转/停止；M1：反转/停止	00	
		01	M0：运转/停止；M1：反转/正转		
		02	M0、M1、M2：三线式运转控制		
P39	多功能输入端子(M2)功能选择	00：无功能 01：运转许可(N.C.) 02：运转许可(N.O.)		05	
P40	多功能输入端子(M3)功能选择	03：E.F.外部异常输入(N.O) 04：E.F.外部异常输入(N.C)		06	
P41	多功能输入端子(M4)功能选择	05：RESET指令(N.O.) 06：多段速指令一		07	
P42	多功能输入端子(M5)功能选择	07：多段速指令二 08：多段速指令三 09：寸动运转 10：加减速禁止指令 11：第一、二加减速时间切换 12：B.B.外部中断(N.O) 13：B.B.外部中断(N.C) 14：Up频率递增指令 15：Down频率递减指令 16：AUTO RUN可程序自动运转 17：PAUSE暂停自动运转 18：计数器触发信号输入 19：清除计数器 20：无功能 21：RESET清除指令(N.C) 22：强制运转命令来源为外部端子		08	

图 13.9　台达变频器参数 3

P115	PID参考目标来源选择	00：无PID功能 01：数字操作器 02：AVI(0～10V) 03：4～20mA(ACI) 04：PID设定地址(参考P125)	00	
P116	PID回授目标来源选择	00：正回授0～10V(AVI) 01：负回授0～10V(AVI) 02：正回授4～20mA(ACI) 03：负回授4～20mA(ACI)	00	
P117	比例值(P)增益	0.0～10.0	1.0	
P118	积分时间(I)	0.00～100.0s	1.00	
P119	微分时间(D)	0.00～1.00s	0.00	
P120	积分上限值	00～100%	100	
P121	PID一次延迟	0.0～2.5s	0.0	
P122	PID控制，输出频率限制	00～110%	100	
P123	回授信号异常侦测时间	00：不侦测 0.1～3600s	60.0	
P124	PID回授信号错误处理方式	00：警告并减速停车 01：警告并继续运转	00	
P125	PID参考值设定地址	0.0～400.0Hz(100%)	0.00	
P126	PID偏差量准位	1.0～50.0%	10.0	
P127	PID偏差量检测时间	0.1～300.0s	5.0	
P128	最小频率对应AVI输入电压值	0.0～10.0V	0.0	
P129	最大频率对应AVI输入电压值	0.0～10.0V	10.0	
P130	反向AVI	00：无反向 01：反向	00	
P131	最小频率对应ACI输入电流值 (0～20mA)	0.0～20.0mA	4.0	

图 13.10　台达变频器参数 4

本 章 小 结

通过本章学习掌握通过变频器采用恒压供水如何接线和如何设置参数。变频器参数设置可分为：启停控制和频率控制。频率控制由 PID 调节决定,设置 PID 参数即可,变频器带休眠设置的,可以设置休眠模式。学会恒压供水控制的方法,掌握恒压供水控制的原理,为以后使用其他品牌的变频器做恒压供水项目打下基础。

第 14 章

PLC 控制变频器的应用

20min

变频器外部控制主要有两种,一种是端子控制,另一种是通信控制。采用通信控制时一般变频器带有 Modbus 通信,可以采用 Modbus 通信模式,如果要连接到 PLC 的网络,则需要配置对应的网卡,如连接到西门子的 DP 网络则需要配置 DP 网卡,如果连接到三菱的 CC-Link 网络,则需要配置 CC-Link 网卡等。如果通过网络控制还需要会编写对应的程序,有的甚至还需要软件组态。网络通信控制变频器的好处是一根通信线就解决了启停、频率控制、故障输出和运行输出等信号的问题。如果不具备这样的网络通信基础就可以采用端子控制,变频器的启停、运行和故障输出都需要接到 PLC 的数字量模块,频率控制和反馈都需要接到模拟量模块。如果这些都操作不了,只能选择不用 PLC 而通过硬线接线控制来实现。通过按钮和继电器控制变频器启停,用电位器控制频率设置,用仪表来显示频率。

14.1 PLC 通过端子控制变频器

PLC 通过端子控制变频器的正反转和速度,需要将变频器设置成端子控制模式。如图 14.1 所示,一般控制变频器采用 PLC 硬线输出控制,变频器的启停和高低速可以通过 PLC

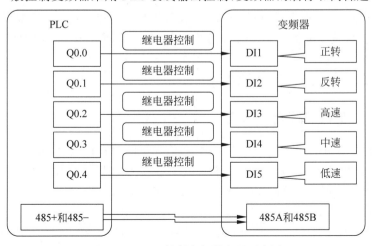

图 14.1 PLC 控制变频器应用示意图

的数字量输出模块来控制中间继电器,继电器控制变频器从而控制电路的数字量输入部分来实现正反转和高低速等。这里的变频器速度是通过参数设定的,如果需要改变速度就要修改变频器参数。如果想通过 PLC 来修改速度或者通过触摸屏来控制速度的输入,就需要用到模拟量输出模块。如图 14.2 所示总结了 PLC 通过硬线控制变频器系统图。

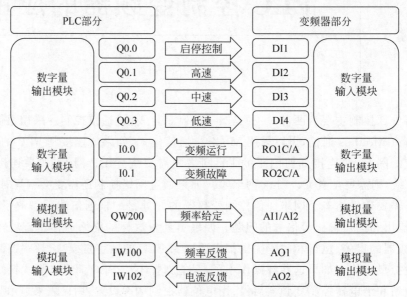

图 14.2　PLC 通过硬线控制变频器系统图

我们还可以通过通信的方式来控制变频器。PLC 通过通信端口与变频器通信端口相连接,端口类型要一致(RS-485 或者 RS-232),通信协议也要一致,这样就可以通过端口通信来控制变频器了。接线方式很简单,485A 和 485B 分别对应 485＋和 485－,关于 485 通信距离可参看相关手册。

在通信的时候一定要注意,设置 PLC 和变频通信格式要一致,波特率、数据位、校验方式等都要一致。设置变频器从站地址和通信方式,PLC 也需要做对应的通信程序。

14.2　PLC 通信控制变频器

14.2.1　变频器通信模式

如图 14.3 为 ABB 变频器 ACS510 系列通信控制的参数设置路程图。我们将变频器设置的通信模式分两部分,一部分设置启停,而另一部分设置频率给定。设置完通信模式,我们再按照通信模式接线和编写 PLC 程序,最后再完成测试。

如图 14.4 为 ABB 变频器 ACS510 系列 1001 参数内容,设置 1001＝10,变频器的启停就通过通信来控制(外部 1 命令);如图 14.5 所示,设置 1102＝8,选择外部 1/外部 2 由串行通信控制字选择(参数 301);如图 14.6 所示,设置 1103＝8,给定 1 由串行通信决定。

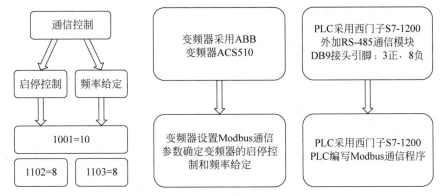

图 14.3　ACS510 变频器通信控制流程图

```
1001 EXT1 COMMANDS （外部 1 命令）
     定义外部控制 1 (EXT1) - 设定启、停和方向。
     0 = NOT SEL - 没有外部命令源控制启、停和方向。
     1 = DI1- 2- 线控制启停 。
       • DI1 控制启 / 停。（DI1 得电 = 启动；DI1 断电 = 停止）。
       • 参数 1003 定义方向。选择 1003 = 3（双向）等效于 1003 = 1（正向）。
     2 = DI1, 2 - 2- 线控制启停、方向。
       • DI1 控制启 / 停。（DI1 得电 = 启动；DI1 断电 = 停止）。
       • DI2 控制方向（参数 1003 应该设为 3（双向））。
         (DI2 得电 = 反转；失电 = 正转）。
     3 = DI1P, 2P - 3- 线控制启停。
       • 启动和停止信号分别为按钮控制的脉冲信号（P 代表脉冲）。
       • 启动按钮是常开的，接到 DI1。为了启动变频器，DI2 在 DI1 得到脉冲信号时应保持得电状态。
       • 多个启动按钮并联。
       • 停止按钮是常闭的，接到 DI2。
       • 多个停止按钮串联。
       • 参数 1003 定义方向。选择 1003 = 3（双向）等效于 1003 = 1（正向）。
     4 = DI1P, 2P, 3 - 3- 线控制启停、方向。
       • 启动和停止信号分别为按钮控制的脉冲信号，和 DI1P, 2P 中描述的一样。
       • DI3 控制方向（参数 1003 应该设为 3（双向））。
         (DI3 得电 = 反转；失电 = 正转）。
     5 = DI1P, 2P, 3P - 正转启动，反转启动和停止。
       • 启动和方向命令由两个独立的按钮给出（P 表示脉冲）。
       • 正转启动按钮是常开的，接到 DI1。为了启动变频器，DI3 在 DI1 得到脉冲信号时应保持得电状态。
       • 反转启动按钮是常开的，接到 DI2。为了启动变频器，DI3 在 DI2 得到脉冲信号时应保持得电状态。
       • 多个启动按钮并联。
       • 停止按钮是常闭的，接到 DI3。
       • 多个停止按钮串联。
       • 参数 1003 应该设为 3（双向）。
     6 = DI6 - 2- 线控制启停。
       • DI6 控制启 / 停。（DI6 得电 = 启动；DI6 断电 = 停止）。
       • 参数 1003 定义方向。选择 1003 = 3（双向）等效于 1003 = 1（正向）。
     7 = DI6, 5 - 2- 线控制启停、方向。
       • DI6 控制启 / 停。（DI6 得电 = 启动；DI6 断电 = 停止）。
       • DI5 控制方向（参数 1003 应该设为 3（双向））。
         (DI5 得电 = 反转；失电 = 正转）。
     8 = KEYPAD - 控制盘
       • 外部控制 1 的启停和方向信号由控制盘给出。
       • 方向控制时，参数 1003 应该设为 3（双向）.
     9 = DI1F, 2R - 启 / 停 / 方向命令取决于 DI1 和 DI2 的组合。
       • 正转启动 = DI1 得电且 DI2 失电。
       • 反转启动 = DI1 失电且 DI2 得电。
       • 停止 = DI1 和 DI2 都得电或都失电。
       • 参数 1003 应该设为 3（双向）。
     10 = COMM（通讯）- 启 / 停和方向信号来自现场总线控制字。
       • 控制字 1（参数 0301）的位 0, 1, 2 决定启停和方向。
       • 详情参见现场总线用户手册。
```

图 14.4　ACS510 变频器参数 1001 内容

1102	**EXT1/EXT2 SEL (外部 1/ 外部 2 选择)** 此参数用于选择 外部 1/ 外部 2。这样，定义了相关的启停和方向指令以及给定。 0 = 外部 1 — 选择外部控制 1 (外部 1)。 　• 参见 1001 EXT1 COMMANDS 定义外部 1 的启 / 停 / 方向。 　• 参见 1103 REF1 SELECT 定义 外部 1 的给定。 1 = DI1 — DI1 的状态决定了外部 1/ 外部 2 的取向。(DI1 得电 = 外部 2; DI1 失电 = 外部 1)。 2...6 = DI2...DI6 — 数字输入口的状态决定了外部 1/ 外部 2 的取向。参见 DI1 。 7 = 外部 2 — 选择外部控制 2(外部 2)。 　• 参见 1002 EXT2 COMMANDS 定义外部 2 的起 / 停 / 方向。 　• 参见 1106 REF2 SELECT 定义 外部 2 的给定。 8 = COMM — 外部 1/ 外部 2 由串行通信控制字选择。 　• 控制字 1 的位 5 (参数 0301) 定义了外部控制取向 (外部 1 还是外部 2)。 　• 详情参见现场总线用户手册。 -1 = DI1(反) — DI1 的状态决定了外部 1/ 外部 2 的取向。(DI1 得电 = 外部 1 ; DI1 失电 = 外部 2)。 -2...-6 =DI2(反)...DI6(反) — 通过一个反置的数字输入口的状态决定了外部 1/ 外部外部 2 的取向。参见 DI1(反) 。

图 14.5　ACS510 变频器参数 1102 内容

1103	**REF1 SELECT (给定值 1 选择)** 本参数定义外部给定 1 的信号源。 0 = KEYPAD(控制盘) — 给定来自控制盘。 1 = AI1 — 给定来自 AI1。 2 = AI2 — 给定来自 AI2。 3 = AI1/JOYST — AI1 以操纵杆的形式作为给定。 　• 信号的最小值对应反向的最大给定。用参数 1104 定义 　　最小值。 　• 信号的最大值对应正向的最大给定。用参数 1105 定义 　　最大值。 　• 参数 1003 应该定为 3 (双向)。 　**警告!** 因为给定信号范围的最小值决定着反转的最大值， 　因此千万不要把 0 V 作为给定信号范围的最小值。否则 　当给定信号丢失时 (此时给定信号输入为 0 V)，变频器 　可能会误以反向的最高速运行! 为避免这种情况，请使 　用以下设置，当模拟信号丢失变频器将会报故障并停 　机。 　• 设定参数 1301 MINIMUM AI1 (1304 MINIMUM AI2) 在 　　20% (2 V 或 4 mA)。 　• 设定参数 3021 AI1 FAULT LIMIT 为 5% 或更高。 　• 设定参数 3001 AI<MIN FUNCTION 为 1 (故障)。 4 = AI2/JOYST — AI2 以操纵杆的形式作为给定。 　• 参见上述 (AI1/JOYST)。 5 = DI3U,4D(R) — 以两个 DI 信号模拟电动电位器，作为频率给定。 　• DI3 得电升速 (U 表示升速)。 　• DI4 得电减速 (D 表示减速)。 　• 停车命令将给定复位为零 (R 表示复位)。 　• 给定速度变化的快慢由参数 2205 ACCELER TIME 2 控制 6 = DI3U,4D — 和 (DI3U,4D(R)) 相同，不同的是: 　• 接到停止信号时给定值不复位为 0。给定值被存储起来。 　• 变频器重新启动后，电机将按相应的曲线加速到原来记忆的速度。 7 = DI5U,6D — 和 (DI3U,4D)，不同的是，DI 信号换为 DI5 和 DI6。 8 = COMM — 给定来自串行通信。 9 = COMM+AI1 AI1 与现场总线给定值组合后作为给定值。参见下面的模拟输入给定值校正。 10 = COMM*AI1 AI1 与现场总线给定值组合作为给定值。参见下面的模拟输入给定值校正。 11 = DI3U, 4D(RNC) 和 (DI3U,4D(R)) 相同，不同的是: 　• 改变控制源时 (外部 1 到外部 2，外部 2 到外部 1，本地到远程)，给定值被复位 12 = DI3U,4D(NC) — 和 (DI3U,4D) 相同，不同的是: 　• 改变控制源时 (外部 1 到外部 2，外部 2 到外部 1，本地到远程)，给定值被复位 13 = DI5U,6D(NC) — 和 (DI3U,4D) 相同，不同的是: 　• 改变控制源时 (外部 1 到外部 2，外部 2 到外部 1，本地到远程)，给定值被复位 14 = AI1+AI2 AI1 与 AI2 组合后作为给定值。参见下面的模拟输入给定值校正。 15 = AI1*AI2 AI1 与 AI2 组合后作为给定值。参见下面的模拟输入给定值校正。 16 = AI1-AI2 AI1 与 AI2 组合后作为给定值。参见下面的模拟输入给定值校正。 17 = AI1/AI2 AI1 与 AI2 组合后作为给定值。参见下面的模拟输入给定值校正。 20 = KEYPAD(RNC) — 定义控制盘作为参考源。一个停止命令将参考值复位为 0 (R 代表复位)。改变控制源 (EXT1 to 　EXT2, EXT2 to EXT1) 不拷贝参考值。 21 = KEYPAD(NC) — 定义控制盘作为参考源。一个停止命令不会将参考值复位为 0，参考值将被保存。改变控制源 (EXT1 　to EXT2, EXT2 to EXT1) 不拷贝参考值。	外部给定 1 最大 外部给定 1 最小 - 外部给定 1 最小 - 外部给定 1 最大 10 V / 20 mA 2 V / 4 mA 0 V / 0 mA EXT REF 1 MIN -2 %　+2 % - EXT REF 1 MIN 4 % 磁滞回环

图 14.6　ACS510 变频器参数 1103 内容

14.2.2　变频器参数设置和接线

如图 14.7 所示,28 号控制端子接屏蔽层,29 号端子接 485＋,30 号端子接 485－,这样就确定了变频器这一部分的通信端口接线。那么通信协议如何选择呢? 参看图 14.8,设置 9802＝1(选择标准的 Modbus 通信协议),具体内容参看 53 组参数设置。如图 14.9 所示,参数 5302 用于设置通信从站地址也就是 Modbus 通信的从站地址。如图 14.10 所示,参数 5303 用于设置通信波特率,设置 5303＝9.6(波特率 9600);参数 5304 用于设置通信校验方式,设置 5304＝0(8 个数据位 1 个停止位无校验);参数 5305 用于设置通信控制字的配置类型选择,设置 5305＝0(默认参数)。这样就将通信设置和接线完成了,接下来便可解决 PLC 程序如何编写和控制变频器了。

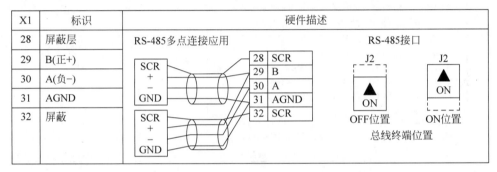

X1	标识	硬件描述			
28	屏蔽层	RS-485多点连接应用		RS-485接口	
29	B(正+)		28 SCR		
30	A(负-)		29 B		
31	AGND		30 A		
32	屏蔽		31 AGND		
			32 SCR		

图 14.7　ACS510 变频器通信接线端子

Code	Description
9802	COMM PROT SEL(通信协议选择) 选择通信协议 0=NOT SEL(未选择)-没有选择通信协议。 1=STD MODBUS(标准MODBUS)-变频器通过RS-485串行通信口(X1-通信端子)和Modbus总线相连。 ● 同时参见参数组53内置现场总线通信协议。 4=EXT FBA(外部总线适配器)-变频器通过插槽2上的现场总线适配器与现场总线进行通信。 ● 同时参见参数组51外部通信模块。

图 14.8　ACS510 变频器通信协议选择

代码	描述	协议
		Modbus
5301	EFB PROTOCOL ID 通信协议的ID和程序版本。	只读。将参数9802 COMM PROT SEL(通信协议选择)设置为非零值,都会自动设置该参数。格式为:XXYY,这里XX=协议ID,YY=程序版本。
5302	EFB STATION ID RS-485链路的站点地址。	用一个唯一的值来表示网络中各传动。当选择了该协议时,此参数的默认值为1。
	注意! 要使一个新地址生效,传动必须断电后重新上电,或者在选择新地址之前将参数5302置0。参数5302=0将RS-485通道复位。并禁止通信。	

图 14.9　ACS510 变频器 53 组参数内容 1

代码	描述	协议
		Modbus
5303	EFB BAUD RATE RS-485网络的通信速率，单位为kbit/s 1.2 kbit/s　　　　　　19.2 kbit/s 2.4 kbit/s　　　　　　38.4 kbit/s 4.8 kbit/s　　　　　　57.6 kbit/s 9.6 kbit/s　　　　　　76.8 kbit/s	选择此协议，该参数的默认值是9.6。
5304	EFB PARITY RS-485通信的数据长度，奇偶校验位和停止位。 ● 网络中所有站点的设置必须相同。 0=8 NONE1-8位数据，无奇偶校验，有一位停止位。 1=8 NONE2-8位数据，无奇偶校验，有两位停止位。 2=8 EVEN1-8位数据，偶校验，有一位停止位。 3=8 ODD1-8位数据，奇校验，有一位停止位。	选择此协议，该参数的默认值是1。
5305	EFB CTRL PROFILE 选择EFB协议所用的通信配置文件。 0=ABB DRV LIM-对控制字/状态字的操作必须符合ABB 传动配置文件的要求，典型应用与ACS400传动相同。 1=DCU PROFILE-对控制字/状态字的操作必须符合32位 DCU配置文件的要求。 2=ABB DRV FULL-对控制字/状态字的操作必须符合 ABB传动配置文件的要求，典型应用与ACS600/800传 动相同。	选择此协议，该参数的默认值是0。

图 14.10　ACS510 变频器 53 组参数内容 2

14.2.3　变频器通信控制字的确定

如图 14.11 所示,寄存器 40001 为变频器的控制字,也就是用于控制变频器启停的寄存器;40002 为给定 1 的频率控制字;40003 为给定 2 的频率控制字;40004 为变频器运行的状态字。由于我们前边的参数设置采用的是给定 1,那么我们用到的寄存器只有 3 个:40001、40002 和 40004。具体控制字的内容如何给定且看下文解析。

如图 14.12 所示,控制字的每一位是 0 或者 1 都对应不同的含义,我们根据需要选择需要设定的每一位的数值,最后确定该控制字的数值即可。控制字由 16 位数据组成,每 4 位可采用 8421 代码快速计算,从左往右一次是 8、4、2、1,哪些位是 1,哪些对应的数值相加即可。例如:0100 为 0+4+0+0=4;1100 为 8+4+0+0=12 即十六进制的 C。我们根据此方法可以算出控制字的数值或者根据控制字的数值能推算出每一位是 0 还是 1。

常用的控制字给定参数如下:16#0476 为运行准备,16#047F 为正转运行,16#047E 为停止。我们来验证一下这些参数是否与当前的变频器参数匹配。

如图 14.12 所示,若控制字为 16#0476,那么位 1、位 2、位 4、位 5、位 6 和位 10 的值为1。对应的含义参看图 14.13、图 14.14 和图 14.15,位 1=1(关断 2 不激活);位 2=1(关断3 不激活);位 4=1(正常运行,允许加速);位 5=1(允许积分,允许加速);位 6=1(正常运

Modbus寄存器		访问类别	说明
40001	控制字	读/写	直接映射配置文件的控制字。只有在5305=0或2(ABB传动配置文件)时，映射才有效。参数5319按十六进制格式保存着控制字的一个副本。
40002	给定1	读/写	范围=0～+20000(换算到0～1105给定1最大)，或−20000～0(换算到1105给定1最大～0)。
40003	给定2	读/写	范围=0～+10000(换算到0～1108给定2最大)，或−10000～0(换算到1108给定2最大～0)。
40004	状态字	读	直接映射到配置文件的状态字。只有在5305=0或2(ABB传动配置文件)时，映射才有效。参数5320按十六进制格式保存着状态字的一个副本。
40005	实际值1(用参数5310来选择)	读	默认情况下，保存0103 OUTPUT FREQ的一个副本。使用参数5310为该寄存器选择不同的实际值。
40006	实际值2(用参数5311来选择)	读	默认情况下，保存0104 CURRENT的一个副本。使用参数5311为该寄存器选择不同的实际值。

图 14.11　ACS510 变频器 Modbus 寄存器

控制字高8位							
划分	0				4		
数值	位15	位14	位13	位12	位11	位10	位19	位18
0476	0	0	0	0	0	1	0	0
047E	0	0	0	0	0	1	0	0
047F	0	0	0	0	0	1	0	0
控制字低8位							
划分	7				6/E/F		
数值	位7	位6	位5	位4	位3	位2	位1	位0
0476	0	1	1	1	0	1	1	0
047E	0	1	1	1	1	1	1	0
047F	0	1	1	1	1	1	1	1

图 14.12　控制字给定数值计算方式

行,进入运行状态);位 10=1(现场总线允许控制)。

若控制字为 16#047E,那么位 1、位 2、位 3、位 4、位 5、位 6 和位 10 的值为 1。比 16# 0476 增加了位 3 的数值变化,位 3=1(允许运行),若位 3=0(禁止运行)。

若控制字为 16#047F,那么位 0、位 1、位 2、位 3、位 4、位 5、位 6 和位 10 的值为 1。比 16#047E 增加了位 0 的数值变化,位 0=1(进入准备运行状态)。

通过控制字 16#0476、控制字 16#047E 和控制字 16#047F 的所有位的状态综合判定：16♯0476 为运行准备，16♯047F 为正转运行，16♯047E 为停止满足使用需求，可以通信设置该参数验证。

ABB传动配置文件控制字(参见参数5319)				
位	名称	值	命令状态	说明
0	关断1控制	1	准备运行	进入准备运行状态
		0	紧急关断	传动根据当前的减速斜坡(2203或2205)停车。 正常的命令顺序： ● 进入OFF1激活状态 ● 然后进入准备接通状态，除非其他互锁信号(OFF2, OFF3)被激活
1	关断2控制	1	正在运行	连续运行(关断2不激活)
		0	紧急关断	传动自由停车。 通常的命令顺序是： ● 进入OFF2激活状态。 ● 然后进入接通禁止状态。

图 14.13　ACS510 变频器 40001 控制字 1

ABB传动配置文件控制字(参见参数5319)				
位	名称	值	命令状态	说明
2	关断3控制	1	运行中	连续运行(关断3不激活)
		0	急停	传动在参数2208设定的时间内停车。 通常的命令顺序是： ● 进入关断3激活状态。 ● 然后进入接通禁止状态。 警告！必须保证电机及其驱动设备可以通过这种模式停车。
3	禁止运行	1	允许运行	进入运行允许(注意运行使能信号必须有效。参见参数1601。如果参数1601被设置成通信，该位也会激活运行使能信号)。
		0	禁止运行	进入运行禁止状态。
4	未使用(ABB传动简装版)			
	积分输出置零 (ABB传动完全版)	1	正常运行	进入积分函数发生器：加速允许状态。
		0	积分输出置零	置积分函数发生器输出为零。传动积分停车。
5	积分保持	1	积分输出允许	允许积分功能。 进入积分函数发生器：加速允许状态。
		0	积分输出保持	停止积分(积分函数发生器输出保持)。
6	积分输入置零	1	积分输入允许	正常运行。进入运行状态。
		0	积分输入置零	将积分函数发生器的输入强置为零。
7	复位	0=>1	复位	如果出现故障，那么进行故障复位(进入接通禁止状态)。在1604=COMM时有效。
		0	运行中	连续正常运行。

图 14.14　ACS510 变频器 40001 控制字 2

8...9	未使用			
10	未使用(ABB传动简装版)			
	远程控制 (ABB传动完全版)	1		现场总线控制允许。
		0		● CW≠0或Ref≠0：保留最后的CW和Ref。 ● CW=0并且Ref=0：允许现场总线控制。 ● 给定值和减速/加速斜坡被锁住。
11	外部控制本地	1	外部2选择	选择外部控制2(EXT2)。在1102=通信时有效。
		0	外部1选择	选择外部控制1(EXT1)。在1102=通信时有效。
12...15	未用			

图 14.15 ACS510 变频器 40001 控制字 3

14.2.4 变频器通信频率的给定

如图 14.11 所示,协议规定 0～20000 对应 0～50 Hz(1105 设定最大频率为 50 Hz),那么通过计算可知 1 Hz 对应数值 400,如果设置频率为 20 Hz 那么应该设置寄存器 40002 的数值为 8000。

如果变频器采用端子控制,变频器频率给定则通过变频器 AI1/AI2 给定,电压电流类型可以根据设定确定,将变频器电流和频率反馈设置好对应参数,对应地接好线就可以。需要用到数字量输入、数字量输出、模拟量输入、模拟量输出编程。

本 章 小 结

掌握 PLC 控制变频器的两种控制方式,一种采用继电器通过端子控制,另一种通过通信控制。对这两种控制模式我们要掌握,有的项目是两种模式都会采用,启停通过端子控制,而频率控制和反馈通过通信控制。根据使用场景选择恰当的控制方式,既要满足使用需求,又要保证节约成本,更要运行稳定可靠。

第四篇　难点解析和重点应用篇

第 15 章

难点重点解析

15.1 数据类型的讲解

15.1.1 数据类型

数据类型可以形象地理解成不同类型的水杯。如图 15.1 所示 a 水杯中有一定量的水，水满了就会溢出，b 为空杯子。如果把杯子比喻成数据类型 Int，那么 Int 可以理解成水杯的类型，我们暂定为玻璃杯，那么不锈钢保温杯（Word）类型也能装等量的水，而里边的水可以理解为数值。a 水杯有 10 毫升水，b 水杯没有水；假设 VW0＝10、VW2＝0，VW0 和 VW2 就可以理解为 2 个玻璃杯。如果想要容量更大的水杯呢？ 如图 15.2 所示为 a、b 两个水桶，对应的数据类型可以理解为 DInt 和 DWord。既然换成了水桶，可装的水就更多了。

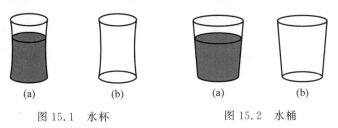

图 15.1　水杯　　　　　图 15.2　水桶

大家都知道 I0.0 的数据类型为布尔型（Bool），那么 VB100 又是什么数据类型呢？VB100 是字节（Byte）类型，那么 VW100 的数据类型一定是 Word 吗？如表 15.1 所示不同的数据类型数据宽度也不一样。16 个位组成的存储空间可能是 Word，也可能是 Int。同理32 位宽度的数据类型可能是 DWord，也可能是 DInt，还可能是 Real。因此，务必要搞清楚数据宽度与数据类型之间的区别。

表 15.1　不同数据类型的数据宽度

类型	位 1	位 2	位 3	位 4	位 5	位 6	位 7	位 8	位 9	位 10	位 11	位 12	位 13	位 14	位 15	位 16
Bool																

续表

类型	位 1	位 2	位 3	位 4	位 5	位 6	位 7	位 8	位 9	位 10	位 11	位 12	位 13	位 14	位 15	位 16
Byte																
Int																
Word																

如表15.2所示,我们可以以把最小单位位比喻成盒子,Bool 有 1 个盒子,Byte 有 8 个盒子,Int 有 16 个盒子,Word 也有 16 个盒子。每个盒子里边可以存放 0 或者 1,那么盒子的多少决定了存放数量的多少。所以数据宽度越大可存的数值越大。不同的数据类型,存放的数据个数可能是一样的。例如 VW10,如果是 Word 数据类型,十六进制显示是 FFFF;如果是 Int 数据类型十进制的最大值是 65535。十六进制的 FFFF 转换成十进制就是 65536,这说明如果数据宽度一样存放的数据个数可以是一样的。

表 15.2　不同数据类型的数据存放

类型	位 1	位 2	位 3	位 4	位 5	位 6	位 7	位 8	位 9	位 10	位 11	位 12	位 13	位 14	位 15	位 16
Bool	0/1															
Byte	0/1	0/1	0/1	0/1	0/1	0/1	0/1	0/1								
Int	0/1	0/1	0/1	0/1	0/1	0/1	0/1	0/1	0/1	0/1	0/1	0/1	0/1	0/1	0/1	0/1
Word	0/1	0/1	0/1	0/1	0/1	0/1	0/1	0/1	0/1	0/1	0/1	0/1	0/1	0/1	0/1	0/1

如表15.3所示,按照数据宽度计算,双字＝2 个字(DWord＝2Word)、字＝2 个 Byte(字＝2 字节)、Byte＝8 个位(字节＝8 位)。所以在程序中 VB100 是 V100.0 到 V100.7 的集合,VW100 是 VB100 和 VB101 的集合。

表 15.3　不同数据类型举例

数据宽度	类型 1	类型 2	类型 3	类型 4	
1 位	B00l				
8 位	Byte				
16 位	Word	Int	UInt		
32 位	DWord	DInt	UDInt	Real	
数据宽度	种类 1	种类 2	种类 3	种类 4	种类 5
1 位	I0.0	Q0.0	M0.0	V0.0	SM0.0
8 位	IB0	QB0	MB0	VB0	SMB0
16 位	IW0	QW0	MW0	VW0	SMW0
32 位	ID0	QD0	MD0	VD0	SMD0

或许很多人认为不同的数据类型之间没啥必然的关系。那么我们来深入地研究一下同样是 16 位数据宽度的不同数据类型的变量的数据范围。

Int 是带符号 16 位宽度的变量,数据范围(－32768～32767);Word 是十六进制数据,数据范围(0～FFFF);UInt 则是不带符号的,表示范围(0～65535),UInt 可以使用十进制、二进制、十六进制。如表 15.4 所示,以不带符号为例,16 位数据宽度的类型不同进制显示的数据范围如下:(−32768〜32767)、(0〜65535)和(0〜FFFF)。它们存储的数据个数都是65536 个。

表 15.4 数据类型汇总表

数据大小	不带符号的整数范围		带符号的整数范围	
	十进制	十六进制	十进制	十六进制
B(字节)	0〜255	16#0〜16#FF	−128〜+127	16#80〜16#7F
W(字)	0〜65535	16#0〜16#FFFF	−32768〜+32767	16#8000〜16#7FFF
D(双字)	0〜4294967295	16#0〜16#FFFF FFFF	−2147483648〜+2147483647	16#8000 0000〜16#7FFF FFFF
数据大小:	十进制实数(正数范围)		十进制实数(负数范围)	
D(双字)	+1.175495E−38〜+3.402823E+38		−1.175495E−38〜−3.402823E+38	

15.1.2 数据进制

常用的数据进制有二进制、八进制、十进制和十六进制。二进制是 Binary,简写为 B。八进制是 Octal,简写为 O。十进制是 Decimal,简写为 D。十六进制是 Hexadecimal,简写为 H。

二进制是计算机技术中广泛采用的一种数制。二进制数据是用 0 和 1 两个数码来表示的数。它的基数为 2,进位规则是“逢二进一”,借位规则是“借一当二”。当前的计算机系统使用的基本上是二进制系统,数据在计算机中主要是以补码的形式存储的。计算机中的二进制则是一个非常微小的开关,用“开”来表示 1,“关”来表示 0。

数字计算机只能识别和处理由‘0’‘1’符号串组成的代码。其运算模式正是二进制。19 世纪爱尔兰逻辑学家乔治布尔对逻辑命题的思考过程转化为对符号‘0’‘1’的某种代数演算,二进制是逢 2 进位的进位制。‘0’‘1’是基本算符。因为它只使用 0、1 两个数字符号,非常简单方便,易于用电子方式实现,即逢二进一,二进制是广泛使用的最基础的运算方式,计算机的运行计算基础就是基于二进制来运行的。只是用二进制执行运算,用其他进制表现出来。其实把二进制按三位一组分开就是八进制,按四位一组分开就是十六进制。同理八进制的原则就是“逢八进一”,西门子 PLC 的 I/O 点序号排列就是采用的八进制。如 I0.0〜I0.7 一共是 8 个数据位,再往下排列是 I1.0。

那么十进制和二进制的数据是如何对应的呢? 0＝00000000、1＝00000001、2＝00000010、3＝00000011、4＝00000100、5＝00000101、6＝00000110、7＝00000111、8＝00001000、9＝00001001、10＝00001010。

十六进制(英文名称:Hexadecimal),是计算机中数据的一种表示方法。同日常生活中的表示法不同。它由 0〜9 和 A〜F 组成,字母不区分大小写。与十进制的对应关系是:十六进制的 0〜9 对应十进制的 0〜9;十六进制的 A〜F 对应十进制的 10〜15;N 进制的数可以用 0〜(N−1)的数表示,超过 9 的数用字母 A〜F。

十进制的 32 表示成十六进制就是 20,转换方法是：$2 \times 16^1 + 0 \times 16° = 32$。将十进制数转换成十六进制数的方法是：十进制数的整数部分"除以 16 取余",十进制数的小数部分"乘 16 取整",按此方法进行转换。

仔细研究一下西门子 PLC 的进制就会发现很有趣。I0.0～I0.7,下一个是 I1.0,以此类推,I7.7 之后是 I8.0 而不是 I10.0,I9.7 之后才是 I10.0,所以我们推出：小数点后边是八进制,小数点前边是十进制。但是其他品牌的 PLC 小数点后边有十进制的也有十六进制的。我们要知道西门子 PLC 变量变化的规律,如 VB1、VB2、VB3 依次排列;VW0、VW2、VW4 依次排列;VD0、VD4、VD8 依次排列。

15.2 PLC 中数据区的理解和划分

15.2.1 常用数据区

西门子 S7-200 SMART 系列 PLC 中常用的变量有 I、Q、V、M、SM、S、T、C 和 L 等。

I 区,输入映像寄存器：I0.0(位)、IB0(Byte)、IW0(Word)和 ID0(DWord)。

Q 区,输出映像寄存区：Q0.0(位)、QB0(Byte)、QW0(Word)和 QD0(DWord)。

M 区,位存储寄存区：M0.0(位)、MB0(Byte)、MW0(Word)和 MD0(DWord)。

SM 表示特殊继电器存储区,S 表示顺序控制继电器,T 表示定时器,C 表示计数器,L 表示临时变量寄存器。

15.2.2 存储数据区

西门子 S7-200 SMART 系列 PLC 程序里中间继电器使用的常用分区有 M 区和 V 区。S7-300/400 系列和 S7-1200/1500 系列等还有 DB 数据块也是存储区。

中间继电器为 PLC 内部继电器,可以无限次使用,开点和闭点也可以无限次使用,开点和闭点总相反。M 区主要用于控制,V 区主要用于存储,不过没有规定一定要用哪个,M 区和 V 区可以通用,但是 M 触点的数量远远小于 V 触点的数量。

编程时同一继电器触点的开点和闭点可以理解成是同时动作的,而现实中使用的中间继电器是常闭点先断开,而常开点再闭合的,中间有一定的时间差。程序中的继电器的触点可以无限使用,实际中使用的中间继电器一般只有 2 对或者 4 对触点。编程时中间继电器的辅助触点的使用要有规则,而不是随意去编写;一个继电器的辅助触点越多,与该继电器的裙带关系就越多,该继电器的动作会导致很多程序的改变,如果用得太多,会导致编程人员梳理不清里边的逻辑关系,最终导致程序混乱而无法修改。

那么我们再讲一下 DB 区,在西门子 S7-200 系列或者 S7-200 SMART 系列里都有 V 区,在 S7-300、S7-400、S7-1200、S7-1500 系列里则没有该区,只有 DB 块。DB 块可以自己建立。而西门子为了方便 PLC 之间的数据交互,默认 DB1 对应着 S7-200 系列或者 S7-200 SMART 里的 V 区,我们在做数据通信的时候会用到。那么我们举例看一下对应关系：V0.0＝DB1.DBX0.0,VB1＝DB1.DBB1、VW2＝DB1.DBW2 和 VD4＝DB1.DBD4。

在 S7-300、S7-400、S7-1200 和 S7-1500 系列里也有 M 区,M 触点的数量要比 S7-200 系列大得多。鉴于 M 的数量有限或者方便我们规划程序点的使用,可以用 DB 区的点来使用。

本 章 小 结

本章内容相对难理解,这是因为很多学习电气和 PLC 编程的人员,对数据位和数据类型等理解得不够深刻,希望通过这一章的解释和阐述能帮助大家理解。理解数据位和数据类型的关系,掌握二进制、八进制、十进制和十六进制,知道不同进制之间如何换算。

这一章不一定非要一下子消化掉,要循序渐进地往这个方向研究和琢磨,逐渐地去理解和消化,当你对这一章内容都能理解和熟练掌握时,那么就可以在数据类型的建立和数值换算方面便能快速完成。以后要讲到的通信也会涉及此类问题,有时候不是后边的知识有多难,而是前边的知识大家理解得不透彻就会导致学习后边知识时一步一坎走得很艰辛,为了以后更方便地学习,这一章所讲知识必须逐渐领悟和理解。

第 16 章

数字量逻辑控制编程

▶ 19min

▶ 27min

16.1 启停保程序控制

如图 16.1 所示为一个启停保控制电路。主电路由断路器（QF1）、接触器（KM1）、热继

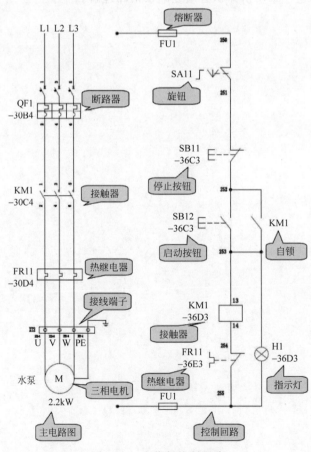

图 16.1 启停保控制电路

电器(FR11)和水泵组成。控制电路由熔断器(FU1)、旋钮(SA11)、停止按钮(SB11)、启动按钮(SB12)、接触器(KM1)、热继电器(FR11)和指示灯(H1)组成。将旋钮(SA11)接通,按下启动按钮(SB12)电路便形成闭合回路,接触器(KM1)线圈接通,线圈接通后 KM1 的常开触点接通短接启动按钮(SB12),当松开启动按钮后接触器(KM1)继续运行。接触器(KM1)线圈闭合时指示灯(H1)亮。按下停止按钮(SB11)回路断开,接触器(KM1)线圈断开。

　　本案例确定的动作如下:按下启动按钮系统运行,按下停止按钮系统断开。结合硬线控制回路我们看一下如何编写程序和如何分析状态。

　　如图 16.2 所示,启动按钮(I0.2)外部接常开触点,停止按钮(I1.2)外部接常闭触点,Q0.0 为运行线圈。程序中数字量输入信号的接通原则是:"灯亮开点亮,灯灭开点灭,开点闭点总相反"。如果外部无动作,程序中的 I0.2 的常开点未接通,I1.2 的常开触点接通。

　　如图 16.3 所示,按下启动按钮(I0.2)后,能流经过启动按钮(I0.2),然后流过停止按钮(I1.2),最后到运行(Q0.0)线圈,最终 Q0.0 的线圈接通。Q0.0 的线圈接通后,Q0.0 的常开触点闭合。

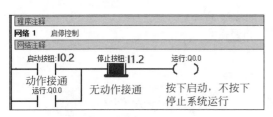

图 16.2　启动停止初始状态

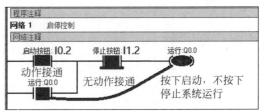

图 16.3　按下启动按钮时状态

　　如图 16.4 所示,松开启动按钮(I0.2)后,能流经过 Q0.0 的常开触点后流过停止按钮(I1.2)最后到 Q0.0 线圈,此时线圈继续接通。

　　如图 16.5 所示,松开停止按钮(I1.2)后,能流从 I1.2 处断开,由于没有其他能流回路,Q0.0 线圈断开,Q0.0 的常开触点也会断开。当松开停止按钮(I1.2)后,能流依然是断开的,所以 Q0.0 的线圈仍然是断开的。

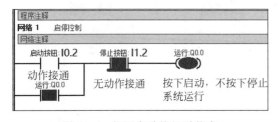

图 16.4　松开启动按钮时状态

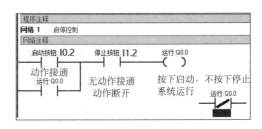

图 16.5　松开停止按钮时状态

　　判断程序能否闭合和断开的依据是什么呢?输入点的依据是:输入灯是否亮。输出点的依据是:输出线圈是否接通。那么思考一下:输入灯如何才能亮呢?输出线圈接通后如何控制外部设备呢?可以结合本书前面章节讲到的数字量输入和输出接线来理解这几个问题。

16.2 互锁程序控制

如图 16.6 所示为正反转互锁电路。正反转为什么要互锁呢?如果没有互锁 KM1 和 KM2 两个接触器同时接通就会相互短路。为了防止短路和故障的发生不仅要从软件层面互锁,硬件接线也要互锁。当 KM2 接触器接通时,KM2 的常闭触点就会断开,因此需要将 KM2 接触器的常闭触点接入 KM1 接触器线圈前。当 KM1 接触器接通时,KM1 的常闭触点就会断开,因此需要将 KM1 接触器的常闭触点接入 KM2 接触器线圈前。这样接线就实现了两个接触器之间的互锁,两个接触器只能有一个接通,简单来讲,互锁就是 A 锁住 B,B 也锁住 A。不能只锁定一方。

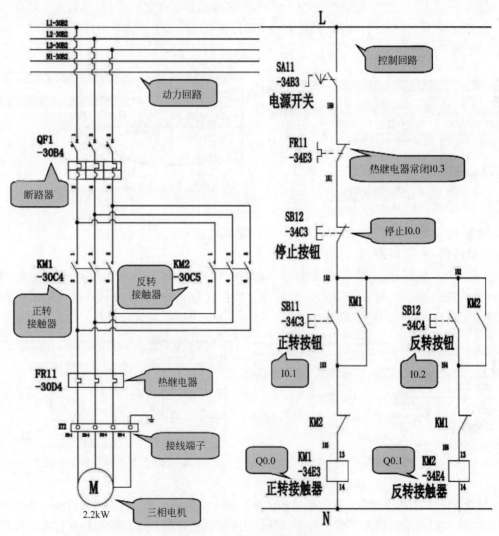

图 16.6　正反转互锁控制电路

　　正反转互锁电路的 PLC 程序如何编写呢？如图 16.7 所示,将控制电路直接转化成 PLC 程序来编写。程序中省去了电源开关转换旋钮。热继(I0.3)是继电器故障监视点,外部接线为常开触点。停止(I0.0)是停止按钮,外部接线为常闭触点。我们在程序中加入了按钮的互锁,以及正反转接触器的互锁,这样便实现了双重互锁。程序中加入正转(I0.1)和反转(I0.2)的互锁,提高了正反转的互锁程度,降低了正反转接触器同时接通的概率。本书第 24 章将对正反转的程序进行详细讲解。

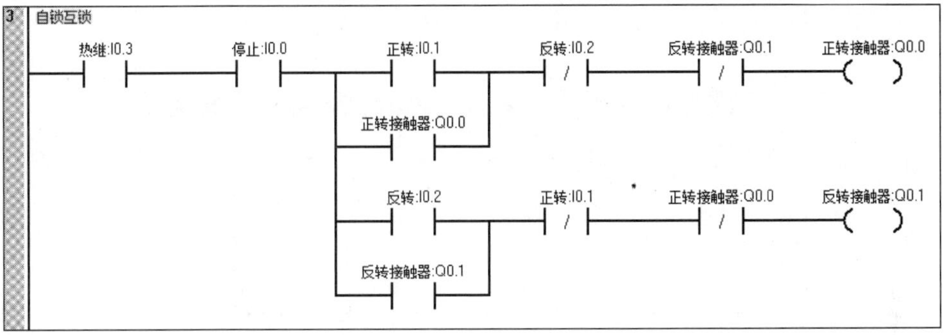

图 16.7　正反转互锁程序编写

16.3　编程中的动作时效性

　　动作类控制程序分为瞬动、状态保持两种状态。接下来给大家讲解一下这两种状态的具体使用情况。

16.3.1　编程中的瞬动

　　PLC 基本指令中的上升沿和下降沿都是边沿触发的瞬动,除此之外,还有通过外部动作产生的瞬动。如图 16.8 所示是一个瞬动逻辑控制。程序段 1,如果正转接触器(Q0.1)接通,当正转到位(I1.1)开关接通时,置位 V200.1。如果 V200.1 接通,Q0.0 的线圈接通。

　　如果正转条件(V100.0)接通,正转到位(I1.1)开关未接通时,正转接触器(Q0.1)线圈接通。当正转到位(I1.1)开关接通时,正转接触器(Q0.1)线圈断开。

　　很多人认为正转接触器(Q0.1)和正转到位(I1.1)不会同时接通,所以此段程序不成立。但这种想法是不正确的。图中程序的目的就是捕捉程序接通的瞬间,没有使用上升沿和下降沿来实现瞬动。有人理解不了这段程序,那么我们引入一个思考程序的方法:将程序动作分解并解析。

　　分解程序动作流程如下:在 PLC 的第一个扫描周期,如果接触器接通,电机在运转,正好碰到正转到位(I1.1),而此时程序段 1 中的常开触点闭合,程序段 2 中正转到位(I1.1)常闭触点断开。程序段 2 中正转接触器(Q0.1)的线圈会断开,但是程序段 1 中正转接触器(Q0.1)的常开触点在第一个扫描周期不会断开,但会在第二个扫描周期断开。那么程序段

1中正转接触器(Q0.1)的常开触点依然闭合,此时正转到位(I1.1)常开触点是闭合的,V200.1就会在第一个扫描周期置位,到了第二个扫描周期正转接触器(Q0.1)的常开触点断开。

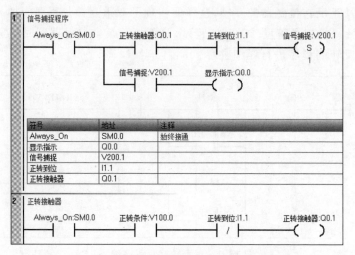

图16.8　程序中的瞬动

　　这个程序选择的瞬动接通条件不到2个扫描周期的时间,是肉眼无法察觉的,只能靠分析和查看最后结果。如果我们采用这种控制思路来作为电气硬线控制思路是肯定不可以的,因为硬线接继电器,继电器是先断开常闭触点再闭合常开触点。

　　按下按钮再松开是一个比较短暂的过程。如何制作一个单按钮启停程序呢? 如图16.9所示为用置、复位设计的单按钮启停。设计单按钮启停的难点在于如何区分第一次按下还是第二次按下。分析结果如下:在灯不亮的前提下,按下按钮时灯亮;在灯亮的前提下,按下按钮时灯灭。选择这两种状态把程序设计出来,就可以实现单按钮启停了。

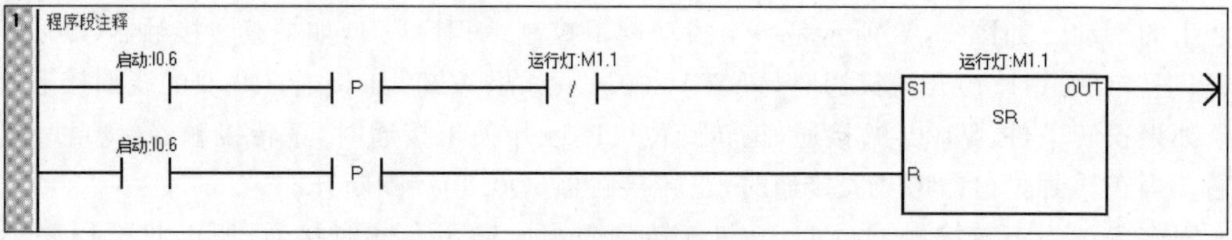

图16.9　单按钮启停(置、复位)

　　如图16.9中运行灯(M1.1)常闭点接通表示灯灭,启动(I0.6)的上升沿表示按钮按下接通的瞬间触发条件,结合起来理解就是在按下启动(I0.6)的瞬间,如果灯是灭的,则置位M1.1点亮灯。由于置位优先,所以不会把信号复位。当灯亮以后,再一次按下按钮,运行灯(M1.1)的常闭触点已经断开,置位条件不存在,但此时是满足复位条件的,灯就会灭。当再一次按下按钮,M1.1又会接通,如此循环下去。

　　单按钮启停除了可以使用置复位来实现还可以使用计数器来实现。如图16.10所示，程序段1调用了增计数器CTU,计数器编号使用的C1。计数器的计数条件是启动(I0.6)按下时触发上升沿；计数器的复位条件是：如果计数器C1的值为1,当按下启动(I0.6)时触发上升沿。总结一下程序的含义：每一次按下启动按钮的上升沿都能让计数器C1加1,当计数器增加到1时,再一次按下启动(I0.6)就会复位计数器C1,如此循环下去。程序段2中,当计数器数值为1时点亮指示灯。心细的读者此时就会提出疑问,预设值为什么是2?如果改成10可以吗? 预设值到底有什么用呢? 如图16.12所示,该程序也可以实现单按钮启停。计数条件相同,复位条件做出了调整,复位条件修改为：当计数器接通时,复位计数器C1。计数器什么时候接通呢? 当计时器数值等于预设值(C1=2)时。总结一下利用计数器编程思路：当计数器为1时灯亮,当计数器为2时C1接通并复位,C1复位后的数值为0。计数器的计数为2,复位计数器时为0,这一过程执行速度很快,大家几乎看到C1变为2的过程,看到的只是C1直接由1变为0。所以我们最后看到的结果是：第一次按下按钮C1变为1；第二次按下C1变为0。如此循环下去,实现单按钮启停。可以把计数器简化一下如图16.11所示,计数器计数条件不变,复位条件就是C1=2,当条件满足时复位计数器C1,道理与图16.12相同。图16.11和图16.12中,运行灯的接通条件相同。大家针对单按钮案例可对比思考一下。

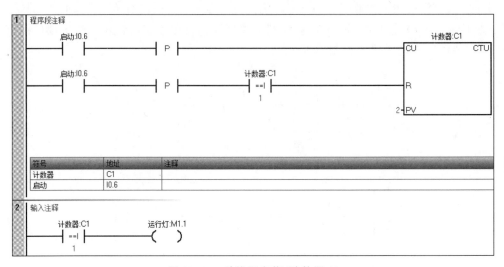

图16.10　单按钮启停(计数器1)

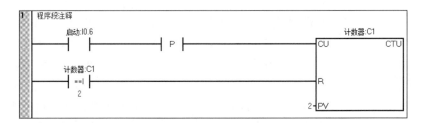

图16.11　单按钮启停(计数器2)

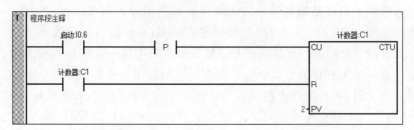

图 16.12　单按钮启停(计数器 3)

16.3.2　状态保持

　　为了让一个动作或者一个状态保持一定的时间,我们一般采用自保控制,也就是自锁。如图 16.13 所示,如果不采用自保,停止(I0.7)外部接线为常闭触点,程序中采用常开触点,信号是接通状态,当按下启动(I0.6)时,M1.1 线圈就接通,如果松开启动(I0.6)时,M1.1 就会断开。图 16.14 加入了 M1.1 的自保。当我们按下启动(I0.6)时,M1.1 线圈就闭合,M1.1 线圈闭合以后,对应的常开触点也闭合,将启动(I0.6)短接实现自保,所以松开启动(I0.6)时,只要没有按下停止(I0.7),CPU 仍然处于运行状态,仍有能流从 M1.1 的常开触点经过,停止(I0.7)后流向线圈 M1.1,线圈继续接通。自保控制逻辑在编程中被广泛应用,大家一定要深层次地领悟该控制原理。

图 16.13　启动程序 1

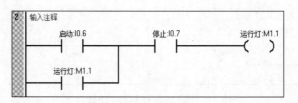

图 16.14　启动程序 2

　　启停的自保是常用的方式,并且可以用到很多种场合。如图 16.15 所示,是故障程序的设计方法之一。热继(I0.3)外部接常闭触点,程序中热继(I0.3)的常闭触点也是断开的。当热继电器发生热保护以后,程序中的热继(I0.3)的常闭触点就会接通,然后热继故障(M20.0)的线圈就会接通,线圈接通后热继故障(M20.0)的常开触点就会接通,在复位(I1.0)没有被按下的前提下,M20.0 的常开触点和 I1.0 的常闭触点一起短接 I0.3 的常闭触点而形成自保。如果将热继(I0.3)的常闭触点断开,则自保回路不会断开,只有当按下复位(I1.0)时才会断开热继故障(M20.0)的线圈。

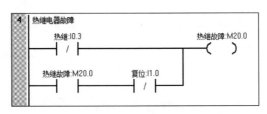

图 16.15　故障程序

如果热继电器发生故障则 M20.0 接通,在不按复位的情况下,故障依然保持,当按下复位按钮以后,M20.0 故障状态断开。这样设计是想通过复位按钮来最终解除故障状态。如果断电以后或者 CPU 由停止到再次运行,则该故障状态就消除了。如果想让故障保持,则只能采用置复位,同时设置使用的变量为断电保持状态。

状态保持还可以采用置复位,在本书实例章节有很多关于置复位的详细讲解。

16.4　位置互锁

如图 16.16 所示为生产线 2 台小车。对应的停止器控制小车的放行,工位有无小车采用占位开关来检测。工艺要求每个工位一台车,停止器放车以后关闭,关闭的时候不能卡住吊具,每个工位不能多发车,多发车会导致撞车事件发生,严重地造成设备损坏。

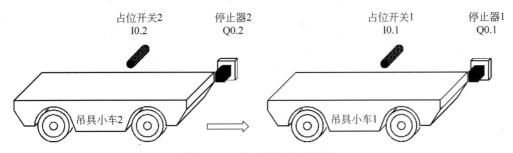

图 16.16　停止器小车示意图

设计程序时要保证以下几点:前方不发车,后方不能发车;前方车离开后,后方才能发车;确保小车离开后停止器关闭。如何防止虚假信号的发出呢? 如果 I0.1 信号闪烁,停止器 2 会不会打开而自动发车呢?

如图 16.17 所示,程序段 1 中停止器 2 打开(Q0.2)未接通,表示停止器 2 关闭,如果占位开关 2(I0.2)接通,表示该工位有小车,通过占位 2 延时(T52)延时 2s,T52 接通后,表示停止器 2 工位有小车。程序段 2 采用了置位来记录状态,如果停止器 1 打开,停止器 1 处有小车(占位开关 1 表示),置位停止器 1 打开记忆(V100.1)来描述停止器打开过,并且打开时该工位有小车。用置位来记录状态也是比较常用的方法之一。

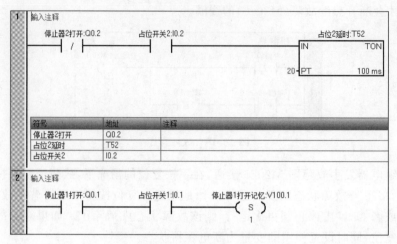

图 16.17　停止器程序 1

如图 16.18 所示,停止器 1 打开记忆(V100.1)接通,表示停止器 1 打开过,占位开关 1 (I0.1)断开,停止器 1 打开(Q0.1)断开,表示停止器 1 处小车已经离开了并且停止器 1 已经关闭。占位开关 2(I0.2)接通,占位 2 延时(T52)接通,停止器 1 打开(Q0.1)未接通,表示停止器 2 处小车还在并且等待发车,此时置位停止器 2 打开条件(V101.1)。结合图 16.17 程序表示的意思是:停止器 1 处有小车的时候,停止器 1 打开过,并且停止器 1 把小车放走后关闭了。停止器 2 处有小车并且处于等待发车状态,停止器 2 可以打开放车了。

图 16.18　停止器程序 2

如图 16.19 所示,停止器 1 打开(Q0.1)未接通,表示停止器 1 关闭,如果占位开关 1(I0.1)接通,表示该工位有小车,通过占位 1 延时(T51)延时 2s,T51 接通后,表示停止器 1 工位有小车,同时复位停止器 2 打开条件(V101.1)。结合上文停止器 1 打开并将小车放走了,停止器 2 打开条件接通了,之后停止器 1 处占位开关延时接通了证明停止器 1 处又有小车了,该小车从哪里过来的? 是停止 2 处发过来的小车。停止器 1 打开过之后才能打开停止器 2,保证不多发车;停止器 2 发车后,车走到停止器 1 处才能复位停止器 2 打开条件,停止器 2 才能二次打开,这里使用的便是位置互锁。

当给 Q0.1 输出时,外部停止器未必动作,当不给 Q0.1 输出时,在自然输出的状态下,外部肯定没有动作。占位开关 I0.1 采用的是常开触点,用于表示此处是有小车的。有人此时会问:"占位开关有信号,就一定会有小车吗?"不一定的,只有当该信号检测小车时发出的信号才是准确的信号,那么该信号被其他信号触发就不是有效信号了,就有可能会导致程序的误动作。为了防止误动作可以考虑加入延时,采取的措施就是有了对应的占位开关信号之后持续 2s,满足条件后才判定为有小车。如果是误触发信号很少能坚持 2s。在编程时,用梯形图将实际情况描述得越详细,程序越稳定,但是描述得越详细,限制性就越大,灵活性就越差。所以好的程序,以及稳定的程序,信息量都比较大。

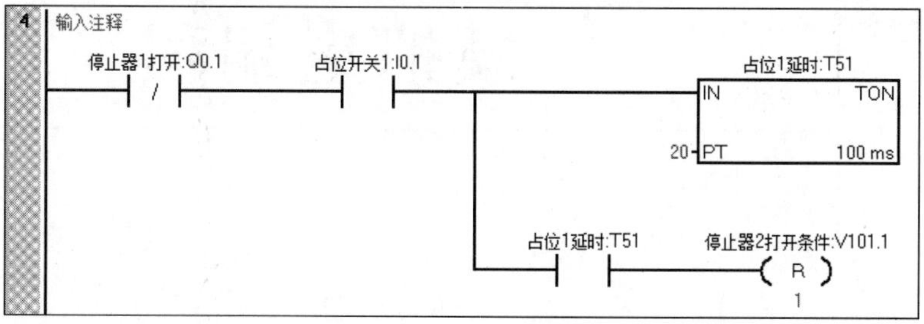

图 16.19 停止器程序 3

本 章 小 结

本章介绍了电气图纸和 PLC 编程的简单关系,阐述了在编程过程中要注重事情动作的时效性和状态的时效性,还要考虑到实际地理位置对逻辑控制的影响。在实际编程的过程中,要根据现场的实际情况和实际工艺出发,本着安全、稳定、高效的原则去设计程序。根据实际情况和地理位置的互锁和控制可以减少很多程序量,程序运行也会更稳定。

第 17 章

模拟量编程

17min

17.1 模拟量输入原理

图 17.1 所示为传感器接线示意图。以温度变送器为例,现场安装有测温元器件(温度探头),主要是铂电阻或者是热电偶。温度的变化会导致测温元器件的电阻值发生变化,经过处理元器件(变送器)可输出电压或者电流信号。模拟量输入模块就是将这些电压或者电流信号转换为数值,然后通过 PLC 程序计算处理并输出实际温度值来显示。

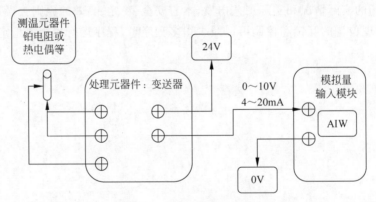

图 17.1 传感器接线示意图

模拟量是指变量在一定范围内连续变化的量,也就是在一定范围(定义域)内可以取任意值(在值域内)。数字量是分立量,不是连续的变化量,只能取几个分立值,如二进制数字变量只能取两个值,要么是 0,要么是 1。

常用的模拟量一般有温度、压力、液位和流量等,反馈到 PLC 模块的信号一般分为电压型和电流型,电压型又可分为 0~5V 和 0~10V 两种,而电流型也可分为 4~20mA 和 0~20mA 两种。0~10V 和 4~20mA 这两种类型输出用得较多。

模拟量的分辨率是 A/D 模拟量转换芯片的转换精度。也就是用多少位的数值来表示这个模拟量。分辨率越高,模拟量的值的范围分得就越细,转换后的数字值就越精确。假如模拟量模块的转换分辨率是 12 位,能够反映模拟量变化的最小单位是满量程的 1/4096(2 的 12 次方),分辨率是 16 位的最小单位为满量程的 1/65536(2 的 16 次方)。

12 位=4096(2 的 12 次方),如果按照 4000 计算,并且选择 0～10V 的模拟量信号,分辨率是 10V÷4000=2.5mV ,也就是把 10V 分成了 4000 份。

如果是 12 位的模块,当输入电压的波动范围小于 2.5mV 时,此模块是无法不识别的,最小波动要大于或等于 2.44mV 才能识别。

无论是 12 位、13 位,还是 15 位,在 S7-200 SMART、S7-300/400、S7-1200/1500 等系列 PLC 中,模拟量数值的最大值都为 27648,该数值与精度值无关。如果电压信号为 0～10V,那么在 S7-200 SMART PLC 中显示的数值范围为 0～27648。当模拟量信号达到 10V 时,PLC 就会显示 27648。

西门子 S7-200 的模拟量数值最大值是 32000。数值究竟是 27648 还是 32000 是由设备开发人员决定的,这个数值是固化到模块内部的。

电压或者电流信号和模拟量输入通道的数值呈线性关系,而模拟量输入通道的数值和实际反馈的现场信号(温度、压力、液位等)也呈线性关系,根据相似三角形的原理,我们可以推出:电压和电流的反馈和实际现场信号(温度、压力、液位等)也呈线性关系。

图 17.2 所示为模拟量输入值和输出值之间的线性关系图。根据相似三角形定理推出以下公式:$(Y_{max}-Y_{min})/(OUT-Y_{min})=(X_{max}-X_{min})/(IN-X_{min})$。

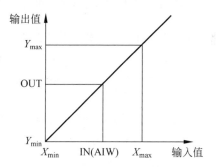

图 17.2 模拟量线性关系图

整理公式获得输出与输入的关系公式:$OUT=(Y_{max}-Y_{min})/[(X_{max}-X_{min})/(IN-X_{min})]+Y_{min}$。程序中的模拟量库文件或者模拟量块就是利用这个原理来编程的。

如温度量程为 0～100℃,输出信号为 4～20mA 的传感器如何与西门子 S7-200 SMART 模块的数值对应呢? 0～100℃对应 4～20mA,而 4～20mA 对应 5530～27648,根据等比例关系推出 0～100℃对应 5530～27648(AIW 的数值)。将实参代入形参为 Y_{max}(100℃)、Y_{min}(0℃)、X_{max}(27648)和 X_{min}(5530),IN(AIW)位输入信号,OUT(温度输出值)为输出信号。

17.2　模拟量输入

如图 17.3 所示,S_ITR 为模拟量输入转换子程序。大家需要知道每一个引脚的变量和作用才能正确使用它们。a(Input)引脚为模拟量输入通道输入值,与图 17.2 中 IN(AIW)对应;b(ISH)引脚为模拟量输入值的上限,与图 17.2 中 X_{max} 对应;c(ISL)引脚为模拟量输入值的下限,与图 17.2 中 X_{min} 对应;d(OSH)引脚为转换输出值的上限,与图 17.2 中 Y_{max} 对应;e(OSL)引脚为转换输出值的下限,与图 17.2 中 Y_{min} 对应;f(Output)引脚为转换输出值,与图 17.2 中 OUT 对应。该子程序实现了将整数转换成实数的过程,整数和实数的上下限量程都可以从子程序的引脚设置。

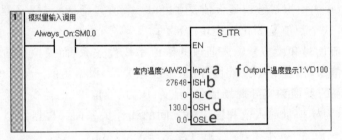

图 17.3　模拟量输入子程序

接下来介绍一下调用模拟量库的程序编写和应用。图 17.3 中 VD100 为室内温度显示值,上限量程为 130.0,下限量程为 0.0。模拟量输入通道上限值 27648 是由设备规定的,如果采用 4~20mA 的输入信号,则下限值为 5530,0~20mA 或者 0~10V 的信号下限输入值为 0。

VD100 的数值是模拟量输入通道转换出来的数值,该输入通道为室内温度输入。如果 AIW20 接入的是压力信号,并且量程是 0~1.0MPa,那么 VD100 将显示 0~1.0 之间的数值,该数值根据实际压力的变化而变化。如何想知道转换出来的数值准不准,可将测试点的压力与本地压力表对比,核实数据的准确性。程序内输入的量程需跟现场所接的变送器的量程一致,否则转换出来的数据就会有偏差。

17.3　模拟量输出

如图 17.4 所示,S_RTI 为模拟量输出转换子程序。a(Input)引脚为目标设定值;b(ISH)引脚为设定值的上限;c(ISL)引脚为设定值的下限;d(OSH)引脚为转换输出值的上限;e(OSL)引脚为转换输出值的下限;f(Output)引脚为转换输出值。该子程序实现了将实数转换成整数的过程,整数和实数的上下限量程都可以从子程序的引脚设置。模拟量输出转换和模拟量输入转换原理一样,但两者是互为反向的转换。

图 17.4 中 VD400 为目标设定值,如果控制的是频率输出,上限值输入的是 100.0,下

限值是 0.0，这样设置对吗？此处的量程要与实际使用的量程一致，国内变频器的最高频率为 50Hz，那么此处的量程上限应该为 50.0，对应的变频器参数设置也应该是 50.0Hz。输出值的上限值和下限值跟模拟量输出信号有关，如果模拟量输出是 0～20mA 或者 0～10V 的信号，那么输出的下限值是 0，上限值是 27648；如果模拟量输出是 4～20mA 的信号，那么输出的下限值是 5530，上限值是 27648。

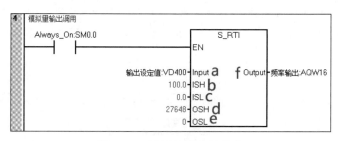

图 17.4　模拟量输出子程序

17.4　模拟量编程的应用

17.4.1　通道类型设置

以 S7-200 SMART 系列为例来讲一下实际程序案例的应用。如图 17.5 所示为模块组态配置图，采用的 CPU 是 SR30，模拟量输入为 AM03，2 点模拟量输入模块和 1 点模拟量输出的混合模块。在使用模拟量模块时需要根据现场接的模拟量信号，对应地设置信号类型。如图中将通道 0 设置为电流信号，电流范围设置为 0～20mA，此时通道 1 也会自动变成电流信号，这个是由软件系统决定的。

9min

16min

11min

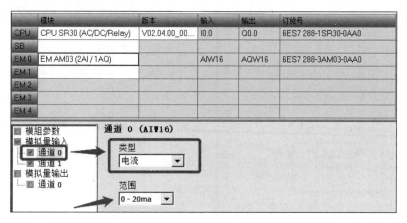

图 17.5　模块组态

17.4.2　模拟量库添加

如图 17.6 所示,在指令数中找到【库】,右键选择【打开库文件夹】并双击打开。打开后如图 17.7 所示,可以看到库文件的路径,此时将下载好的 S7-200 SMART 的模拟量库文件复制到该文件夹,然后将文件夹关闭。如图 17.8 所示,在指令数【库】中可以看到【Scale】库,如果没有看到,可以将编程软件关闭后再重启就可以看到了。使用 S_ITR 子程序时,将其拖到右侧程序段就可以使用了,该子程序是可以同时多次调用的。同理,也可以调用模拟量输出子程序,方法同上。

图 17.6　添加模拟量库 1

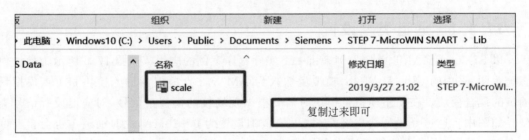

图 17.7　添加模拟量库 2

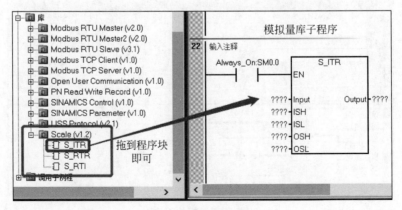

图 17.8　添加模拟量库 3

17.4.3　程序编写

在组态时电流类型只能选择 0～20mA,而没有 4～20mA 的选项。如果采用的是 4～20mA 的传感器该怎么办呢? 此时可将模拟量输入数值区间改为 5530～27648 即可。

图 17.9 所示为 S7-200 SMART 系列 PLC 所设计的实例程序中的一段。传感器采用的是 4～20mA 的液位传感器。为了方便更换和维护传感器,客户要求可以手动设置量程上下限。模拟量输入通道是 AIW48,输出值为 VD608,利用加法运算 ADD_R 对 VD608 进行了加法运算,VD616 作为最终显示值。通过将转换值加上或者减去一定数值然后再进行显示,这样来修正显示液位以减少显示值和实际值的误差。因为修正值可以是正值也可以是负值,这样就能实现双向修正,使最终显示值与实际值更接近。

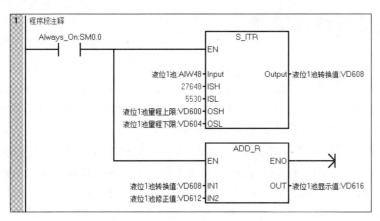

图 17.9　模拟量程序实际应用

本 章 小 结

本书在第 8 章和第 9 章讲解了模拟量的接线,本章介绍了模拟量的检测原理和转换方法。大家要掌握模拟量输入和输出的编程方法,学会调用模拟量库并能应用到实际案例中。在后续章节中也会以实际的案例继续讲解模拟量的应用。

第 18 章

高速计数器

18.1　高速计数器概述

前面的章节讲到过计数器,但由于循环扫描时间的限制,普通输入计数器的信号频率不能太高,否则会出现漏计数的情况,而高速计数器就是为了解决该问题而诞生的。

高速计数器用来累计比主机扫描频率更快的高速脉冲信号,它的工作原理与普通计数器的工作原理基本相同,只是计数通道的响应时间更短。

普通计数器的当前值的存储只需一个字(16 位),数据类型为 Int,而高速计数器的当前值的存储需要用一个双字(32 位),数据类型为 DInt,这两种计数器的当前值都为只读。

既然是高速计数器,那么数量肯定是有限制的,编号应该也特殊。高速计数器在程序中使用时的地址编号用 HCn 来表示,n 为编号。HCn 除了表示高速计数器的编号之外,还有两方面的含义:高速计数器位和高速计数器当前值。编程时从所用的指令可以看出是位还是当前值。高速计数器的数量在 S7-200 SMART 系列 PLC 中共有 6 个,即 HC0～HC5。但并不是所有型号的 PLC 都有那么多高速计数器。

18.2　高速计数器模式和控制

18.2.1　高速计数器的模式和种类

时钟输入点表示是计数的输入端,方向输入点为计数方向端,复位和启动输入点为实现高速计数器的外部复位与启动。并非所有的 PLC 的输入端都可以作为高速计数器的输入点。

如表 18.1 所示,高速计数器共有 4 种基本类型,分别为具有内部方向控制功能的单向时钟计数器、具有外部方向控制功能的单向时钟计数器、具有两路时钟输入的双向时钟计数器和 A/B 相正交计数器。HC3 和 HC5 只能作为单向计数器使用,其他的计数器既可作为单向计数器,又可作为双向计数器使用。以计数方向增为例,不管编码器正转还是反转,单向计数器计数值都会增加,而双向计数器在正转时计数值增加,在反转时计数值减小。

表 18.1　高速计数器输入分配表和模式

模　式	描　　述	输　入　分　配		
	HSC0	I0.0	I0.1	I0.4
	HSC1	I0.1		
	HSC2	I0.2	I0.3	I0.5
	HSC3	I0.3		
	HSC4	I0.6	I0.7	I1.2
	HSC5	I1.0	I1.1	I1.3
0	具有内部方向控制功能的单向时钟计数器	计数		
1		计数		复位
3	具有外部方向控制功能的单向时钟计数器	计数	方向	
4		计数	方向	复位
6	具有两路时钟输入(加、减时钟)的双向时钟计数器	增计数	减计数	
7		增计数	减计数	复位
9	A/B 正交相计数器	A 相	B 相	
10		A 相	B 相	复位

西门子 S7-200 SMART HSC(高速计数器)计数模式支持情况如下,不同的 PLC 支持的高速计数器也不尽相同。紧凑型型号共支持 4 个 HSC 设备(HSC0、HSC1、HSC2 和 HSC3)。

SR 和 ST 型号共支持 6 个 HSC 设备(HSC0、HSC1、HSC2、HSC3、HSC4 和 HSC5)。HSC0、HSC2、HSC4 和 HSC5 支持 8 种计数模式(模式 0、1、3、4、6、7、9 和 10)。HSC1 和 HSC3 只支持 1 种计数器模式(模式 0)。

18.2.2　高速计数器的控制

如表 18.2 所示,每一个高速计数器都有固定的区域控制,分别是状态字节、控制字节、当前值和预设值。

表 18.2　高速计数器参数信息表

高速计数器	状 态 字 节	控 制 字 节	当 前 值	预 设 值
HSC0	SMB36	SMB37	SMD38	SMD42
HSC1	SMB46	SMB47	SMD48	SMD52
HSC2	SMB56	SMB57	SMD58	SMD62
HSC3	SMB136	SMB137	SMD138	SMD142
HSC4	SMB146	SMB147	SMD148	SMD152
HSC5	SMB156	SMB157	SMD158	SMD162

1. 高速计数器的状态字节
在程序运行过程中,状态字节用于判断当前的计数方向、当前值与预设值之间的关系等功能。我们可以参照表18.3来设计程序和使用状态字节。

表 18.3　高速计数器状态字节信息表

状态位	SM ** 6.0～6.4	SM ** 6.5	SM ** 6.6	SM ** 6.7
功能	不用	当前计数方向	当前值＝预设值	当前值＞预设值
描述		0 为增,1 为减	0 为不等,1 为等	0 为假,1 为真

2. 高速计数器的控制字节

通过设置该寄存器的相应位信息,实现对高速计数器的控制,这些位信息包括复位与启动输入信号的有效状态、正交计数的速率、计数方向、允许写入计数方向、允许写入预设值、允许写入初始值和允许执行 HSC 指令等。如表 18.4 所示,第 0、第 1 和第 2 位只有在 HDEF 指令执行时才可进行设置,在程序中的其他位置不能更改。第 3 和第 4 位可以在工作模式 0、1 和 2 下直接更改。后 3 位可以在任何模式下及在程序中更改,以单独改变计数器的初始值、预设值或对 HSC 禁止计数。

表 18.4　高速计数器控制字信息表

高速计数器	HSC0	HSC1	HSC2	HSC3	HSC4	HSC5	描　述
SMxx.0	SM37.0	保留位	SM57.0	保留位	SM147.0	SM157.0	复位高低有效控制位:0 为高电平有效;1 为低电平有效
SMxx.1	保留位	保留位	保留位	保留位	保留位	保留位	保留位
SMxx.2	SM37.2	保留位	SM57.2	保留位	SM147.2	SM157.2	正交计数速率选择位:0 为 4 倍速率;1 为 1 倍速率
SMxx.3	SM37.3	SM47.3	SM57.3	SM137.3	SM147.3	SM157.3	计数方向控制位:0 为减计数;1 为增计数
SMxx.4	SM37.4	SM47.4	SM57.4	SM137.4	SM147.4	SM157.4	写入计数方向允许控制:0 为不更新;1 为更新计数方向
SMxx.5	SM37.5	SM47.5	SM57.5	SM137.5	SM147.5	SM157.5	写入预设值允许控制:0 为不更新;1 为更新预设值
SMxx.6	SM37.6	SM47.6	SM57.6	SM137.6	SM147.6	SM157.6	写入当前值允许控制:0 为不更新;1 为更新当前值
SMxx.7	SM37.7	SM47.7	SM57.7	SM137.7	SM147.7	SM157.7	HSC 指令执行允许控制:0 为禁止;1 为允许
CV 值	HC0	HC1	HC2	HC3	HC4	HC5	要读取的高速计数器的当前值

3. 高速计数器和中断连接

如附表1和附表2所示是中断触发事件和说明。每一个中断事件都有对应的触发信号,而这些中断事件有的需要选外部输入点,如中断事件 0,需要 I0.0 的上升沿触发。而有的需要特定事件触发,如中断事件 9,端口 0 发送完成之后才能触发该中断。我们使用时要根据自己的使用场景来选择。

18.3 使用流程和步骤

高速计数器的使用步骤：①根据现场使用情况,选择计数器及工作模式；②根据使用需求,设置控制字节；③设置高速计数器工作模式,调用 HDEF 指令；④设定当前值和预设值；⑤设置中断事件并全局开中断；⑥执行 HSC 指令；⑦当高速计数器当前值等于预设值连接中断程序(中断事件和中断号要一致)；⑧当高速计数器方向发生改变连接中断程序(中断事件和中断号要一致)；⑨根据工艺使用需求设置和编写附加的中断程序(在向导【步】中设定)；⑩检验测试程序直到满足使用要求为止。

 18min

 9min

 6min

 9min

 7min

18.4 高速计数器的应用

18.4.1 编码器介绍

实例描述：如图 18.1 为增量式光电旋转编码器,A、B、Z 三相,一圈 1600 个脉冲。AB相原本就是一组相位差 90°的信号,正转时 A 相超前 B 相 90°,反转反之。

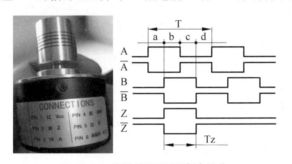

图 18.1 旋转编码器和脉冲相位

图 18.2 所示为旋转编码器接线表,有对应的信号和电线颜色,接线时按照图中所示接线即可。

接线表							
信号	A	B	Z	$\overline{A}$	$\overline{B}$	$\overline{Z}$	Vcc	GND
颜色	绿	白	黄	棕	灰	橙	红	黑

图 18.2 旋转编码器接线表

图 18.3 所示为旋转编码器电气特性,可以查看供电电压和负载电流。

电气特性

输出电路	集电极开路输出	电压输出	长线驱动输出
电源电压Vcc/V	DC 5,8~30	DC 5,8~30	5
消耗电流/mA	≤80	≤80	≤150
负载电流/mA	40	40	60
输出高电平/V	最小Vcc×70%	最小Vcc-2.5	最小3.4
输出低电平/V	最大0.4	最大0.4	最大0.4
上升时间T_r/μs	MAX 1	MAX 1	MAX 200
下降时间T_f	MAX 1	MAX 1	MAX 200
最高频率响应/kHz	150	150	150

输出相位

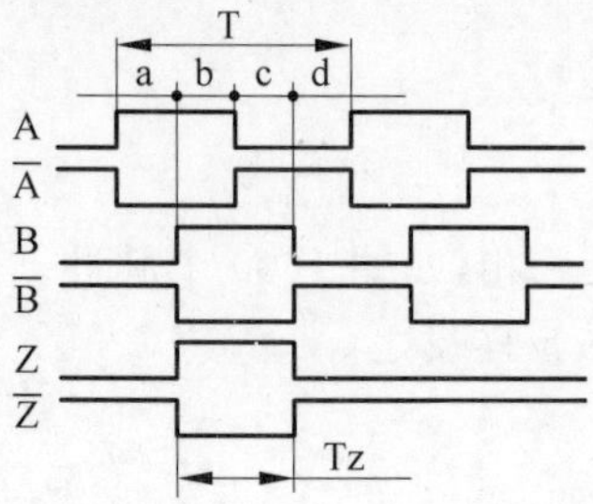

(波形图)	波形比: a+b=0.5T±0.1T 　　　c+d=0.5T±0.1T Z信号宽: T_z=1T±0.5T 信号位置准确度: A、B相绝对角度误差≤0.2T	周期误差≤0.05T T=360°/N(N为每转输出脉冲数) A、B相与Z相位置不做规定 由用户轴端看CW波形图

图 18.3　旋转编码器电气特性和输出相位

18.4.2　程序编写

1. PLC 和驱动器接线

本案例采用 S7-200 SMART 系列 SR30 PLC。电源采用 PLC 自带的 24V 电源,根据图 18.2 所示驱动器接线方式接线如下:红色接 DC24V,黑色接 0V,绿色(A 相)接 I0.0,白色(B 相)接 I0.1,黄色(Z 相)接 I0.2。

2. 组态和向导设置

如图 18.4 所示,设置高速计数器使用的输入点 I0.0 和 I0.1,保证最高频率的采集。

如图 18.5 所示,在指令树【向导】中的【高速计数器】选项勾选 HSC0,启用 HSC0 高速计数器。

如图 18.6 所示,在计数器【模式】选项中选择模式 9,这样 HSC0 采用模式 9 来计数。根据表 18.1 可知,模式 9 为 AB 正交相计数器,根据输入分配情况 I0.0 为 A 相计数输入端,I0.1 为 B 相输入端。

如图 18.7 所示,在【初始化】选项中可以设置子程序的名称,输入预设值(PV)为 2000,输入当前值(CV)为 0,输入初始计数方向为上,计数速率为 1×,计数速率由编程器厂家生产时决定。

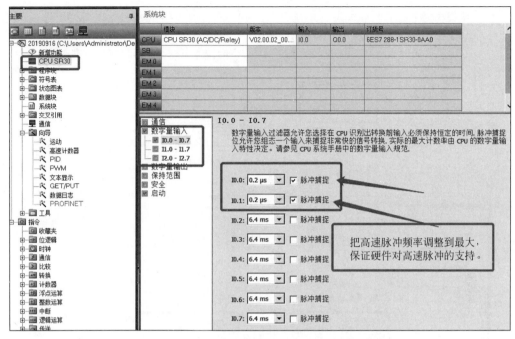

图 18.4 PLC 使用高速脉冲的组态设置

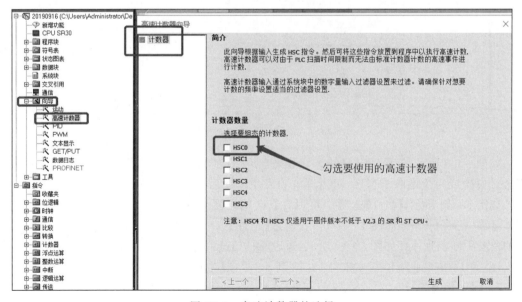

图 18.5 高速计数器的选择

如图 18.8 所示,在【中断】选项中勾选设置【当前值等于预设值(CV=PV)时的中断】,可以对该中断程序重命名。勾选此项后当当前值等于预设值时调用该中断子程序。

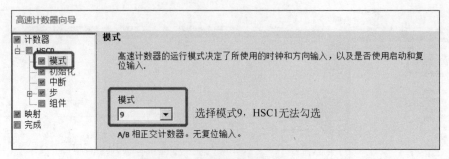

图 18.6　高速计数器模式选择

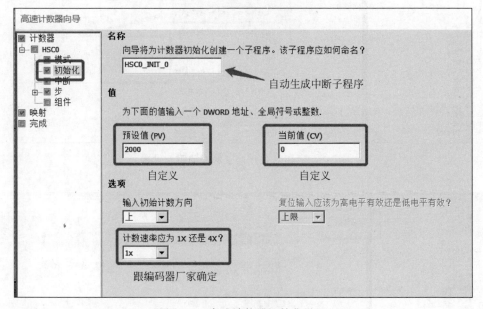

图 18.7　高速计数器初始化设置

如图 18.9 所示,在【步】选项中勾选设置【步数】为 1,此处可以设置步数大于 1,每一步都会对应生成一个中断子程序,可以理解为发生中断后执行的步数。

如图 18.10 所示,【步 1】选项中可以在【步 1】设置该步执行的操作,勾选【更新当前值(CV)】,新 CV 值为 0。如图 18.11 所示,通过【组件】选项可以查看计数器初始化子程序和生成的所有中断子程序。如图 18.12 所示,通过【映射】选项可以查看 I/O 映射表,此处 A 相时钟为 I0.0,而 B 相时钟为 I0.1。如图 18.13 所示,单击【生成】系统自动生成对应的子程序。

3. 程序编写 1

如图 18.14 所示,采用 SM0.1 调用初始化子程序,以保证该子程序被调用 1 次。

如图 18.15 所示,给 SMB37 赋值为 16#FC,转换成二进制为 1111 1100,那么控制字节中 SM37.0 和 SM37.1 为 0,其他数据位都是 1。根据表 18.4 的控制字节信息表可以查到对应的设置信息:SM37.0=0 为高电平有效;SM37.1=0 为保留位;SM37.2=1 正交计数

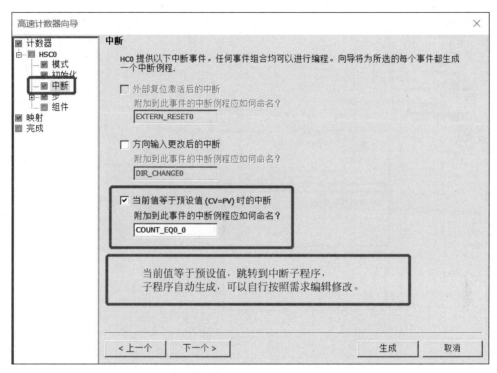

图 18.8 高速计数器中断设置

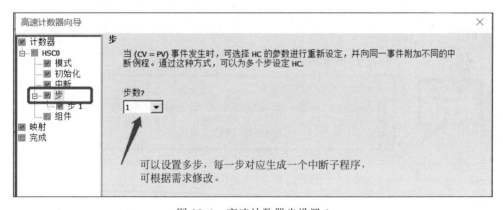

图 18.9 高速计数器步设置 1

速率选择 1 倍速率；SM37.3＝1 计数方向控制选择增计数；SM37.4＝1 写入计数方向允许控制，更新计数方向；SM37.5＝1 写入预设值允许控制，更新预设值；SM37.6＝1 写入当前值允许控制，更新当前值；SM37.7＝1 HSC 指令执行允许控制。可以通过给 SMB37 赋不同的值来实现不同的功能。根据表 18.2 可知，SMD38 存放的是 HSC0 的当前值；SMD42 存放的是 HSC0 的预设值。将当前值 SMD38 赋值为 0，将预设值 SMD42 赋值为 2000。

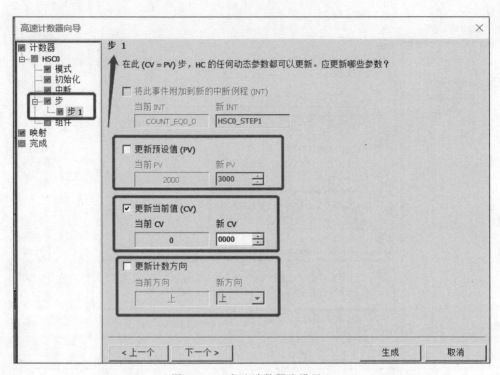

图 18.10　高速计数器步设置 2

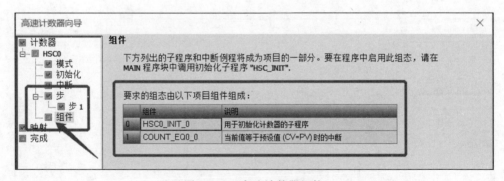

图 18.11　高速计数器组件

HDEF 指令中 HSC 值为 0,MODE 值为 9,表示高速计时器 HSC0 的工作模式为 9。高速计数器定义指令（HDEF）选择特定高速计数器（HSC0－5）的工作模式。模式选择定义高速计数器的时钟、方向和复位功能。HSC 引脚填写高速计数器编号。

　　如图 18.16 所示,ATCH 为中断连接指令,将中断事件 EVNT 与中断例程编号 INT 相关联,并启用中断事件。当前值等于预设值时产生中断,中断事件号是 12,执行 COUNT_EQ0(INT1)中断子程序。

　　ENI 为中断启用指令:全局性启用对所有连接的中断事件处理。

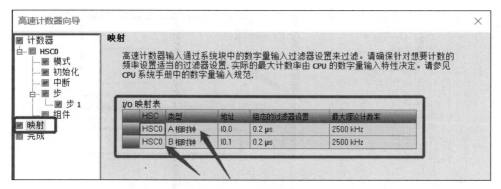

图 18.12　高速计数器映射

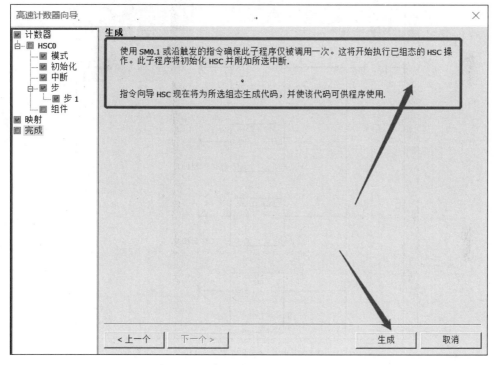

图 18.13　高速计数器向导设置完成

HSC 高速计数器指令：高速计数器（HSC）指令根据 HSC 的控制字节来控制高速计数器。参数 N 指定高速计数器编号。

当高速计数器 HSC0 预设值等于当前值时，执行中断子程序 INT1。INT1 中断子程序如图 18.17 所示，要实现中断需将预设值修改为 3000。修改预设值需要对控制字节 SMB37 进行赋值操作，将其设置为可修改预设值的模式。修改预设值的时候，高速计数器不能停止而要继续工作，所以在下方程序中依然需要调用 HSC 指令。

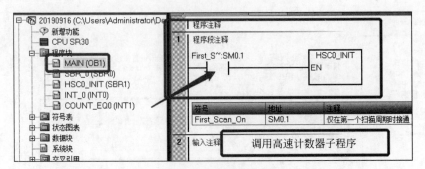

图 18.14　初始化调用子程序

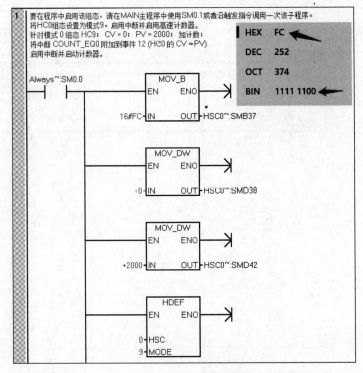

图 18.15　高速计数器程序 1

如图 18.17 所示,将 SMB37 赋值为 16#A0,转换为二进制为 1010 0000,SM37.5＝1 表示【允许更新预设值】和 SM37.7＝1 表示【HSC 允许控制】。将 SMB42 赋值为 3000 表示将高速计时器 HSC0 的预设值修改为 3000。调用 HSC 指令使用 HSC0 高速计数器。

4. 程序编写 2

通过上面的案例我们知道高速计数器可以通过预设值等于当前值来调用中断子程序,从而执行中断子程序中的内容。如果要使用高速计数器来实现其他控制,修改中断子程序内容即可。假如要实现如下功能:当高速计数器当前值到 3000 时,指示灯(Q0.0)亮,当高

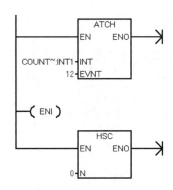

图 18.16　高速计数器程序 2

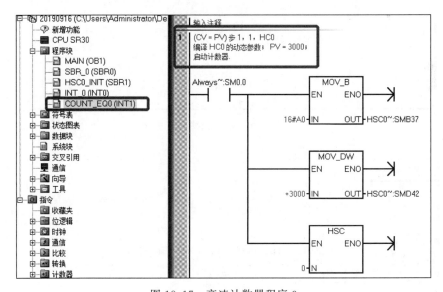

图 18.17　高速计数器程序 3

速计数器等于 6000 时,指示灯(Q0.0)灭,同时刷新高速计数器当前值为 0,然后一直循环下去。

如图 18.18 所示,在设置向导组态时,在【步】选项中设置步数为 2。结合图 18.19 所示,在【组件】选项中可以查看所有子程序,共有 1 个初始化子程序和 3 个中断子程序。【组件】中集合了所有中断程序,如果改变向导设置或者增加中断程序,则在【组件】内都会出现。

如图 18.21 所示组件比图 18.19 中所示组件增加了 1 个中断程序,新增的中断子程序 DIR_CHANGE0 就是如图 18.20 所示在【中断】选项中勾选【方向输入更改后的中断】后产生的。

如图 18.22 所示,采用 SM0.1 调用初始化子程序,以保证该子程序被调用 1 次。

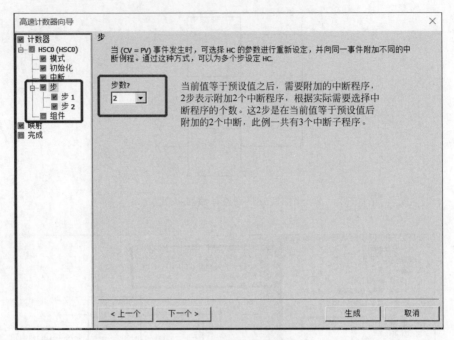

图 18.18 步的选择和设置

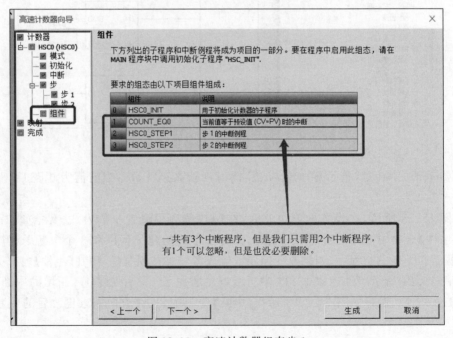

图 18.19 高速计数器组态步 1

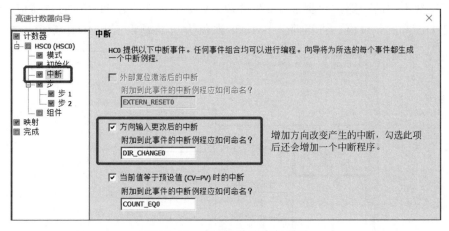

图 18.20　高速计数器中断设置

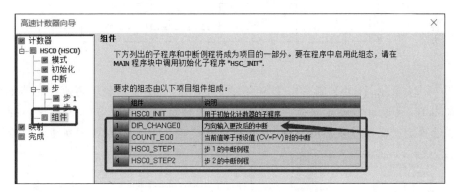

图 18.21　高速计数器组件

图 18.22　调用初始化子程序

　　如图 18.23 所示,将 SMB37 赋值为 16#FC,转换成二进制为 1111 1100,那么控制字节中 SM37.0 和 SM37.1 为 0,其他数据位都是 1。根据表 18.4 的控制字节信息表可以查到对应的设置信息:SM37.0＝0 为高电平有效;SM37.1＝0 为保留位;SM37.2＝1 正交计数速率选择 1 倍速率;SM37.3＝1 计数方向控制选择增计数;SM37.4＝1 写入计数方向允许控制,更新计数方向;SM37.5＝1 写入预设值允许控制,更新预设值;SM37.6＝1 写入当前值允许控制,更新当前值;SM37.7＝1 HSC 指令执行允许控制。可以通过给 SMB37 不同的数值来实现不同的功能。根据表 18.2 可知 SMD38 存放的是 HSC0 的当前值；SMD42 存放的是 HSC0 的预设值。将当前值 SMD38 赋值为 0,将预设值 SMD42 赋值为 3000。

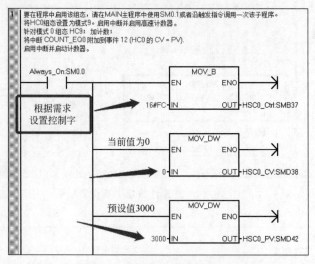

图 18.23 高速计数器程序 1

如图 18.24 所示,HDEF 指令中 HSC 值为 0,MODE 值为 1,表示高速计时器 HSC0 的工作模式为 1。高速计数器定义指令(HDEF)选择特定高速计数器(HSC0~5)的工作模式。模式选择定义高速计数器的时钟、方向和复位功能。HSC 引脚填写高速计数器编号。

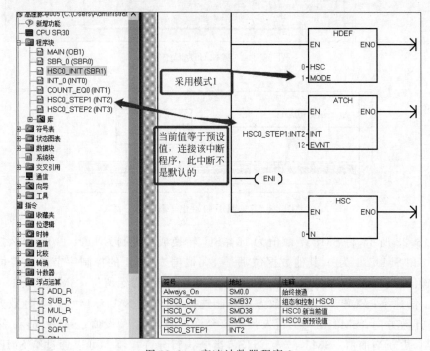

图 18.24 高速计数器程序 2

如果当前值等于预设值让它跳转到步 1 对应的中断程序,步 1 再跳转到步 2,如何跳转呢?案例中要求当前值等于 6000 时发生动作,所以还是采用当前值等于预设值来实现跳转。

ATCH 为中断连接指令,将中断事件 EVNT 与中断例程编号 INT 相关联,并启用中断事件。当前值等于预设值时产生中断,中断事件号是 12,执行 HSC0_STEP1(INT2)中断子程序。ENI 为中断启用指令:全局性启用对所有连接的中断事件的处理 HSC 高速计数器指令:高速计数器(HSC)指令根据 HSC 特殊存储器位的状态组态控制高速计数器。参数 N 指定高速计数器编号。

由于图 18.23 中将预设值设置为 3000,当高速计数器当前值等于预设值 3000 时,执行图 18.25 所示的中断子程序,调用该中断子程序时,Q0.0 输出指示灯亮。将 SMB37 赋值为 16♯A0,转换为二进制为 1010 0000,SM37.5=1 表示【允许更新预设值】和 SM37.7=1 表示【HSC 允许控制】。将 SMB42 赋值为 6000 表示将高速计时器 HSC0 的预设值修改为 6000。调用 ATCH 中断连接指令,将中断事件 EVNT 与中断例程编号 12 相关联,并启用中断事件。当前值等于预设值时产生中断,中断事件号是 12,执行 HSC0_STEP2(INT3)中断子程序。调用 HSC 指令使用 HSC0 高速计数器。

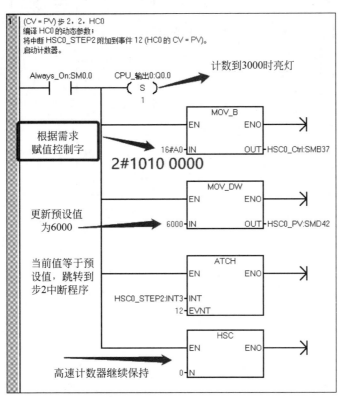

图 18.25　HSC0_STEP1(INT2)中断子程序

由于图 18.25 中将预设值设置为 6000,当高速计数器当前值等于预设值 6000 时,执行图 18.26 所示的中断子程序,调用该中断子程序时 Q0.0 断开,指示灯灭。将 SMB37 赋值为 16♯E0,转换为二进制为 1110 0000 ,SM37.5=1 表示【允许更新预设值】,SM37.6=1 表示【允许更新当前值】和 SM37.7=1 表示【HSC 允许控制】。将 SMB38 赋值为 0,表示将高速计时器 HSC0 的当前值修改为 0。将 SMB42 赋值为 3000,表示将高速计时器 HSC0 的预设值修改为 3000。调用 ATCH 中断连接指令,将中断事件 EVNT 与中断例程编号 12 相关联,并启用中断事件。当前值等于预设值时产生中断,中断事件号是 12,执行 HSC0_STEP1(INT2)中断子程序。调用 HSC 指令使用 HSC0 高速计数器。

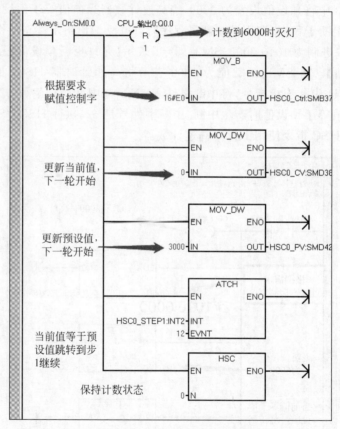

图 18.26　HSC0_STEP2(INT3)中断子程序

通过该中断子程序将预设值改为 3000,将当前值改为 0,当前值等于预设值时再去执行 HSC0_STEP1(INT2)中断子程序。这样就实现了 HSC0_STEP1(INT2)中断子程序和 HSC0_STEP2(INT3)中断子程序循环执行,从而实现了一个循环。

高速计数器用于记录频率比较高的脉冲计数,需要使用固定的模式计数,计数完了有什么用呢? 高速计数器不能采用比较指令,可以通过当前值等于预设值时来执行中断子程序,还可以通过改变方向的中断来跳转程序。如果所设置的中断程序不够用,需要加入其他相关动作，就在步中追加中断程序。高速计数器只能通过中断程序来完成和执行工艺控制。

AB 相脉冲单独接一个相是否也可以当做单脉冲来使用呢？为了验证该问题，将 A 相接 I0.0，将 B 相接 I0.1，将 Z 相接 I0.2，使用向导组态 3 个高速脉冲，程序编写方法同上，监视程序执行结果如图 18.27 和图 18.28 所示，两个计数器在记录数据上还是存在一定偏差的。经过两图的监视数据对比，发现 A 相确实比 B 相提前，Z 相确实按照圈数计量。当然实际计数的精度都有待商榷，但是可以确定的是我们测试了高速计数器的使用方法和步骤，也测试了如何与其他工艺或者程序连接起来实现控制。

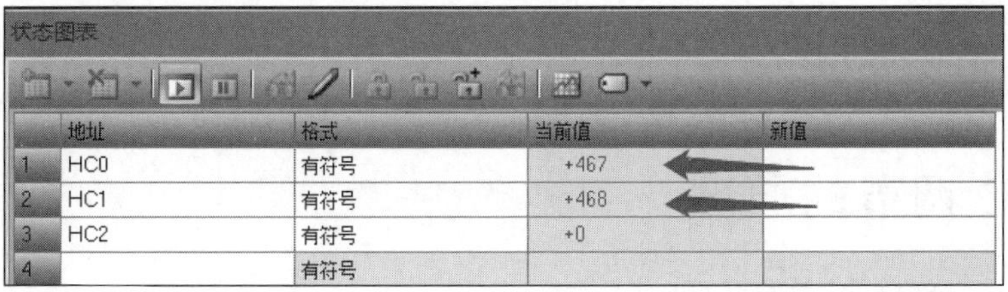
状态图表

	地址	格式	当前值	新值
1	HC0	有符号	+467	
2	HC1	有符号	+468	
3	HC2	有符号	+0	
4		有符号		

图 18.27　高速计数监视 1

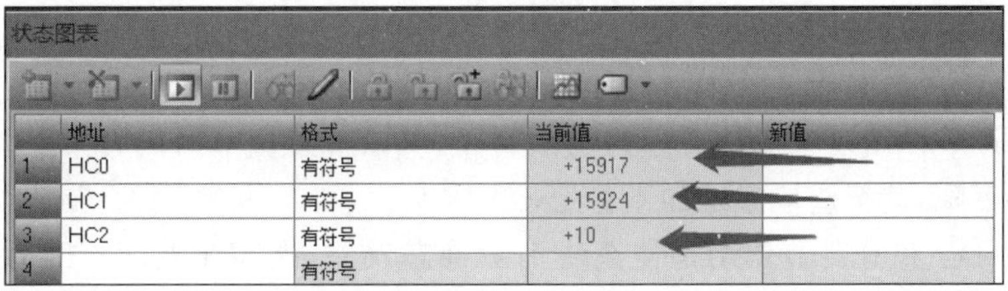
状态图表

	地址	格式	当前值	新值
1	HC0	有符号	+15917	
2	HC1	有符号	+15924	
3	HC2	有符号	+10	
4		有符号		

图 18.28　高速计数监视 2

本章小结

本书在第 3 章讲到了计数器的应用，本章又讲解了高速计数器的应用。通过学习大家要了解高速计数器的控制字节和状态字节的使用，了解高速计数器使用的模式。掌握高速计数器使用流程和步骤，以及高速计数器的应用。我们以编码器为例实际测试和应用了高速计数器，希望大家通过学习和实践能掌握高速计数器的使用和应用。向导在很大程度上减轻了大家编程的负担，自动生成了一部分程序，但是有些不符合使用需求的，中断还是要按照需求修改程序的。虽然自动生成了子程序，但是自己要知道如何去修改对应的子程序。退一步来讲，如果没有向导，能不能全部自己把程序编写出来。如果能，证明你学好了；如果不能，请继续努力。

第 19 章

PID 调节

15min

19.1 PID 调节的原理

19.1.1 PID 控制原理

在工业过程控制中,PID 控制一直是众多控制方法中应用最为广泛的控制算法,其控制器也是自动控制系统设计中最经典的一种控制器。

比例调节(P):比例调节的作用是按比例反映系统的偏差,系统一旦出现了偏差,比例调节立即产生调节作用以减少偏差。比例作用大,可以节省调节时间,但是过大的比例,使系统的稳定性下降,甚至造成系统的不稳定。

积分调节(I):积分调节作用是使系统消除稳态误差,提高无差度。因为有误差,积分调节就进行,直至消除误差。积分作用的强弱取决于积分时间常数 T_i,T_i 越小,积分作用就越强;反之则积分作用弱。加入积分调节可使系统动态响应变慢。积分作用常与另两种调节规律结合,组成 PI 调节器或 PID 调节器。PI 调节器是最常用的调节器。

微分调节(D):微分调节作用反应系统偏差信号的变化率,具有预见性,能预见偏差变化的趋势,因此能产生超前的控制作用,在偏差还没有形成之前,已被微分调节作用消除。因此,可以改善系统的动态性能。在微分时间选择合适的情况下,可以减少超调和调节时间。微分作用对噪声干扰有放大的作用,因此过强的微分调节,对系统抗干扰不利。微分作用不能单独使用,需要与另外两种调节规律相结合,组成 PID 控制器。

如图 19.1 所示,由 PID 控制器和被控对象组成 PID 的控制系统。$r(t)$ 是给定值,$y(t)$ 是系统的实际输出值,给定值与实际输出值构成控制偏差 $e(t)$,则 $e(t) = r(t) - y(t)$。$e(t)$ 是 PID 控制器的输入,$u(t)$ 是 PID 控制器的输出和被控对象的输入。最后整理成的公式如下所示。

$$u(t) = K_p \left[e(t) + \frac{1}{T_I} \int_0^t e(t) \mathrm{d}t + T_d \frac{\mathrm{d}e(t)}{\mathrm{d}t} \right] + u_o$$

公式中各变量含义如下:$u(t)$ 为调节器的输出信号、$e(t)$ 为调节器的偏差信号,等于给定值与测量值之差、K_p 为比例系数、T_i 为积分时间、T_d 为微分时间、u_o 为控制常量、K_p/

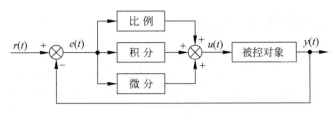

图 19.1　PID 调节流程图

T_i 为积分系数、K_p/T_d 为微分系数。

19.1.2　PID 调节各个环节的作用

比例调节的作用是对偏差瞬间做出快速反应。偏差一旦产生,控制器立即产生控制作用,使控制量向减少偏差的方向变化。控制作用的强弱取决于比例系数 K_p,K_p 越大,控制越强,但过大的 K_p 会导致系统震荡,破坏系统的稳定性。

积分环节的作用是把偏差的积累作为输出。在控制过程中,只要有偏差存在,积分环节的输出就会不断增大。直到偏差 $e(t)=0$,输出的 $u(t)$ 才可能维持在某一常量,使系统在给定值 $r(t)$ 不变的条件下趋于稳态。积分环节的调节作用虽然会消除静态误差,但也会降低系统的响应速度,增加系统的超调量。积分常数 T_i 越大,积分的积累作用越弱。增大积分常数 T_i 会减慢静态误差的消除过程,但可以减少超调量,提高系统的稳定性。所以,必须根据实际控制的具体要求来确定 T_i。

微分环节的作用是阻止偏差的变化。它是根据偏差的变化趋势(变化速度)进行控制的。偏差变化得越快,微分控制器的输出就越大,并能在偏差值变大之前进行修正。微分作用的引入,将有助于减小超调量,克服震荡,使系统趋于稳定。但微分的作用对输入信号的噪声很敏感,对那些噪声大的系统一般不用微分,或在微分起作用之前先对输入信号进行滤波。适当地选择微分常数 T_d,可以使微分的作用达到最优。

19.1.3　PID 回路类型的选择

常用的 PID 调节有以下 4 种模式:比例调节器、比例积分调节器、比例微分调节器和比例积分微分调节器。在大部分模拟量的控制中,使用的回路控制类型并不是比例、积分和微分三者俱全。例如大部分时候只需要比例积分回路。通过对常量参数的设置,可以关闭不需要的控制类型。关闭积分回路:把积分时间设置为无穷大,此时虽然由于有初始值 MX 使积分项不为零,但积分作用可以忽略。关闭微分回路:把微分时间设置为 0,微分作用即可关闭。关闭比例回路:把比例增益设置为 0,则只保留积分和微分项。这时系统会在计算积分项和微分项时自动把增益当作 1.0 看待。

19.1.4　PID参数调节口诀

PID参数调节口诀

参数整定找最佳,从小到大顺序差。先是比例后积分,最后再把微分加。
曲线震荡很频繁,比例度盘要放大。曲线漂浮绕大弯,比例度盘往下扳。
曲线偏离回复慢,积分时间往下降。曲线波动周期长,积分时间再加长。
曲线震动频率快,先把微分降下来。动差大来波动慢,微分时间应加长。
理想曲线两个波,前高后低4比1。一看二调多分析,调节质量不会低。

13min

19.2　PID向导设置

PID调节原理就是根据负载端的需求调节输入端的补给。所有的PID调节就是调整P、I、D这3个参数来配合完成整体的调节效果。接下来讲一下在S7-200 SMART中如何利用向导来建立PID调节。如图19.2所示,在指令数中单击【向导】,然后双击【PID】,打开PID回路向导,勾选Loop0建立一个组态回路。

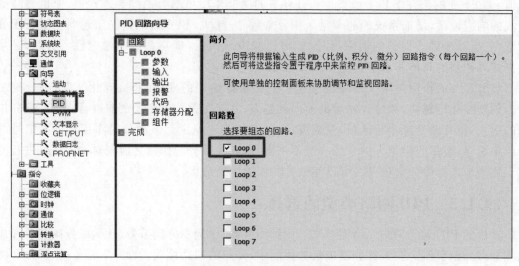

图19.2　PID向导回路配置

如图19.3所示,选中【Loop0】选项可以对该回路命名,此处选择默认名。
如图19.4所示,选中【参数】选项后可以设置参数。增益(参数P)为1;积分时间(参数I)为10分钟;微分时间(参数D)为0分钟;采样时间为1表示对现场输出结果的采集频率每一秒采集一次。
如图19.5所示,选中【输入】选项后可以设置输入参数。【过程变量标定】选项可以选择输入信号的类型。过程变量和回路设定值其实就相当于模拟量输入的数值转换部分。可对比本书第17章模拟量输入部分理解。如果模拟量信号是0~20mA 或者0~10V,那么工程变量设置为 0～27648；如果模拟量信号是 4～20mA，那么工程变量设置为 5530～27648，回路设定值是模拟量变送器量程的上下限。

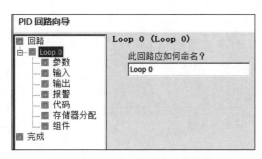

图 19.3　PID 调节回路命名

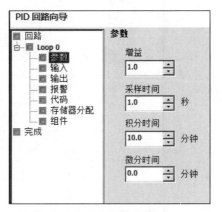

图 19.4　PID 调节参数

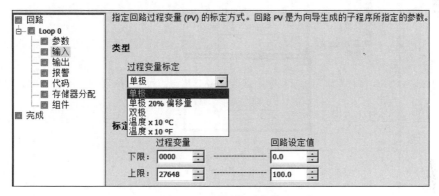

图 19.5　PID 输入参数

如图 19.6 所示，选中【输出】选项后可以设置输出参数。输出类型可以选择模拟量和数字量，模拟量可以设定标定极性和范围。可对比本书第 17 章模拟量输出部分理解。选择模拟量后，上下限范围根据模拟量信号输出设置，如果输出 0～20mA 或者 0～10V 模拟量信号设置为 0～27648。

如图 19.7 所示，选中【报警】选项后可以设置上下限报警值。启用上下限报警后可以设定报警值，此处报警值为输出值的百分比。图中下限设置为 0.1（10%），上限值为 0.9（90%）。

如图 19.8 所示，选中【代码】选项后可勾选【添加 PID 的手动控制】，可以选择手动模式，手动模式激活时，按照手动给定值输出，不经过 PID 调节。然后单击【生成】按钮，软件自动生成对应的 PID 调节子程序。

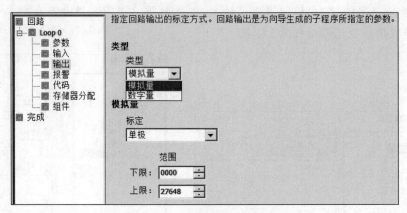

图 19.6　PID 输出参数

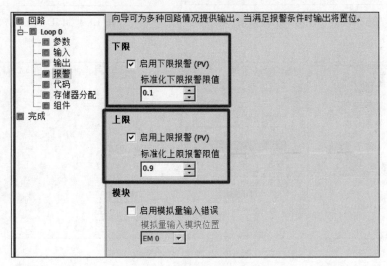

图 19.7　PID 报警设置

如图 19.9 所示,选中【存储器分配】选项后可以设置 PID 存储器的分配地址。可以手动输入该数值,也可以单击【建议】自动给出建议数据存储地址,再次单击则会重新分配较大的地址,直到该地址在自己编写程序时用不到为止。

如图 19.10 所示,选中【组件】选项后可以看到自动生成的各个组件和子程序。

如图 19.11 所示为打开 PID 子程序后的变量表,可以看出各个引脚变量及变量的数据类型。设置 PID 参数变量时可以根据此表格的数据类型来设置。

如图 19.12 所示,打开符号表,找到自动生成的 PID0_SYM 符号表,这些地址区域是如何确定的呢? 如图 19.9 所示建立向导时建议地址 VB2160～VB2279 共计 120 个字节,系统分配了一块区域给 PID 参数,具体变量的分配与向导中选择的参数有关。

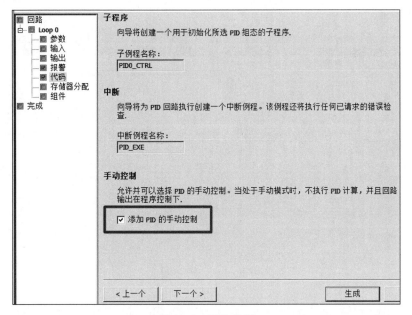

图 19.8 PID 代码

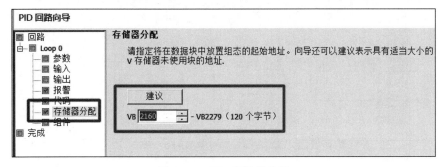

图 19.9 PID 存储器分配

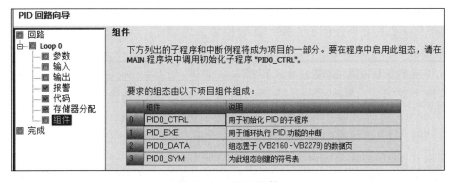

图 19.10 PID 组件

变量表

	地址	符号	变量类型	数据类型	注释
1		EN	IN	BOOL	
2	LW0	PV_I	IN	INT	过程变量输入：范围 0 到 27648
3	LD2	Setpoint_R	IN	REAL	设定值输入：范围 0.0 到 100.0
4	L6.0	Auto_Manual	IN	BOOL	自动或手动模式（0 = 手动模式，1 = 自动模...
5	LD7	ManualOutput	IN	REAL	手动模式下所需的回路输出：范围 0.0 到 1.0
6			IN		
7			IN_OUT		
8	LW11	Output	OUT	INT	PID 输出：范围 0 到 27648
9	L13.0	HighAlarm	OUT	BOOL	过程变量 (PV) 大于上限报警限值 (0.90)
10	L13.1	LowAlarm	OUT	BOOL	过程变量 (PV) 小于下限报警限值 (0.10)
11			OUT		
12	LD14	Tmp_DI	TEMP	DWORD	
13	LD18	Tmp_R	TEMP	REAL	
14	LD22	Tmp_Timer	TEMP	DWORD	
15			TEMP		

图 19.11 PID 变量表

符号表

			符号	地址	注释
1			PID0_D_Counter	VW2240	
2			PID0_D_Time	VD2184	微分时间
3			PID0_I_Time	VD2180	积分时间
4			PID0_SampleTime	VD2176	采样时间（要进行修改，请重新运行 PID 向...
5			PID0_Gain	VD2172	回路增益
6			PID0_Output	VD2168	计算得出的标准化回路输出
7			PID0_SP	VD2164	标准化过程设定值
8			PID0_PV	VD2160	标准化过程变量
9			PID0_Table	VB2160	PID 0 的回路表起始地址

表格 1 / 系统符号 / POU Symbols / I/O 符号 / PID0_SYM

图 19.12 PID 符号表 1

如果在向导中设置了上下限报警，打开 PID 的符号表如图 19.13 所示，符号表中 VD2272 和 VD2276 分别分配了上限和下限报警值。

如图 19.14 所示为 PID0_CTRL 的调用。PID0_CTRL 指令基于我们在 PID 向导中指定的输入和输出执行 PID 功能。每次扫描都会调用该指令。注：PID0_CTRL 指令的输入和输出取决于我们在向导中进行的选择。例如，如果选择在向导的“回路报警选项”(Loop Alarm Options) 画面启用下限报警 (PV)，则 LowAlarm 输出将显示在该指令中。

在自动模式下，将使用内置 PID 算法执行计算以驱动 PID0_CTRL 功能框的“输出”。在手动模式下，“输出”受“ManualOutput”输入的控制。

如果在向导的倒数第二个屏幕上选中复选框“添加 PID 的手动控制”(Add Manual Control of the PID)，则 PIDx_CTRL 指令将包含输入参数“Auto_Manual”和“ManualOutput”。否则，这

符号	地址	注释
PID0_Low_Alarm	VD2276	下限报警限值
PID0_High_Alarm	VD2272	上限报警限值
PID0_Mode	V2242.0	
PID0_WS	VB2242	
PID0_D_Counter	VW2240	
PID0_D_Time	VD2184	微分时间
PID0_I_Time	VD2180	积分时间
PID0_SampleTime	VD2176	采样时间（要进行修改，请重新运行 PID向...
PID0_Gain	VD2172	回路增益
PID0_Output	VD2168	计算得出的标准化回路输出
PID0_SP	VD2164	标准化过程设定值
PID0_PV	VD2160	标准化过程变量
PID0_Table	VB2160	PID 0 的回路表起始地址

图 19.13　PID 符号表 2

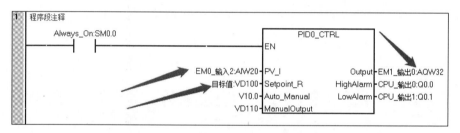

图 19.14　PID 程序块调用

两个输入不会出现在 PIDx_CTRL 指令中，并且自动模式处于启用状态。

使用时，"Auto_Manual"布尔输入必须处于"开启"状态才能实现自动模式控制，处于"关闭"状态才能实现手动模式控制。PID 处于手动模式时，通过以下方式控制 PID0_CTRL 指令的"输出"：向"ManualOutput"输入写入标准化实数值（0.00～1.00），同时使"输出"介于在向导中指定的"输出"值范围内。例如，如果在向导中将"输出"范围设置为 2000～26000，则在"ManualOutput"输入为 0.00 时，"输出"应为 2000。同样，"ManualOutput"输入为 1.00 时，"输出"应为 26000。当"ManualOutput"输入为 0.50 时，"输出"应该为其整个范围的一半，即此时为：（26000－2000）/2＋2000＝14000。

AIW20 为反馈信号的模拟量接入的通道，AQW32 为调节后模拟量输出的通道。VD100 为目标设定值，V10.0 为自动模式，VD110 为手动模式下的给定值。Q0.0 为上限报警输出值，Q0.1 为下限报警输出值。详细的参数使用和具体信息可以参看表 19.1 所示的各引脚参数信息。具体的参数可以选中图 19.14 中调用的程序块，按下 F1 键查看帮助文件和说明。

表 19.1　PID 程序块引脚参数信息

名　称	输入/输出	操　作　数	数据类型
输入参数	PV_I	VW、IW、QW、MW、SW、SMW、LW、T、C、AIW、AC、＊VD、＊LD、＊AC	Int

续表

名　　称	输入/输出	操　作　数	数据类型
调节目标值	SetpoInt_R	ID、QD、MD、SD、SMD、VD、LD、AC、常数、* VD、* LD、* AC	Real
自动模式 (ON 为自动)	Auto_Manual	I、Q、M、SM、T、C、V、S、L	Bool
手动模式给定值	ManualOutput	ID、QD、MD、SD、SMD、VD、LD、AC、常数、* VD、* LD、* AC	Real
调节后输出值	Output(模拟量)	IW、QW、MW、SW、SMW、T、C、VW、LW、AIW、AC、常数、* VD、* LD、* AC	Int
数字量输出	Output(数字量)、HighAlarm、LowAlarm、ModuleErr	I、Q、M、SM、T、C、V、S、L	Bool

如图 19.15 所示,通过导航栏【工具】可以找到【PID 控制面板】,打开控制面板可以对 PID 进行调试。

图 19.15　PID 控制面板

▶ 8min

▶ 19min

19.3　案例应用

19.3.1　案例控制要求

工艺控制要求:根据温度调节风扇的转速,风扇采用变频器控制。通过 PID 调节来控制变频器的频率,反馈变量为室内温度,输出变量为变频器的频率。

元器件设备配置:PT100 铂电阻接变送器进行温度转换,变频器采用欧姆龙变频器,型号为 3G3TA-AB004。接线方式如图 19.16 所示,第 12 章讲过变频器的接线和控制方式,可参看本书第 12 章变频器接线和快速应用。

19.3.2　变频器接线和控制

我们回顾一下控制变频器的步骤:①按照接线图接线,接线分动力部分和控制部分,动力部分输入和输出不能接反。②变频器采用端子控制启停,频率控制采用 PLC 模拟量输出

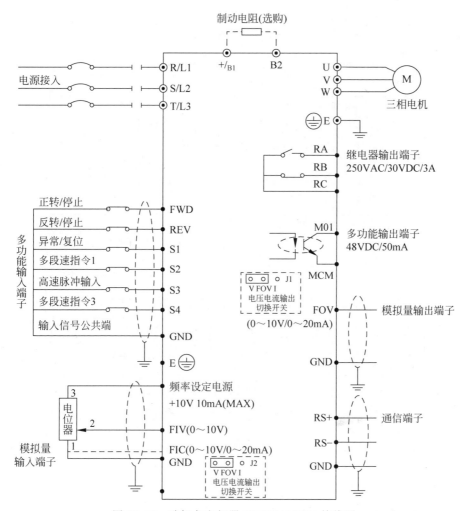

图 19.16 欧姆龙变频器 3G3TA-AB004 接线图

控制。PLC的模拟量输出采用PID调节后的输出值。

变频器接线按照图19.16接线,设置好变频器参数,控制部分控制GND和FWD的接通就能实现正转。如图19.17所示设置端子启停方式,将P0.02设置为1。

如图19.18所示设置频率控制方式,将P0.04设置为2,表示采用FIV和GND两个端子输出的0~10V的电压信号来控制变频器的频率。那么FIV和GND应该接到模拟量输出通道AQW32上,该通道设置为电压输出类型。

设置其他参数,如电机基本参数信息和加减速时间,除此之外的参数选择默认值即可。大家可以根据说明书自己去查找并设置相关参数。

P0.02	运行指令通道选择		出厂值	0
	设定范围	0	键盘命令通道	
		①	端子命令通道 ←	
		2	通信命令通道	

选择变频器控制命令的输入通道。

变频器控制命令包括：启动、停机、正转、反转、点动等。

0：键盘命令通道；由键盘上的RUN、STOP/RESET按键进行运行命令控制。

1：端子命令通道；由多功能输入端子FWD、REV、S1—S4，进行运行命令控制。

图 19.17 变频器 3G3TA-AB004 端子启停方式设置

P0.04	主频率源X选择		出厂值	0
	设定范围	0	数字设定(预置频率P0.10，UP/DOWN可修改，掉电不记忆)	
		1	数字设定(预置频率P0.10，UP/DOWN可修改，掉电记忆)	
		②	FIV 模拟量电压信号0~10V	
		3	FIC 模拟量电流信号0~20mA	
		4	保留	
		5	脉冲设定(S3)	
		6	多段指令	
		7	PLC	
		8	PID	
		9	通信给定	

图 19.18 变频器 3G3TA-AB004 频率控制方式设置

19.3.3 PLC 接线和控制

本案例需要外接模拟量输入和模拟量输出模块,在组态时 CPU 也需要配置对应的模拟量输入和输出模块。PLC 模块的配置如下：1 个 SR30 CPU 模块、1 个 4 点模拟量输入模块和 1 个 4 点模拟量输出模块。

如图 19.19 所示,对新建项目进行模块配置,组态时要保证模块订货号与实物一致。温度变送器选用 4~20mA 的电流信号,所以通道 2 选择电流型,电流范围选择 0~20mA。

如图 19.20 所示,设置对应的 PID 向导。选择 Loop 0 回路,设置增益为 1.0,采样时间为 1.0 秒,积分时间为 10.0 分钟,微分时间为 0.0 分钟。

如图 19.21 所示,【过程变量标定】选择"单极 20% 偏移量",过程变量下限设置为 5530,过程变量上限设置为 27648,如图 19.22 所示,温度变送器量程为 0~130℃,所以回路设定值应设定为 0.0~130.0。

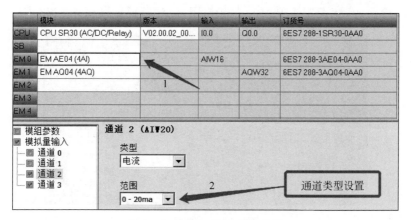

图 19.19 SR30CPU 组态设置

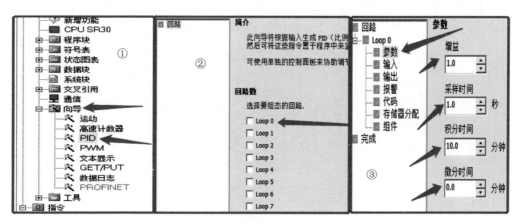

图 19.20 PID 向导设置

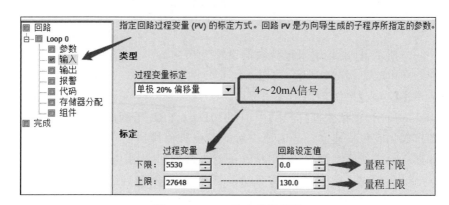

图 19.21 PID 输入参数设置

如图 19.22 所示,变送器接 PT100 的铂电阻,温度转换量程为 0～130℃。

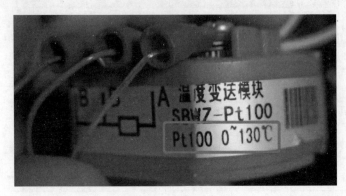

图 19.22　温度变送器

根据上文可知变频器频率输入控制需要 0～10V 的信号,模拟量输出也应该是 0～10V 的信号,所以在图 19.23 中将输出的范围设定为 0～27648。

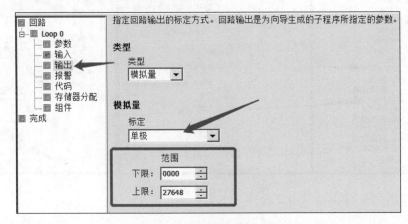

图 19.23　PID 输出参数设置

如图 19.24 所示,标准化下限报警限值设置为 0.1(10%),而将标准化上限报警限值设置为 0.9(90%)。如图 19.25 所示,勾选添加 PID 的手动控制。其他的参数选择默认即可,设置完毕后单击【生成】按钮自动生成子程序。

如图 19.26 所示,在指令数【向导】中调用 PID0_CTRL 子程序,将此子程序直接拖到右侧程序段即可添加。根据建立向导时所讲解的各引脚使用说明填写程序中使用的变量,填写完成后如图 19.27 所示。当启用 PID(V10.1)并接通时调用 PID0_CTRL 子程序。

如图 19.28 所示先进行手动调节,手动调节时,参数根据自己的经验值设定,不过不合适及时修改,从图中可以看到目标值和输出值之前的变化关系。调节时可以参考 19.1.4 节讲到的参数选定和调节口诀,待系统调节稳定后可以转为自动调节。

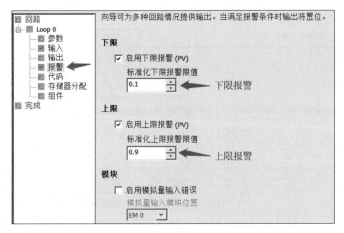

图 19.24 PID 报警参数设置

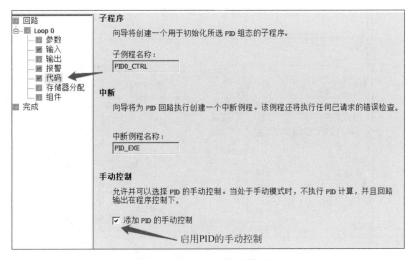

图 19.25 PID 报警参数设置

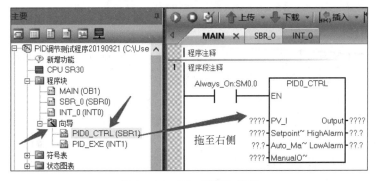

图 19.26 PID 程序块调用

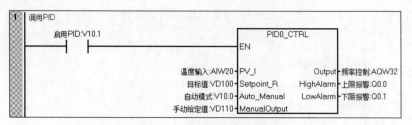

图 19.27　PID 程序块变量使用

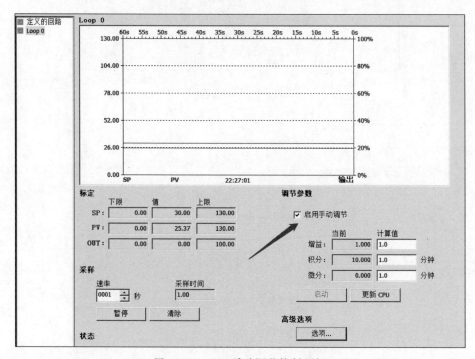

图 19.28　PID 手动调节控制面板

如果手动调节完毕或者需要更新 PID 调节参数,按照图 19.29 所示选择【更新 CPU】,然后单击【是】按钮,就可以更新 PID 参数了。如图 19.30 所示,可以通过状态表来监视参数是否成功写入 PLC。

如果在调试过程中发现输出模块一直报警,其原因可能为电源断线或者电源线接错。如图 19.31 所示只有勾选【用户电源】选项后才能生效。

如图 19.32 所示,启动自动调节时 V10.0 为 1,此时模拟量输出值为 15070。

如图 19.33 所示,当 V10.0 断开后,PID 调节启用手动模式,当设定 VD110 为 0.2 时,变频器以 10Hz 运行。如图 19.34 所示,设定 VD110 为 0.5 时,变频器以 25Hz 运行,因此可以确定 VD110 的数值输入范围是 0~1,这里是按照量程的百分比进行输入的。输入 0.1 即 10%,输入 0.5 即 50%,如果直接输入大于等于 1.0 的数值,输出值就会一直是最大值。

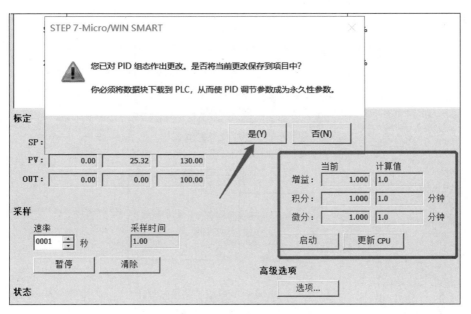

图 19.29 PID 参数更新

图 19.30 PID 参数值监视查看

图 19.31 模拟量输出模块报警设置

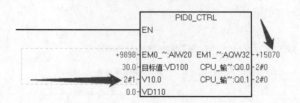

图 19.32　PID 调节在线监视

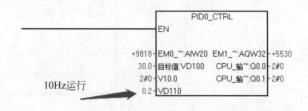

图 19.33　PID 调节启用手动输入值 1

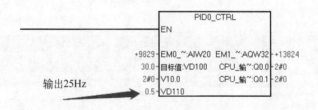

图 19.34　PID 调节启用手动输入值 2

　　如果在调试过程中整个系统很难进入平稳状态,可以根据自己的经验先计算出 PID 3 个参数,手动输入参数并写入 CPU,等待调节较为平稳后,将图 19.35 中的勾选去掉,这样就可以启动自动调节模式。

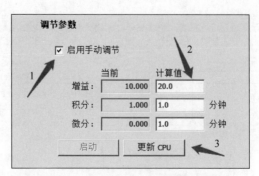

图 19.35　PID 启用手动调节 PID 参数

我们在进行 PID 调节时要先手动调整,按照上文讲过的调节原则去调整,当手动调整到相对稳定的状态后,再进行自动调整。如图 19.36 所示,输出曲线进入平稳状态以后就可以启用自动调整了,最后保存 PID 参数。我们可以思考一下图中的 SP 和 PV 分别指什么变量呢? 具体可以参看图 19.13 的表中含有 SP 和 PV 参数的值。

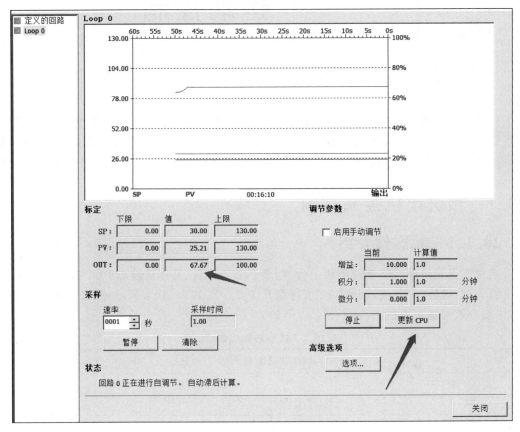

图 19.36　PID 输出状态查看

本 章 小 结

通过本章学习要了解 PID 调节的原理,以及了解 PID 调节常用的模式,需要知道 PID调节的方法和解决实际问题的思路。知道如何利用向导设置 PID,掌握 PID 各个参数的功能和使用,学会使用控制面板进行手动调节,知道如何通过手动调节后转换成自动调节,掌握整体调节方法和思路。

第 20 章

运动控制

前边的章节都是按照先讲原理再讲应用来设置的。本章将采用另外一种方式来讲解，先从案例入手学习再归纳总结步骤流程。因为前边的内容较为简单和容易理解，而这一章节难度较大一些，直接讲原理和内容太过空洞。

20.1 步进电机控制案例

16min

20.1.1 元器件介绍

项目选用元器件：42 步进电机 1 台、配套驱动器一台、晶体管输出 PLC(ST20)一个、开关电源一个、丝杆一套、接近开关 2 个、行程开关 2 个。如表 20.1 所示为 42 步进电机参数表，详细参数可查看表格。

20min

表 20.1 42 步进电机参数信息

26min

42 步进电机介绍	
类　　别	描　　述
型号	142BYGH40-1704A
外形	机身高 40mm
扭矩	扭矩 0.45N·m
电流	电流 1.7A
轴径轴长	轴径 Φ5mm，D 型轴；轴长 23mm
质量	296g(电机＋插线)
优点	纯铜耐腐蚀，导热性好，导电性强，力矩稳定，温度不高
材质	采用进口轴承，刚度更强，精密度高
注意事项	插线长度 1m
步距角	步距角 1.8，细分 360/1.8 * 8＝1600
每周距离	一周旋转 23mm

20.1.2 驱动器接线和设置

如图 20.1 所示步进电机为 P 型出轴，连接丝杆套装时选型要配套。步进电机为 4 线制出线,接线时需查看说明书并按照 4 线制的方式接线即可。

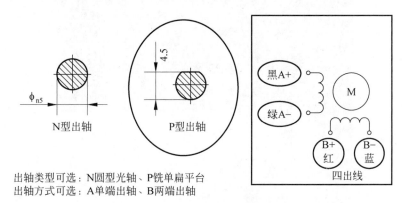

出轴类型可选:N圆型光轴、P铣单扁平台
出轴方式可选:A单端出轴、B两端出轴

图 20.1　42 步进电机输出轴和接线信息

如图 20.2 所示为步进电机接线图。西门子 PLC 按照默认设置及接线方式是 PNP 输出,那么驱动器就要按照共阴极接线方式接线,正如图中所示的接线方式接线。本案例使用的开关电源输出电压是 DC24V,所以接线时 PLC 的输出端应该接入 2kΩ 的电阻,如图 20.3 所示。

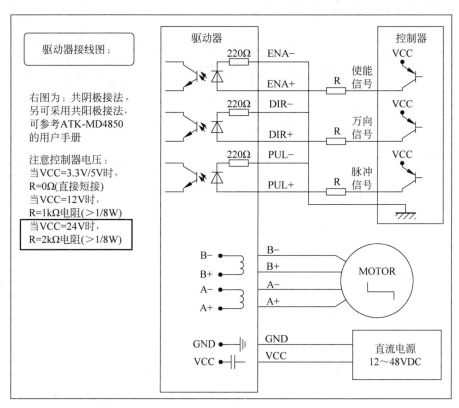

图 20.2　42 步进电机驱动器接线图

图 20.3　PLC 输出接线实物图

　　如图 20.4 所示,通过 SW1～SW3 共 3 个拨码开关来设定电机的细分数和每一圈的脉冲数。我们选择细分为 8,每一圈脉冲数为 1600,对应的拨码开关位置如下: SW1 拨到 OFF,SW2 拨到 ON,SW3 拨到 OFF。

通过SW1、SW2、SW3共3个拨码开关设定细分:

细分	脉冲/圈	SW1	SW2	SW3
NC	NC	ON	ON	ON
1	200	ON	ON	OFF
2/A	400	ON	OFF	ON
2/B	400	OFF	ON	ON
4	800	ON	OFF	OFF
8	1600	OFF	ON	OFF
16	3200	OFF	OFF	ON
32	6400	OFF	OFF	OFF

图 20.4　步进驱动器细分拨码开关设定

　　如图 20.5 所示,通过 SW4～SW6 共 3 个拨码开关来设定电机的运行电流,本案例的 3 个拨码开关所选择的都是默认的 OFF。

20.1.3　规划 I/O,编制符号表

　　如图 20.6 所示为测试项目布局图。我们配置了 2 个接近开关和 2 个行程开关。接近开关用作正常停止,而行程开关用作限位。另外还加入了 2 个按钮和 1 个旋钮用于测试。

　　根据图 20.6 所示的布局图和按钮旋钮使用情况,我们编制了如图 20.7 所示的符号表。

通过SW4、SW5、SW6共3个拨码开关设定运作电流:

平均电流	峰值电流	SW4	SW5	SW6
0.5	0.7	ON	ON	ON
1.0	1.2	ON	OFF	ON
1.5	1.7	ON	ON	OFF
2.0	2.2	ON	OFF	OFF
2.5	2.7	OFF	ON	ON
2.8	2.9	OFF	OFF	ON
3.0	3.2	OFF	ON	OFF
3.5	4.0	OFF	OFF	OFF

图 20.5 步进驱动器电流拨码开关设定

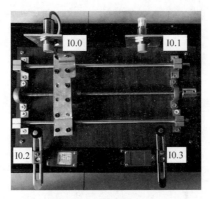

图 20.6 外部开关布局图

		符号	地址	注释
1		前进到位	I0.0	接近开关开点NPN输出
2		后退到位	I0.1	接近开关开点PNP输出
3		前进限位	I0.2	行程开关闭点
4		后退限位	I0.3	行程开关闭点
5		手动模式	I0.4	旋钮
6		自动模式	I0.5	旋钮
7		前进	I0.6	前进按钮
8		后退	I0.7	后退按钮

图 20.7 PLC 程序符号表

20.2 程序编写

20.2.1 运动控制向导建立

15min

如图 20.8 所示,在 PLC 工程项目的指令树找到【向导】,双击【运动】项后出现【运动控制向导】,在运动控制向导中可以勾选自己需要组态的运动轴,此处勾选了轴 0 和轴 1 两个轴。ST20 最多支持 2 个轴,如果需要用到 3 个轴的控制,则可选择更高性能的 PLC,如 ST30、ST40 和 ST60。接下来我们将以使用轴 0 为例来讲解。

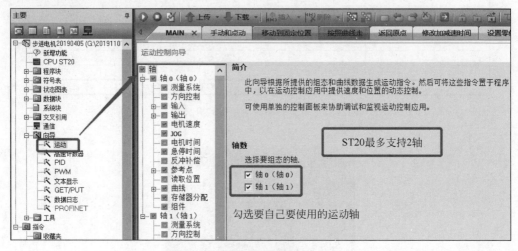

图 20.8 轴设置

如图 20.9 所示,在轴 0 中打开【测量系统】设置选项。在"选择测量系统"下可以选择【工程单位】和【相对脉冲】,此处选择的是【工程单位】;根据驱动器的设置,将【电机一次旋转所需的脉冲数】设置为 1600;【电机一次旋转产生多少'cm'的运动】距离为 0.4cm,"0.4"是由步进电机联轴器和减速机构共同决定的。

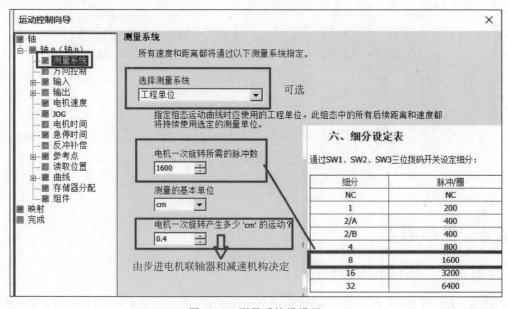

图 20.9 测量系统设设置

如图 20.10 所示,在轴 0 中打开【方向控制】设置选项。根据步进电机的输出情况,【相位】设定为：单相(2 输出)。P0 为运动脉冲,P1 为移动方向,P0 和 P1 对应的输出点需要查看【映射】中生成的配置。

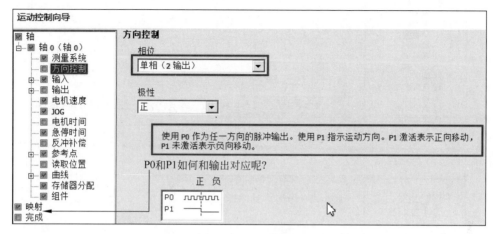

图 20.10　方向控制

如图 20.11 所示,在轴 0 中打开【LMT－】设置选项。勾选【已启用】,输入设置为 I0.3,有效电平选择【下限】,表示采用的 I0.3 的常闭触点。I0.3 为负方向的停止位。如图 20.12 所示,如果在【RPS】设置选项中将有效电平选择【上限】,表示采用的 I0.1 的常开触点。I0.1 为原点位置。如图 20.13 所示,在【STP】设置选项中勾选【已启用】,输入设置为 I0.0,有效电平选择【上限】,表示用 I0.0 做运动的停止位。

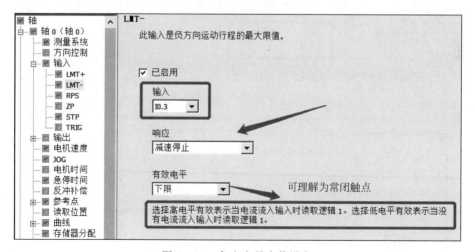

图 20.11　负方向最大值设定

如图 20.14 所示,如果在轴 0【输出】设置选项中勾选【已启用】,将采用 Q0.4 作为禁用或者启用电机驱动器的信号,此处不勾选。

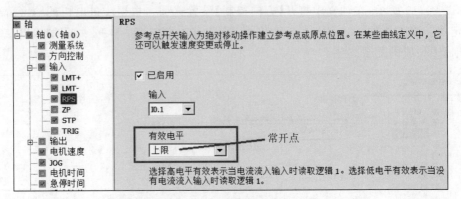

图 20.12　原点位置的设定

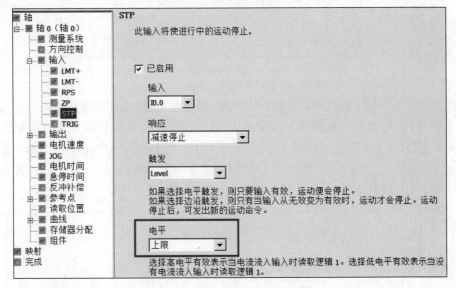

图 20.13　运动停止开关的设定

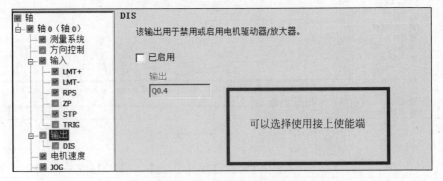

图 20.14　输出值的设定

如图 20.15 所示,在轴 0【电机速度】设置选项中可以设置步进电机涌动的最大速度值、最小速度值和启动/停止时电机的速度值。图中最大速度值设置为 20.0cm/s,最小速度为 0.005cm/s,启动/停止时电机的速度为 0.2cm/s。如图 20.16 所示,还可以设置电机的点动速度为 0.3cm/s,此处为一直按住点动按钮时电机运行的速度。增量设定为 2.0cm,表示点一下按钮,按钮接通时间小于 0.5s 电机运动的距离。

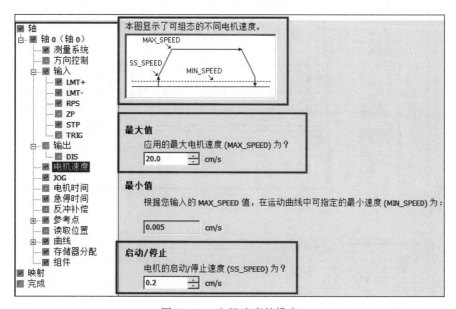

图 20.15　电机速度的设定

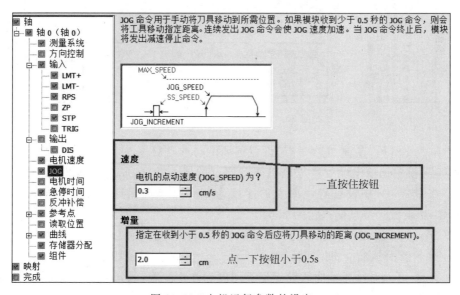

图 20.16　电机运行参数的设定

如图 20.17 所示,在轴 0【电机时间】设置选项中设置步进电机的加速时间为 1000ms,减速时间也为 1000ms。如图 20.18 所示,在轴【急停时间】设置选项中设置步进电机的急停时间为 100ms。

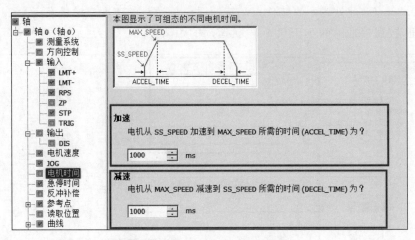

图 20.17　电机运行时间的设定

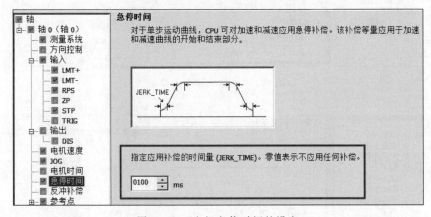

图 20.18　电机急停时间的设定

如图 20.19 所示,在轴 0【参考点】设置选项中勾选已启用参考点。如图 20.22 所示,在轴 0【参考点】设置选项中设置步进电机回归原点的搜索顺序,原点为图 20.12 中设置的位置 I0.1。在图 20.20 中设置查找原点的速度为 2.0cm/s 和接近原点的速度为 0.2cm/s。在图 20.21 中设置参考点偏移量为 2.0cm。

如图 20.23 所示,在轴 0【曲线】设置选项中可以添加运行曲线。如果添加了多条曲线,曲线从上到下依次执行。曲线默认从曲线 0 开始执行,但是跟曲线名称没有关系。如图 20.24 所示,可以对每一条曲线设定运行速度和终止位置,此处的速度数值和终止位置数值都具体到数值,而不能填写变量,但是可以添加多个终止位置。

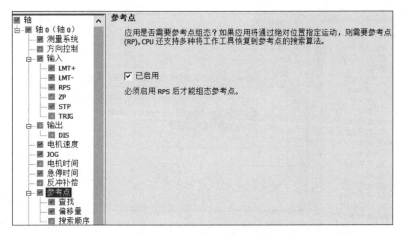

图 20.19 电机参考点的确定

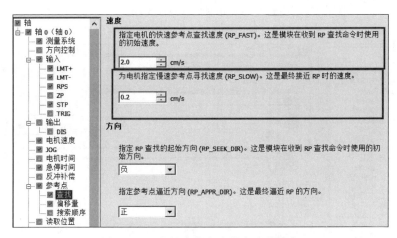

图 20.20 电机参考点查找方式的确定

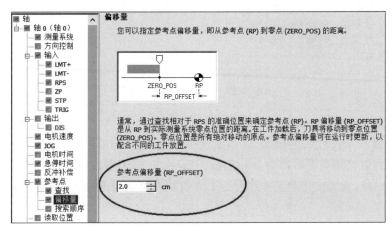

图 20.21 电机参考点偏移量设置

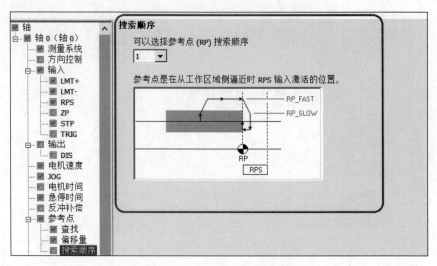

图 20.22 电机参考点搜索顺序

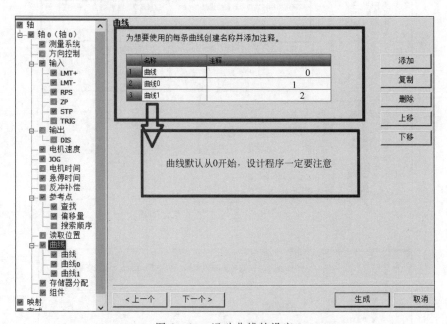

图 20.23 运动曲线的设定

如图 20.25 所示,当设置完向导之后还要给存储器分配 V 区地址。多次单击【建议】将 V 区地址建议到一个比较大的数值,在本案例中所选地址不在使用的区间即可。

当调用库或者使用先导后都会自动生成子程序,有的子程序可供用户使用。如图 20.26 所示,可以勾选自己需要使用的子程序。为了方便使用建议全部勾选,免得以后用到还要重新勾选设置。

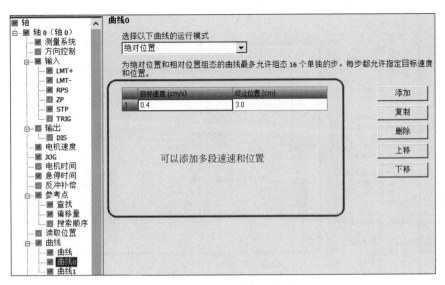

图 20.24　运动曲线 0 的设定

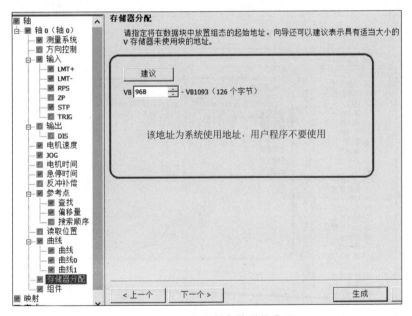

图 20.25　运动控制存储器的分配

如图 20.27 所示,在【映射】中可以查看已经组态的运动轴的映射参数和地址。上文设置的参数和地址都显示在图 20.27 中,P0 对应 Q0.0,P1 对应 Q0.2。结合图 20.10 中的设置,P0 为运动脉冲,P1 为移动方向,所以在接线时 Q0.0 接驱动器的 PUL+,Q0.2 接驱动器的 DIR+。

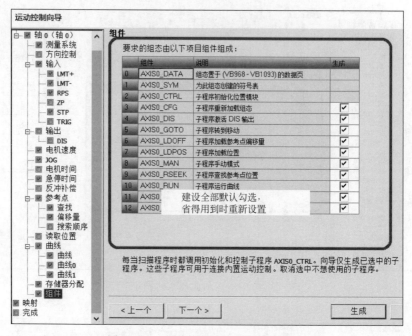

图 20.26 运动控制生成子程序的确定

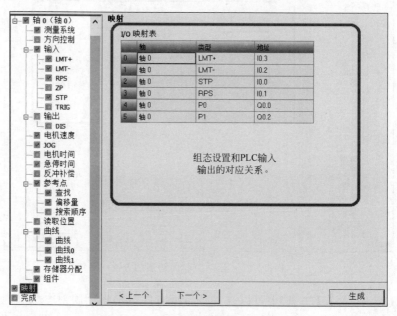

图 20.27 运动轴各信号与输入点的对应

当向导设置完毕之后,按照图 20.28 所示单击【生成】按钮,系统自动生成对应的子程序,自此先导设置完毕。当需要修改向导时可以重新设置向导,然后再自动生成一次子程序即可。

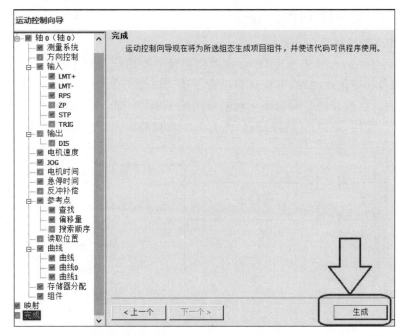

图 20.28 设置完毕后生成对应子程序

设置完向导组态以后,轴的脉冲和方向已经确定,所以要查看每个轴对应的映射关系才知道哪个输出是脉冲,哪个输出是方向。关于脉冲和输出方向的关系说明(P0 和 P1 输出):任何已启用的轴都至少组态一个 P0 输出引脚,也有可能组态一个 P1 输出,这些输出引脚硬性编码到特定输出,具体取决于表 20.2 中的条件。

表 20.2 运动轴和输出点的关系

轴 0	轴 0 的 P0 始终组态为 Q0.0
	如果轴 0 的"相"(Phase)未组态为"单相(1 个输出)"(Singlephase(1 output)),则轴 0 的 P1 组态为 Q0.2
轴 1	轴 1 的 P0 始终组态为 Q0.1
	轴 1 的 P1 映射到两个可能位置,具体取决于以下轴组态
	如果轴 1 的"相"(Phase)组态为"单相(1 个输出)"(Single-phase (1 output)),则不会分配 P1 输出
	如果轴 1 的"相"(Phase) 组态为"双相(2 个输出)"(Two-phase (2 output)) 或"AB 正交相(2 个输出)"(AB quadrature phase (2 output)),则 P1 组态为 Q0.3
	其他情况下,轴 1 的 P1 组态为 Q0.7
轴 2	轴 2 的 P0 始终组态为 Q0.3
	如果轴 2 的"相"(Phase)未组态为"单相(1 个输出)"(Single phase (1 output)),则轴 2 的 P1 组态为 Q1.0
	如果轴 2 的"相"(Phase) 组态为"双相(2 个输出)"(Two-phase (2 output)) 或"AB 正交相(2 个输出)"(AB quadrature phase (2 output)),则轴 2 不可用

20.2.2 运动控制程序编写

1. 手动和点动子程序(SBR0)

如图 20.29 所示,AXIS0_CTRL 为运动控制轴 0 初始化子程序。AXIS0_CTRL 子例程(控制)启用和初始化运动轴,方法是自动命令运动轴每次在 CPU 更改为 RUN 模式时加载组态/曲线表。在项目中只对每条运动轴使用此子例程一次,并确保程序会在每次扫描时调用此子例程。使用 SM0.0(始终开启)作为 EN 参数的输入。

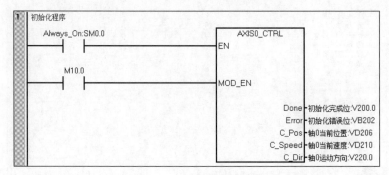

图 20.29 运动控制初始化程序

MOD_EN 参数必须开启,这样才能启用其他运动控制子例程向运动轴发送命令。如果 MOD_EN 参数关闭,则运动轴将中止进行中的任何指令并执行减速停止。

AXIS0_CTRL 子例程的输出参数提供运动轴的当前状态。当运动轴完成任何一个子例程时,Done 参数会开启。

C_Pos 参数表示运动轴的当前位置。根据测量单位,该值是脉冲数(DInt)或工程单位数(Real)。

C_Speed 参数提供运动轴的当前速度。如果针对脉冲组态运动轴的测量系统,C_Speed 是一个 DInt 数值,其中包含脉冲数/秒。如果针对工程单位组态测量系统,C_Speed 是一个 Real 数值,其中包含选择的工程单位数/秒(Real)。

C_Dir 参数表示电机的当前方向:信号状态 0 表示正向;信号状态 1 表示反向。

如图 20.29 所示,当 M10.0 接通时开始启用运动轴,如果未启用运动轴,Error 参数则会有对应的错误提示。VB202 为该程序的错误状态显示。在使用其他运动轴子程序时必须要先启用初始化子程序。VD206 显示运动轴的当前位置,VD210 显示运动轴的当前速度,V220.0 显示运动轴的运动方向。

如图 20.30 所示,自动前进条件(V0.6)接通时,将 VD300 赋值为 0.8,同时将 V310.0 复位。VD300 为自动运动时速度设定值,V310.0 控制自动运行时的方向。自动后退条件(V0.7)接通时,将 VD300 赋值为 0.6,同时将 V310.0 置位。V310.0 为 0 时电机正向运转,V310.0 为 1 时电机反向运转。

23min
20min
14min
10min

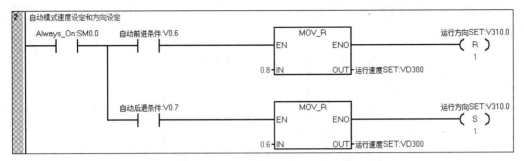

图 20.30　速度设定和方向设定

如图 20.31 所示,在自动模式下,自动前进条件(V0.6)接通时,前进到位(I0.0)未接通时 RUN 引脚接通,此时电机将按照 VD300 设定的运行速度(0.8cm/s)和 V310.0 设定的运行方向运转(正方向),直到运转条件断开。在自动模式下,自动后退条件(V0.7)接通时,后退到位(I0.1)未接通时 RUN 引脚也会接通,此时电机将按照 VD300 设定的运行速度(0.6cm/s)和 V310.0 设定的运行方向运转(负方向),直到运转条件断开。运行速度和方向由图 20.30 中程序决定。

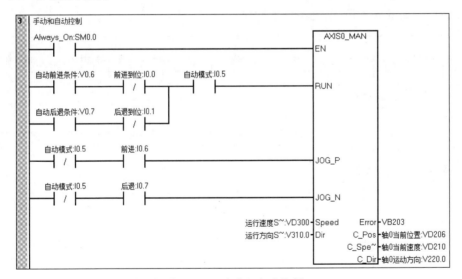

图 20.31　手动和自动控制

如果自动模式(I0.5)断开,表示手动模式,此时如果按下前进(I0.6)按钮,电机将以 0.3cm/s 的速度前进。如果按下后退(I0.7)按钮,电机将以 0.3cm/s 的速度后退。该运行速度在图 20.16 中已经设定。因为不同的子程序所显示的错误状态是不一致的,所以新建了 VB203 为该程序的错误状态显示。

如图 20.32 所示,在不同的子程序下同一参数值显示数值是一样的,因此在初始化子程序 AXLS0_CTRL 和子程序 AXLS0_MAN 时运动轴的当前位置、当前速度和运动方向的反馈分别设置一次变量即可。如 VD206 为当前位置,VD210 为当前速度,V220.0 为运动方向。

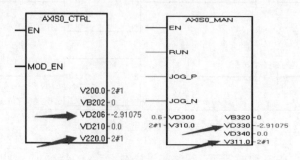

图 20.32　不同程序块下的同一参数值监视

2. 移动到固定位置子程序(SBR12)

运动控制初始化程序也需要调用,方法同上,这里不再复述。如图 20.33 所示,在自动模式下,前进到位(I0.0)未接通,没碰到前进限位开关,后退条件(M10.2)未接通,按下前进(I0.6),不按下后退(I0.7),前进条件(M10.1)接通,M10.1 接通后常开触点将前进(I0.6)短接实现自保,松开前进后,前进条件继续保持接通。

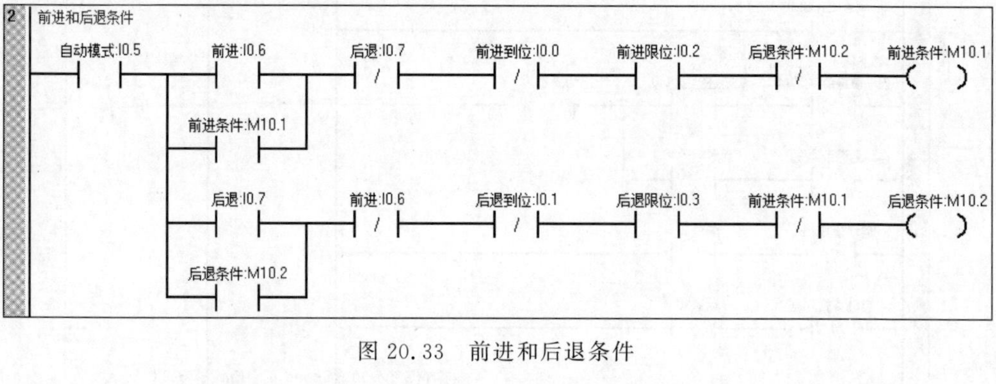

图 20.33　前进和后退条件

在自动模式下,后退到位(I0.1)未接通,没碰到前进限位开关,前进条件(M10.1)未接通,按下后退(I0.7),不按下前进(I0.6),后退条件(M10.2)接通,M10.2 接通后常开触点将后退(I0.7)短接实现自保,松开后退按钮后,后退条件继续保持接通。

如图 20.34 所示,在自动模式下,前进条件(M10.1)接通,将运行模式(VB400)赋值为1,GO 目标位置(VD410)赋值为 4.0,GO 运行速度(VD420)赋值为 1.0,为电机前进做准备工作。

如图 20.35 所示为 AXIS0_GOTO 子程序的使用。AXIS0_GOTO 子例程命令运动轴转到所需位置。开启 EN 位会启用此子例程。确保 EN 位保持开启,直至 DONE 位指示子例程执行已经完成。开启 START 参数会向运动轴发出 GOTO 命令。对于在 START 参数开启且运动轴当前不繁忙时执行的每次扫描,该子例程会向运动轴发送一个 GOTO 命

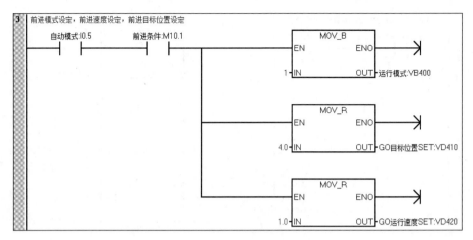

图 20.34 前进参数设置

令。为了确保仅发送了一个 GOTO 命令,需使用边沿检测元素并用脉冲方式开启 START 参数。Pos 参数包含一个数值,指示要移动的位置(绝对移动)或要移动的距离(相对移动)。根据所选的测量单位,该值是脉冲数(DInt)或工程单位数(Real)。Speed 参数确定该移动的最高速度。根据所选的测量单位,该值是脉冲数/秒(DInt)或工程单位数/秒(Real)。Mode 参数选择移动的类型:0 表示【绝对位置】、1 表示【相对位置】、2 表示【单速连续正向旋转】和 3 表示【单速连续反向旋转】。当运动轴完成此子例程时,Done 参数会开启。开启的 Abort 参数会命令运动轴停止执行此命令并减速,直至电机停止。Error 参数包含该子例程的结果,显示错误状态信息。C_Pos 参数包含运动轴的当前位置。根据测量单位,该值是脉冲数(DInt)或工程单位数(Real)。C_Speed 参数包含运动轴的当前速度。根据所选的测量单位,该值是脉冲数/秒(DInt)或工程单位数/秒(Real)。

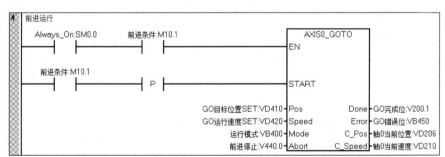

图 20.35 前进运行

在自动模式下,前进条件(M10.1)接通,此时触发的上升沿向运动轴发送一个 GOTO 指令,电机将以 1.0cm/s 的速度运行,以相对位置的方式移动 4.0cm。

如图 20.36 所示,在自动模式下,后退条件(M10.2)接通,将运行模式(VB400)赋值为 1,GO 目标位置(VD410)赋值为 4.5,GO 运行速度(VD420)赋值为 0.8,为电机后退做准备工作。

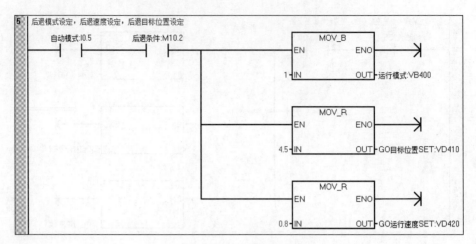

图 20.36 后退参数设置

如图 20.37 所示,在自动模式下,后退条件(M10.2)接通,此时触发的上升沿向运动轴发送一个 GOTO 指令,电机将以 1.0cm/s 的速度运行,以相对位置的方式移动 4.5cm。

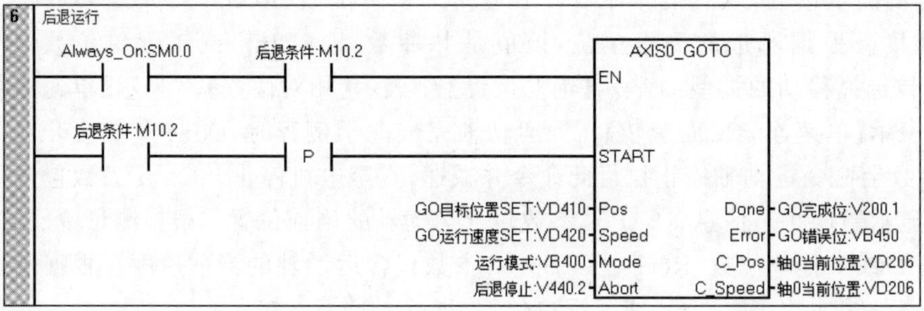

图 20.37 后退运行

3. MAIN 主程序(OB1)

如图 20.38 所示为主程序调用 6 个子程序。为了方便测试和体验运动控制,在每一个子程序编写了运动控制的一种指令应用。采用触摸屏控制接通 V700.0~V700.5 或者采用程序强制接通来控制每一个子程序的接通。

4. 按照曲线运行子程序(SBR13)

如图 20.39 所示,在自动模式下,曲线 1 运行(V1.1)接通的上升沿将 VB500 赋值为 1,曲线 2 运行(V1.2)接通的上升沿将 VB500 赋值为 2。

如图 20.40 所示为 AXIS0_RUN 子程序的使用。AXIS0_RUN 子例程(运行曲线)命令运动轴按照存储在组态/曲线表的特定曲线执行运动操作。开启 EN 位会启用此子例程。确保 EN 位保持开启,直至 Done 位指示子例程执行已经完成。开启 START 参数将向运动轴发出 RUN 命令。对于在 START 参数开启且运动轴当前不繁忙时执行的每次扫描,该子例程会向运动轴发送一个 RUN 命令。为了确保每次仅发送一个命令,需要使用边沿检

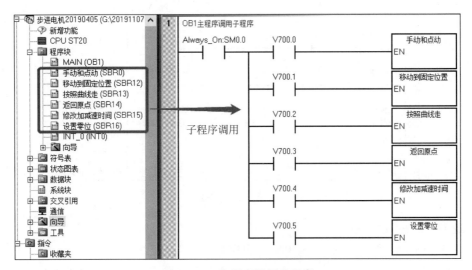

图 20.38　主程序调用子程序

图 20.39　曲线设定

测元素以脉冲方式开启 START 参数。Profile 参数包含运动曲线的编号或符号名称。"Profile"输入必须介于 0～31。否则子例程将返回错误。开启 Abort 参数会命令运动轴停止当前曲线并减速,直至电机停止。当运动轴完成此子例程时,Done 参数会开启。Error 参数包含该子例程的结果。C_Profile 参数包含运动轴当前执行的曲线。C_Step 参数包含目前正在执行的曲线步。C_Pos 参数包含运动轴的当前位置。根据测量单位,该值是脉冲数(DInt)或工程单位数(Real)。C_Speed 参数包含运动轴的当前速度。根据所选的测量单位,该值是脉冲数/秒(DInt)或工程单位数/秒(Real)。

　　在自动模式下,曲线 1 运行(V1.1)接通的上升沿会给运动轴发送一个 RUN 命令。此时 VB500＝1,运动轴将按照图 20.23 中的曲线 0 设置的参数运行。曲线 2 运行(V1.2)接通的上升沿也会给运动轴发送一个 RUN 命令。此时 VB500＝2,运动轴将按照图 20.23 中的曲线 1 设置的参数运行。每一个曲线可能由多个步组成,运动轴也是按照曲线设置的步以从上到下的顺序执行。

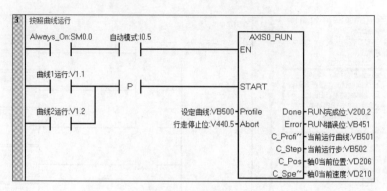

图 20.40 按照曲线运行

5. 返回原点子程序(SBR14)

如图 20.41 所示为 AXIS0_RSEEK 子程序的使用。AXIS0_RSEEK 子例程(搜索参考点位置)使用组态/曲线表中的搜索方法启动参考点搜索操作。运动轴找到参考点且运动停止后,运动轴将 RP_OFFSET 参数值载入当前位置。RP_OFFSET 的默认值为 0。可使用运动控制向导、运动控制面板或 AXIS0_LDOFF(加载偏移量)子例程来更改 RP_OFFSET 的值。开启 EN 位会启用此子例程。确保 EN 位保持开启,直至 Done 位指示子例程执行已经完成。开启 START 参数将向运动轴发出 RSEEK 命令。对于在 START 参数开启且运动轴当前不繁忙时执行的每次扫描,该子例程会向运动轴发送一个 RSEEK 命令。为了确保每次仅发送一个命令,需要使用边沿检测元素以脉冲方式开启 START 参数。当运动轴完成此子例程时,Done 参数会开启。

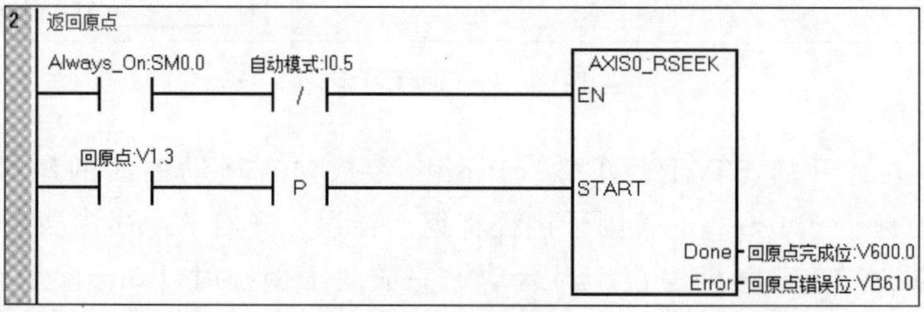

图 20.41 返回原点

在自动模式(I0.5)断开时,表示此时处于手动模式下,回原点(V1.3)接通的上升沿会给运动轴发送一个 RSEEK 命令。运动轴将按照图 20.20~图 20.22 中设置的方式去搜索原点,搜索到原点后在刚好跟原点断开时轴停止运动,将该位置设置为原点,回原点运动结束。

6. 修改加减速时间子程序(SBR15)

如图 20.42 所示,将 VD620 和 VD630 都赋值为 2000,并将 VD640 赋值为 2,表示加速和减速时间均为 2000ms,急停时间为 2ms。

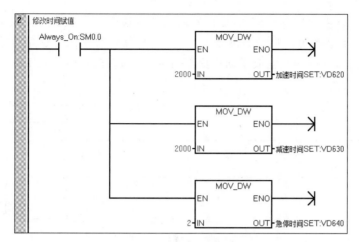

图 20.42　修改时间赋值

　　如图 20.43 所示为 AXIS0_SRATE 子程序的使用。AXIS0_SRATE 子例程（设置速率）命令运动轴更改加速、减速和急停时间。开启 EN 位会启用此子例程。确保 EN 位保持开启，直至 Done 位指示子例程执行已经完成。开启 START 参数会将新时间值复制到组态/曲线表中，并向运动轴发出一个 SRATE 命令。对于在 START 参数开启且运动轴当前不繁忙时执行的每次扫描，该子例程会向运动轴发送一个 SRATE 命令。为了确保每次仅发送一个命令，需要使用边沿检测元素以脉冲方式开启 START 参数。ACCEL_Time、DECEL_Time 和 JERK_Time 参数用于确定新的加速时间、减速时间及急停时间，单位为毫秒（ms）。当运动轴完成此子例程时，Done 参数会开启。

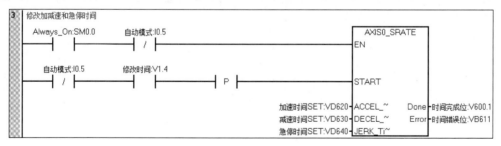

图 20.43　修改时间子程序

　　自动模式（I0.5）断开时，表示此时处于手动模式下，修改时间（V1.4）接通的上升沿会给运动轴返送一个 SRATE 命令。运动轴的加减速时间都改为 2000ms，急停时间改为 2ms。

7. 设置零位子程序（SBR16）

　　如图 20.44 所示为 AXIS0_LDOFF 子程序的使用。AXIS0_LDOFF 子例程（加载参考点偏移量）建立一个与参考点处于不同位置的新的零位置。在执行该子例程之前，首先必须确定参考点的位置。另外还必须将机器移至起始位置。当子例程发送 LDOFF 命令时，运动轴计算起始位置(当前位置)与参考点位置之间的偏移量。运动轴然后将算出的偏移量存储到 RP_OFFSET 参数里并将当前位置设为 0。这样便将起始位置建立为零位置。如果电机失去对位置的追踪(例如断电或手动更换电机的位置),可以使用 AXIS0_RSEEK 子例程自动重新建立零位置。

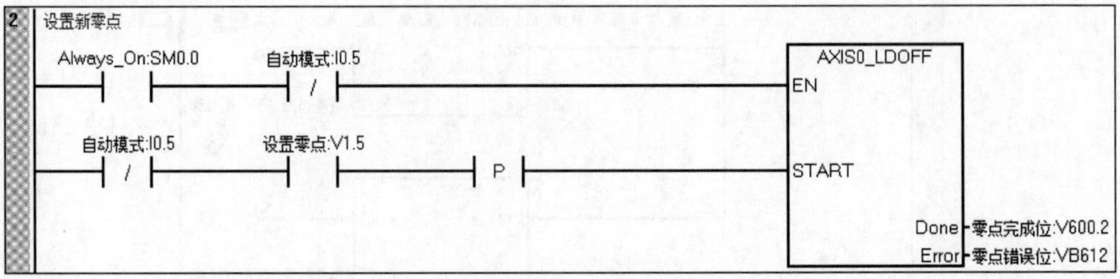

图 20.44　修改时间子程序

自动模式(I0.5)断开时,表示此时处于手动模式下,设置零点(V1.5)接通的上升沿会给运动轴返送一个 LDOFF 命令。将以当前位置建立一个新的零点位置,也就是当前位置为 0.0。

本 章 小 结

通过本章学习要掌握如何利用向导组态运动轴,知道运动控制的几种模式,知道运动控制子程序如何应用。每一个子程序都要深入研究明白了以后再学习下一个子程序。先保证电机可以转动了,再研究如何转得更准确,精度更高。最后通过项目实例再练习联动控制。

第 21 章

Modbus_RTU 通信

21.1 Modbus 通信讲解

▶ 19min

1. 测试工具

如图 21.1 所示为 USB 转 RS-232 数据线 1 根和 RS-232 转 RS-485 转换器 1 个。USB 转 RS-232 数据线需要安装驱动,计算机安装完驱动后,将 USB 转 RS-232 数据线插到 USB 接口,右击【我的计算机】,选择【管理】,然后双击【设备管理器】,会出现如图 21.2 所示图片。如果驱动安装完成,图 21.2 中的端口(COM 和 LPT)下方会显示对应的 COM 口。图中出现的是【USB Serial Port(COM10)】。有的数据线可以自动安装驱动,如果无法自动安装驱动,则需要自己下载驱动程序。查看 COM 口需要将 USB 转 RS-232 的数据线插入计算机后才能查看,否则看不到 COM 端口。

图 21.1 数据线和转换器

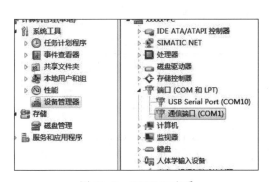

图 21.2 COM 口查看

2. 测试软件

确定完设备端口号之后,在串口调试助手软件中可以填写所测试 Modbus 从站设备的通信方式,如:波特率、数据位、校验方位和停止位。如图 21.3 所示,端口处应该将端口改为 COM10,通信波特率为 9600,8 个数据位,无校验位,1 个停止位。

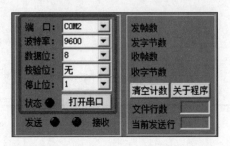

图 21.3　串口调试助手通信速率设置

3. 测试协议内容

测试之前将 Modbus 从站设备和 RS-232 转 RS-485 转换器之间的线接好,RS-232 转 RS-485 转换器和 USB 转 RS-232 数据线接好,USB 转 RS-232 数据线插到个人计算机的 USB 接口。按照上文所讲的方法查看数据线端口,打开软件设置串口调试助手软件端口与数据线端口一致,设置与从站设备相同的通信方式,如波特率、数据位、校验方式和停止位。

Modbus 测试指令数据都是以十六进制方式发送,采取 CRC 校验。例如发送数据内容为:0C 04 0B CE 00 04 93 0F。发送内容的含义如下:0C 为从站地址 12;04 功能码读取寄存器数据;0B CE 为寄存器地址 3022;00 04 表示读取 4 个数据,数据宽度为 16 位;93 0F 为 CRC 校验码(低位在前)。

4. Modbus 协议理解

Modbus 协议中读取输入寄存器(功能码 04)。读取从机输入寄存器(3X 类型)中的二进制数据,不支持广播。查询信息规定了要读的寄存器的起始地址及寄存器的数量,寻址起始地址为 0,寄存器 1~16 所对应的地址分别为 0000H~0015H。表 21.1 所示的例子是请求 17 号从机的 0009 寄存器。

表 21.1　读取输入寄存器——查询

Addr	Fun	DO addr hi	DO addr lo	Data # of regs hi	Data # of regs lo	CRC16 hi	CRC16 lo
11H	04H	00H	08H	00H	01H	XXH	XXH

响应:响应信息中的寄存器数据为每个寄存器分别对应 2 个字节,第一个字节为高位数据,第二个字节为低位数据。表 21.2 所示的例子是将寄存器 30009 中的数据用 000AH 2 个字节表示。

表 21.2　读取输入寄存器——响应

Addr	Fun	Byte count	Data hi	Data Lo	CRC16 hi	CRC16 lo
11H	04H	02H	00H	0AH	XXH	XXH

如果连接正确,从站会按照 Modbus 协议的指令返回数据,如果没有数据返回,证明可能从站地址不对或者接线不对,也可能是数据通信格式不对。需逐个对应检查,再发送数据重新测试,直到能完全按照 Modbus 协议返回数据为止。然后再将 Modbus 从站设备连接到 PLC 通信端口,通过 PLC 设计程序并测试。

5. Modbus 通信程序编写

S7-200 SMART PLC 中有对应的 Modbus 通信指令库。大家只要学会使用指令库的指令即可。PLC 与仪表的 Modbus 通信,如果是 Modbus 多从站通信,那么通信都是轮询执行的。操作也都是轮询执行的,不能同时对多从站操作,也不能同时执行读和写的操作。编写的 Modbus 通信程序流程分两步。第一步制作一个用于轮询的时钟,用于各个通信程序的切换。第二步确定各个通信程序的执行条件和执行周期。具体程序编写和内容参看 21.2 节。

21.2　PLC 与仪表的 Modbus 通信

14min

西门子 S7-200 系列和 S7-200 SMART 系列 PLC 与仪表的 Modbus 通信方式基本一致,由于 S7-200 系列的 Modbus 库需要用户自己添加,这样就显得复杂一些。两者在通信指令和使用上基本相同,本书将在第 33 章自由口通信讲解如何使用 S7-200 SMART 系列PLC 与 Modbus 主站和从站通信。

21.2.1　S7-200 系列 Modbus 库添加

从网上下载好软件包,如图 21.4 所示打开库文件安装包并双击 Setup 应用程序进行库的安装。

autorun	2002/4/10 20:55	安装信息	1 KB
data1	2002/5/22 17:15	WinRAR 压缩文件	596 KB
data1.hdr	2002/5/22 17:15	HDR 文件	14 KB
data2	2002/5/22 17:15	WinRAR 压缩文件	1 KB
ikernel.ex_	2001/4/12 10:29	EX_ 文件	333 KB
layout	2002/5/22 17:15	BIN 文件	1 KB
Setup	2002/4/10 20:57	Kankan BMP 图像	572 KB
Setup	2001/4/12 11:07	应用程序	163 KB
Setup	2002/5/22 17:15	配置设置	1 KB
setup.inx	2002/5/15 17:11	INX 文件	126 KB

图 21.4　S7-200 系列 Modbus 库安装包

在安装过程转中,安装语言默认选择英语,剩下的操作就是单击"确定"和"下一步"按钮即可,一直到图 21.5 所示安装完成页面出现,单击"Finish"按钮完成安装。

安装完毕可以在指令树的【库】里找到 Modbus 库,如图 21.6 所示。如果没有找到Modbus 库,就需要先关闭编程软件,然后重新打开就可以找到了。添加完毕库文件以后就可以进行编程了,库中的指令有 Port 0 和 Port 1 的区分,设计程序的时候要和外部接线的端口对应起来。通过库文件我们看到 Port 1 没有从站指令库,这也就说明了 Port 1 不能做从站,当 PLC 做从站时只能连接 Port 0 端口。

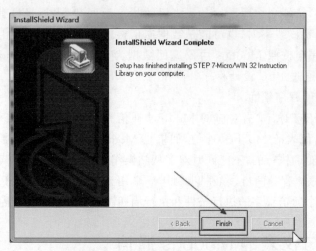

图 21.5　S7-200 系列 Modbus 库安装完成

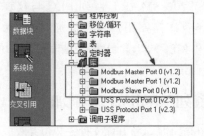

图 21.6　S7-200 系列 Modbus 库

21.2.2　Modbus 主站指令解析

如图 21.7 所示为主站初始化通信程序,MBUS_CTRL 指令的引脚分别标注了 a～g 这 7 个字母,下文对每一个引脚对应的含义和如何使用都做了详细的解释。

a：EN 使能,必须保证每一扫描周期都被使能(使用 SM0.0)。

b：Mode 模式,为 1 时,使能 Modbus 协议功能;为 0 时恢复为系统 PPI 协议。

c：Baud 波特率,支持的通信波特率为 1200、2400、4800、9600、19200、38400、57600、115200。

d：Parity 校验,校验方式选择 0＝无校验;1＝奇校验;2＝偶校验。

e：Timeout 超时,主站等待从站响应的时间,以毫秒为单位,典型的设置值为 1000 毫秒,允许设置的范围为 1～32767。注意：这个值必须设置足够大以保证从站有足够时间响应。

f：Done 完成位,初始化完成,此位会自动置 1。可以用该位启动 MBUS_MSG 读写操作。

g：Error,初始化错误代码(只有在 Done 位为 1 时有效)：0＝无错误;1＝校验选择非法;2＝波特率选择非法;3＝模式选择非法。

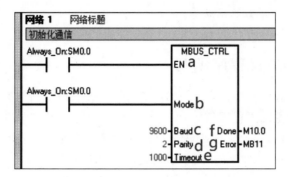

图 21.7　初始化通信

如图 21.8 所示为主站通信程序,MBUS_MSG 指令的引脚分别标注了 a~i 这 9 个的字母,下文对每一个引脚对应的含义和如何使用都做了详细的解释。

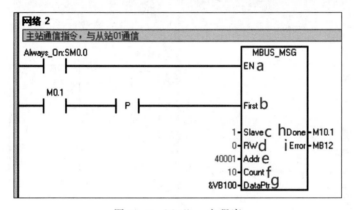

图 21.8　Modbus 主程序

a:EN 使能,同一时刻只能有一个读写功能(即 MBUS_MSG)使能。注意:建议每一个读写功能(即 MBUS_MSG)都用上一个 MBUS_MSG 指令的 Done 完成位来激活,以保证所有读写指令循环进行。

b:First 读写请求位,每一个新的读写请求必须使用脉冲触发。

c:Slave 从站地址,可选择的范围 1~247。

d:RW 从站地址,0=读,1=写。注意:(1)开关量输出和保持寄存器支持读和写功能。(2)开关量输入和模拟量输入只支持读功能。

e:Addr 读写从站的地址,数据地址:00001~0xxxx 表示开关量输出;10001~1xxxx 表示开关量输入;30001~3xxxx 表示模拟量输入;40001~4xxxx 表示保持寄存器。

f:Count 数据个数,通信的数据个数(位或字的个数)。注意:Modbus 主站可读/写的最大数据量为 120 个字(是指每一个 MBUS_MSG 指令)。

g:DataPtr 数据指针,(1)如果是读指令,读回的数据放到这个数据区中。(2)如果是写指令,要写的数据放到这个数据区中。

h：Done 完成位，读写功能完成位。

i：Error 错误代码，只有在 Done 位为 1 时，错误代码才有效。

21.2.3 Modbus 程序编写

本节内容我们介绍一下以 S7-200 SMART 系列 PLC 做主站与 2 个支持 Modbus 协议的仪表通信。PLC 做主站进行通信时有 2 个指令，一个是 MBUS_CTRL，另一个是 MBUS_MSG。如图 21.9 所示，S7-200 SMART 软件提供了 2 套指令，一套后缀带 2，另一套不带 2，大家在选择指令时一定要配套使用。这两套指令和通信端口没有对应关系，但是在使用这两个通信端口的时候，这两套指令要配套并分开使用。如果通信端口 0 使用了 MBUS_CTRL2 和 MBUS_MSG2 指令，那么通信端口 1 就要使用 MBUS_CTRL 和 MBUS_MSG 指令。此处与 S7-200 系列的端口的使用略有区别。

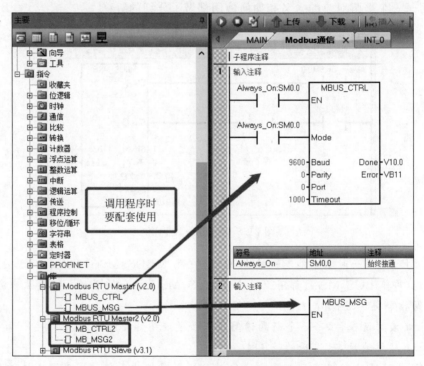

图 21.9　Modbus 指令调用

如图 21.10 所示，设计完所有的 Modbus 通信程序后，可能会在编译时发现很多错误，错误提示"V 存储器未分配给库"，所以要处理这个错误就要给库分配地址。

如图 21.11 所示，在指令树下找到【程序块】并右击，选择【库存储器】并单击，会出现图 21.12 的画面。可以多次单击【建议地址】，每单击一次 V 区数值就会增加，选择自己基本用不到的地址区域即可，原则是地址范围越大越好。已经分配给库的地址在其他地方就不要使用了，否则会引起地址冲突而导致程序出错。

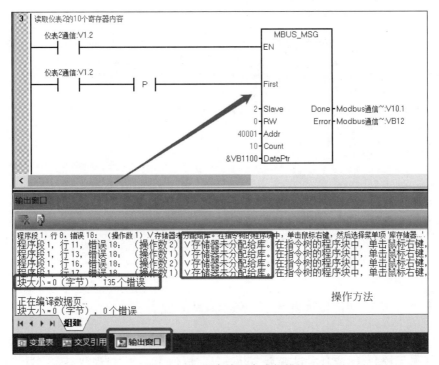

图 21.10　程序编写完成报错

图 21.11　Modbus 库分配地址 1

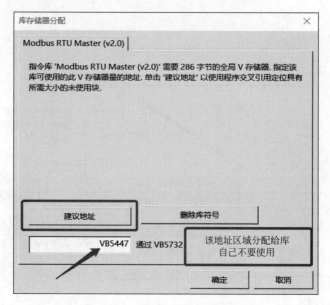

图 21.12　Modbus 库分配地址 2

如图 21.13 所示,该指令为主站初始化程序。采用通信端口 0 进行 Modbus 通信。波特率为 9600,无校验,通信延时设置为 1000ms,完成位 V10.0,错误状态寄存器 VB11。

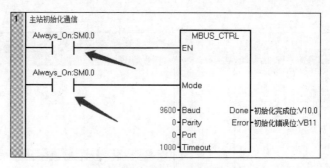

图 21.13　Modbus 初始化程序

如图 21.14 所示,该指令为主站与从站 01 通信程序。当仪表 1 通信(V1.1)接通时,执行主站与从站 01 的 Modbus 通信。指令通信内容:主站从仪表 1(从站 01)中读取 10 个字的内容。读取寄存器地址从 01 开始的连续 10 个地址,读取后的信息存到从 VB1100 开始的 10 个字中。V10.1 为通信完成位,VB12 为通信错误状态显示。

如图 21.15 所示,该指令为主站与从站 02 通信程序。当仪表 2 通信(V1.2)接通时,执行主站与从站 02 的 Modbus 通信。指令通信内容:主站从仪表 2(从站 02)中读取 10 个字的内容。读取寄存器地址从 01 开始的连续 10 个地址,读取后的信息存到从 VB1200 开始的 10 个字中。V10.1 为通信完成位,VB12 为通信错误状态显示。

为了将仪表 1 和仪表 2 的通信时段区分开,我们设计了一个轮询时钟来区分。如

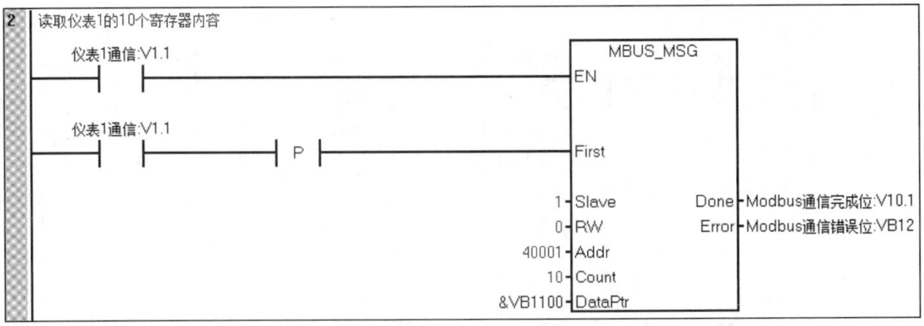

图 21.14　仪表 1 通信

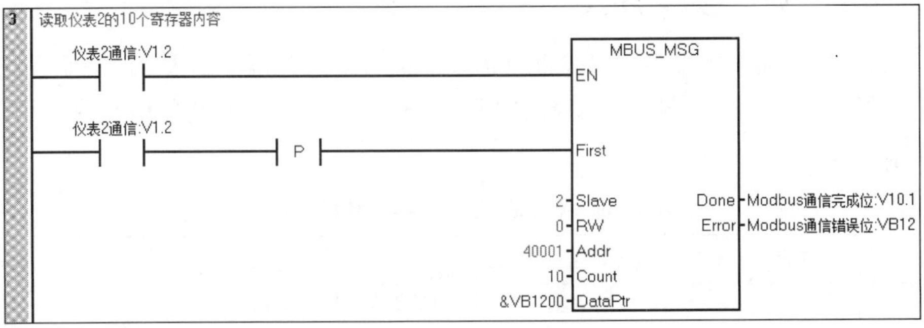

图 21.15　仪表 2 通信

图 21.16 所示,利用 SM0.5 系统自带 1s 时钟,通过计数器 C1 来实现计时。C1 现在变成了计时器,当 C1 大于等于 120 时将 C1 复位清零。这样 C1 就变成了 120s 复位一次的时钟。该时钟如何使用呢? 如图 21.17 所示,当 C1 大于等于 11 且小于等于 19 时,这段时间接通 V1.1,此时主站和仪表 1 进行 Modbus 通信;当 C1 大于等于 21 且小于等于 29 时,这段时间接通 V1.2,此时主站和仪表 2 进行 Modbus 通信。如果还有更多的 Modbus 从站需要通信,按照此方法执行即可。通信时钟的周期可以根据实际情况定义,但是不建议将通信频率设置得太高,只要能满足使用要求即可。

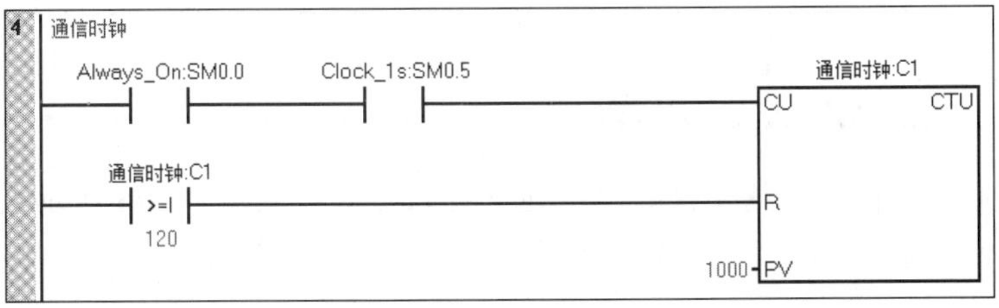

图 21.16　通信时钟

感兴趣的读者可以练习一下两个 PLC 之间的 Modbus 通信。PLC 与 PLC 之间的 Modbus 通信要先确定哪个是主站,哪个是从站,然后再调用对应的指令并使用即可。

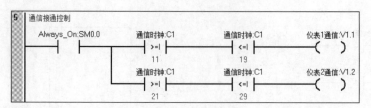

图 21.17   通信接通控制

▶ 15min

▶ 12min

21.3   触摸屏与仪表的 Modbus 通信

21.3.1   确定接线方式

本节讲解昆仑通泰触摸屏和仪表进行 Modbus 通信的案例。如表 21.3 所示为昆仑通泰触摸屏的串口引脚定义,触摸屏引脚选择 COM2 接口,接线使用 7 和 8 两个引脚,7 为 RS-485＋,8 为 RS-485－。

表 21.3   昆仑通泰触摸屏 COM 引脚定义

接口	PIN	引脚定义	说明	接口位置
COM1	2	RS-232 RXD	COM1 RS-232 接收	DB9
	3	RS-232 TXD	COM1 RS-232 发送	
	5	GND	隔离地	
COM2	2	RS-232 RXD	COM2 RS-232 接收	DB9
	3	RS-232 TXD	COM2 RS-232 发送	
	5	GND	隔离地	
	7	RS-485＋	COM2 RS-485＋	
	8	RS-485－	COM2 RS-485－	
	5	GND	隔离地	
	3	RS-232 TXD	COM3 RS-232 发送	
	5	GND	隔离地	
	8	RS-485－	COM4 RS-485－	

21.3.2   触摸屏设置和操作

打开昆仑通泰软件,选择【文件】→【新建工程】,然后按照图 21.18 所示设置触摸屏的型号,以及设置背景颜色等。图中选择的触摸屏为 TPC1061Ti 触摸屏,背景颜色选择灰色即可。

如图 21.19 所示选择【设备窗口】,双击窗口下的【设备窗口】,通过该窗口可以添加与触摸屏通信的设备驱动。安装包自带的驱动基本可以满足使用,用到哪些驱动都可以自行添加。

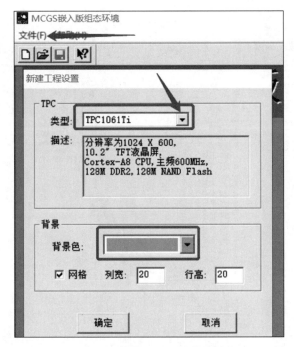

图 21.18　触摸屏型号和背景设置

图 21.19　PLC 驱动建立

如图 21.20 所示,点开图中①工具箱,打开图中②设备管理,点开图中③莫迪康,双击【莫迪康 ModbusRTU】,如图中④选定了莫迪康 ModbusRTU 协议驱动。

如图 21.21 所示,双击【通用串口父设备】,再双击【莫迪康 ModbusRTU】,依次添加设备所需驱动,这样就添加完成 Modbus 通信驱动。

如图 21.22 所示,双击【通用串口父设备 0】,打开参数设置窗口。可以修改设备名称,修改最小采集周期,通信校验方式根据触摸屏要采集的 Modbus 从站仪表的通信协议来设

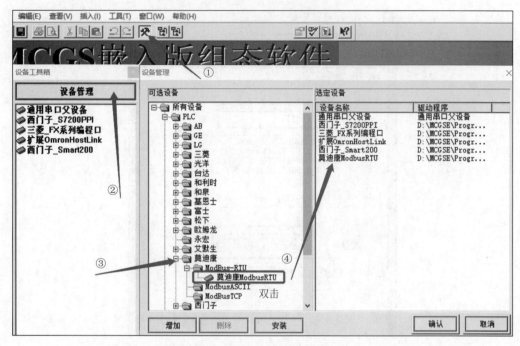

图 21.20　Modbus_RTU 驱动选择 1

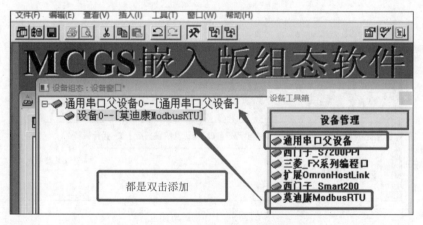

图 21.21　Modbus_RTU 驱动选择 2

置。双击设备 0【莫迪康 ModbusRTU】,可以打开如图 21.23 所示的窗口。可以设置该从站的最小采集周期和从站地址。关于数据的解码顺序根据触摸屏要采集的 Modbus 从站仪表的通信协议来设置。

寄存器地址是根据采集数据对应的地址来确定的,例如采集寄存器 40001 的地址的数据,连续采集 10 个,就是建立从寄存器 40001 到 40010 的设备通道。如果采集的数据不需要处理,直接显示即可。如果要采集的寄存器 40001 和 40002 存放的是一个数据,就需要在

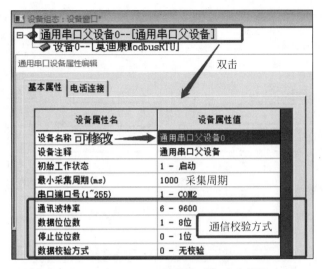

图 21.22　Modbus_RTU 通信格式和采集周期确定

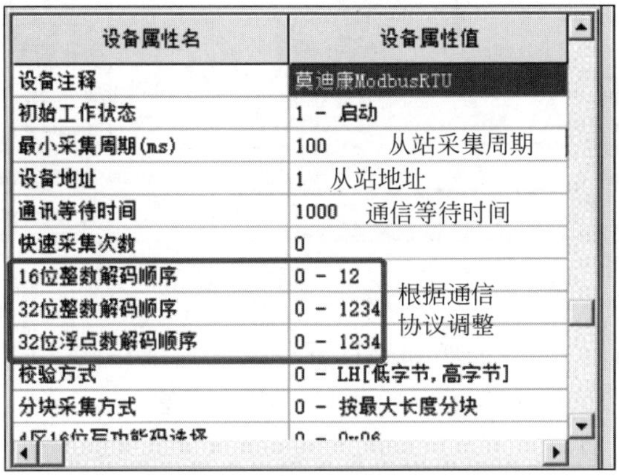

图 21.23　Modbus_RTU 从站通信参数设置

选择数据类型的时候选择 32 位的数据格式,对应具体的数据格式参考有关从站设备的通信说明。如图 21.24 和图 21.25 所示建立了从寄存器 40001 到 40010 的 10 个 16 位无符号二进制数据。如果寄存器 40001 采集的是瞬时流量,而寄存器 40002 采集的是累积流量,按照图 21.25 所示命名,然后显示对应的变量名称即可。设计完触摸屏项目工程并下载到触摸屏使用。

21.3.3　从站设置和操作

连接好触摸屏和从站的通信线,接线的时候触摸屏这边的接线口 7＋和 8－连接设备对应的接口 485＋和 485－就可以了。从站通信设置与触摸屏设置的参数要一致。例如触摸屏设置的波特率为 9600,8 个数据位,1 个停止位,无校验,那么从站设备也要设置成相同的

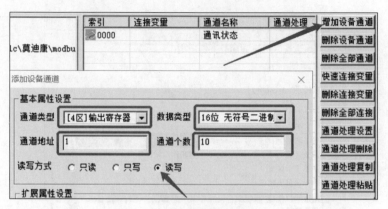

图 21.24　从站采集变量设置

图 21.25　从站采集变量命名

通信和校验方式,从站设备的地址要和触摸屏的从站地址相同。连接好设备以后可以先用串口调试助手测试一下,读取来数据以后再与触摸屏通信。

本 章 小 结

　　通过本章学习要掌握 Modbus 测试的基本流程,知道如何判断数据收发正常。掌握设计 Modbus 通信的主要思路,同时要学会跟不同设备的通信数据采集或者控制。

　　通信步骤和流程:(1)利用软件测试工具去测试 Modbus 从站是否可正常回复数据,包括确定校验方式、通信方式和从站地址等。确定都没有问题以后再进行从站设备和主站设备的通信。(2)接好从站设备和主站设备线路,用计算机软件监控 Modbus 通信的数据发送和接收,方便查验哪里出现问题,这样更容易找到问题的原因。(3)通信测试正常以后,拆除测试和监控线路,恢复正常使用。软件测试和软件监听很重要,能帮助我们更好地进行通信测试

▶ 18min

▶ 12min

▶ 18min

第 22 章

PLC 之间的 S7 通信

22.1 S7 通信的接线与原理

12min

22.1.1 S7 通信的接线

西门子带有以太网口的 PLC 之间可以通过 S7 协议来实现通信。要想实现通信首先要解决通信介质的问题,S7 通信选择超五类网线连接来测试。就像声音也是要依托于空气来传播一样,所以很多通信必须依托于介质。如图 22.1 所示,将需要通信的设备连接到同一网络并且保证所有设备都在同一网段。图中 PLC1 的 IP 地址设置为 192.168.1.2,PLC2 的 IP 地址设置为 192.168.1.3,个人计算机的 IP 地址设置为 192.168.1.8。所谓的在同一网段是指 IP 地址的前 3 段是一样的,如 192.168.1.*,而最后一个地址码是不一样的。不同的设备最后的地址码不能相同,否则会导致 IP 地址冲突。总结一下就是:前 3 段地址码必须一样,最后的地址码必须不一样。

图 22.1 S7 通信连接示意图

22.1.2 S7 通信的原理

如图 22.2 所示,PLC1 与 PLC2 进行 S7 通信,PLC1 对 PLC2 写入数据采用 PUT 指令,PLC1 从 PLC2 读取数据采用 GET 指令。这里 PLC1 是主动通信的,如果 PLC2 主动对 PLC1 进行数据写入和读取也是可以的,方法相同。S7 通信可以是一对一的关系,也可以是一对多的关系,例如 PLC1 向多个 PLC 写入或者读取数据。S7 通信可以是 S7-200 SMART 系列 PLC 之间,也可以是 S7-200 SMART 系列 PLC 和 S7-1200 系列 PLC 之间,只要对应的 PLC 支持 S7 通信协议即可。如第 21 章讲过的 Modbus 通信,西门子的 PLC 和三菱的 PLC 可以通过 Modbus 通信,只要两者都支持 Modbus 通信协议,并且两者做好对应的程序再通过合适的连接就可以通信了。

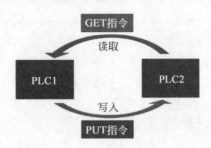

图 22.2　S7 通信原理图

如图 22.3 所示列出了 GET 和 PUT 指令对应缓冲区的含义,在编程的时候可以参考。这个不需要记住,用到的时候能查到就可以了。如何获取 GET 和 PUT 指令的案例和如何查看帮助信息呢?在程序中调出 GET 和 PUT 指令后,选中指令并按下"F1"键即可打开软件帮助指令,里面有详细的指令讲解和基本的案例。帮助文件和案例讲的都是最基本的和通用的简单案例,为了加深印象和理解我们做几个测试案例。

GET 和 PUT (以太网)

用于读取和清除打包机 1 计数的 GET 和 PUT 指令缓冲区

GET_ TABLE 缓冲区	位 7	位 6	位 5	位 4	位 3	位 2	位 1	位 0	PUT_ TABLE 缓冲区	位 7	位 6	位 5	位 4	位 3	位 2	位 1	位 0
VB200	D	A	E	0		错误代码			VB300	D	A	E	0		错误代码		
VB201				远程站 IP 地址 = 192.					VB301				远程站 IP 地址 = 192.				
VB202				168.					VB302				168.				
VB203				50.					VB303				50.				
VB204				2					VB304				2				
VB205				保留 = 0 (必须设置为零)					VB305				保留 = 0 (必须设置为零)				
VB206				保留 = 0 (必须设置为零)					VB306				保留 = 0 (必须设置为零)				
VB207				指向远程站					VB307				指向远程站				
VB208				中数据区的					VB308				中数据区的				
VB209				指针 =					VB309				指针 =				
VB210				(&VB100)					VB310				(&VB101)				
VB211				数据长度 = 3 个字节					VB311				数据长度 = 2 个字节				
VB212				指向本地站 (此 CPU)					VB312				指向本地站 (此 CPU)				
VB213				中数据区的					VB313				中数据区的				

图 22.3　GET 和 PUT 指令的缓冲区信息

22.2　S7 通信的实例和应用

22.2.1　S7-200 SMART S7 通信程序讲解

上文讲述了 S7 通信的接线、通信的基本原理和指令使用,接下来研究一下实际应用案例。如图 22.4 所示是对 GET 指令的调用。GET 指令中选用的地址是 VB300 开始的若干字节,具体到每一个字节需要读取什么内容,以及填写的内容要实现何种功能,需要参考图 22.3 中 GET 指令对应缓冲区的注解。

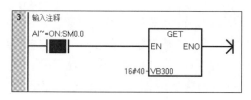

图 22.4　GET 指令调用

根据图 22.3 的注解可知,VB300 存放的是错误代码;VB301～VB304 存放的是远程站的 IP 地址;VB305～VB306 保留,但是必须设置为 0;VB307 存放的是远程从站与本地 PLC 通信的数据区(&VB101);VB311 存放的是通信数据的长度(单位:字节)。如图 22.5 所示,VD312 存放的是本地 PLC 存放接收过来的数据的寄存器的地址(&VB1),远程 PLC 的地址为 192.168.1.13。如图 22.6 所示,从远程 PLC 中数据区(VB50 开始的 11 个字节)读取数据依次存放到本地 PLC 中(从 VB1 开始的 11 个字节)。

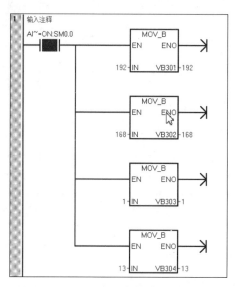

图 22.5　GET 指令缓冲区赋值 1

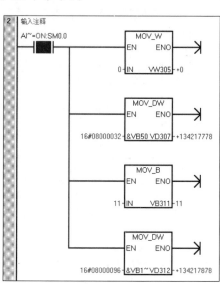

图 22.6　GET 指令缓冲区赋值 2

如图 22.7 所示是对 PUT 指令的调用。PUT 指令中选用的地址是从 VB200 开始的若干字节,具体到每一个字节需要填写什么内容,以及填写的内容要实现何种功能,需要参考图 22.3 中 PUT 指令对应缓冲区的注解。

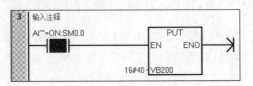

图 22.7　PUT 指令调用

根据图 22.3 的注解可知,VB200 存放的是错误代码,VB201~VB204 存放的是远程站的 IP 地址;VB205~VB206 保留,但是必须设置为 0;VB207 存放的是远程从站与本地 PLC 通信的数据区(&VB100);VB211 存放的是通信数据的长度(单位:字节);VB212 存放的是本地 PLC 存放接收过来的数据的寄存器的地址。如图 22.8 所示远程 PLC 的地址为 192.168.1.13。如图 22.9 所示将本地 PLC 中的数据区(从 VB1 开始的 11 个字节)存放的内容写入远程 PLC 中(从 VB0 开始的 11 个字节)。

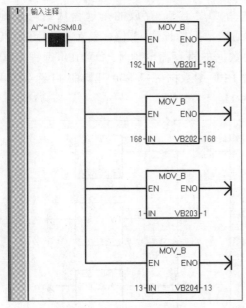

图 22.8　PUT 指令缓冲区赋值 1

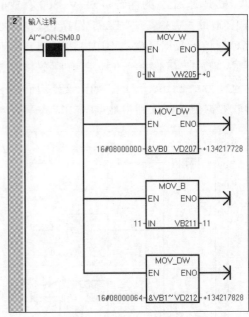

图 22.9　PUT 指令缓冲区赋值 2

22.2.2　S7-200 SMART 之间的通信

我们准备了 2 个 PLC,1 个 ST20 和 1 个 SR30,将 ST20 作为本地 PLC,SR30 作为远程 PLC 来做测试。按照上文中讲述的案例在 ST20 中设计了 S7 通信程序。如图 22.10 所示远程 PLC 的 IP 地址为 192.168.1.13；如图 22.11 所示，将 ST20 中从 VB100 开始的 11 个字节的内容存放到 SR30 中，SR30 中的存放地址为从 VB0 开始的 11 个字节中。

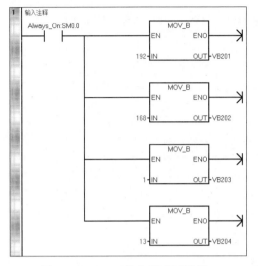

图 22.10　PUT 指令缓冲区赋值 1

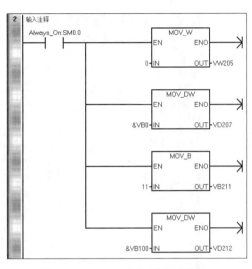

图 22.11　PUT 指令缓冲区赋值 2

　　如图 22.12 所示，在程序段 3 中调用了 PUT 指令，选用的地址从 VB200 开始，结合图 22.10 和图 22.11 理解。同时在程序段 4 中将 VB100.0 和 VB110.0 的线圈接通，如果通信成功，那么在 SR30 中 VB0.0 和 VB10.0 都会是 1。因为数据的传送是将 ST20 的 VB100 开始的 11 个字节传送到 SR30 中 VB0 开始的 11 个字节。

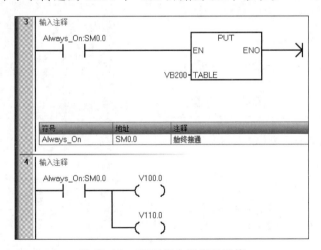

图 22.12　PUT 指令调用和赋值

　　远程 PLC 如何设置和编程呢？如让远程 PLC 接收到数据后做对应的组态设置。如图 22.13 所示，将 SR30 的 IP 地址设置为 192.168.1.13，如果已经接好线并且线路良好，

SR30 就能接收到 ST20 发来的数据。

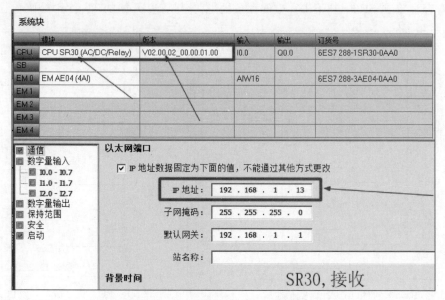

图 22.13　远程 PLC 的组态设置

　　接下来我们来监控数据接收情况,来验证接收数据有没有成功。如图 22.14 所示监控到 V0.0 和 V10.0 都是 1。为了方便观察,设计了指示灯提示,当 V0.0 接通时 Q0.0 接通,当 V10.0 接通时 Q0.2 接通。在图 22.14 中可看到对应的指示灯都亮了。

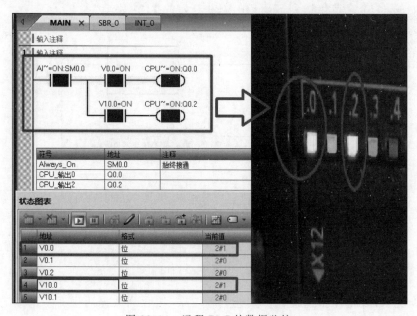

图 22.14　远程 PLC 的数据监控

如图 22.15 所示,将本地 PLC(ST20)的 IP 地址设置为 192.168.1.12,保证本地和远程 PLC 的 IP 地址在同一网段才能实现通信。上文讲到的是 ST20 从 SR30 中接收数据,如果让 SR30(192.168.1.13)发送数据到 ST20 中可以吗?大家可以测试一下。如图 22.16 所示,我们已经将 VB50 赋值为 11,并且将 VB60 赋值为 15,大家可以尝试如何将 VB50 和 VB60 的数据发送给 ST20,自己可以编写程序解决这一问题。

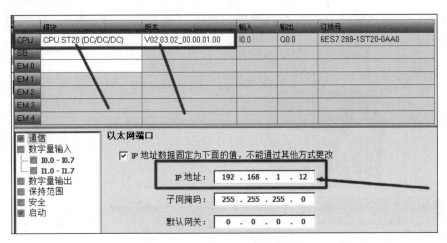

图 22.15　本地 PLC 的组态设置

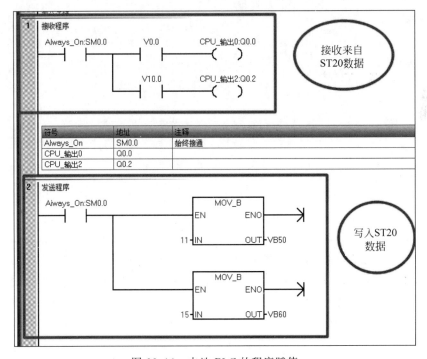

图 22.16　本地 PLC 的程序赋值

22.2.3 S7-200 SMART 和 S7-1200 之间的 S7 通信

22.2.2 节讲解了 S7-200 SMART 之间的 S7 通信,这一节讲解 S7-200 SMART 与 S7-1200 之间的 S7 通信。如图 22.17 所示,将 S7-1200 CPU 的 IP 地址设置为 192.168.1.11,本地 PLC 还是采用 ST20(192.168.1.12)。

图 22.17　远程 PLC 组态设置 IP 地址

在 S7-1200 中如果想让 PLC 与触摸屏和其他 PLC 通过 S7 通信,一定要按照图 22.18 那样勾选设置该选项,否则无法访问 PLC 内的数据。这里的【连接机制】相当于一个通信使能开关,勾选了才能跟外部通信。

如图 22.19 所示,远程 PLC 通信的地址为 192.168.1.11。由图 22.21 可知要从本地 PLC 向远程 PLC 写入数据。那么结合图 22.20 所示将数据区(从 VB600 开始的 21 个字节)写入到远程 PLC 数据区中(从 VB0 开始的 21 个字节)。如果写入的是 S7-200 SMART 系列 PLC 大家知道数据区如何对应,如果写入的是 S7-1200 呢? 大家都知道 S7-1200 中是没有 V 区的,数据区只能自己建立 DB 块,那么 V 区和 DB 块如何对应呢?

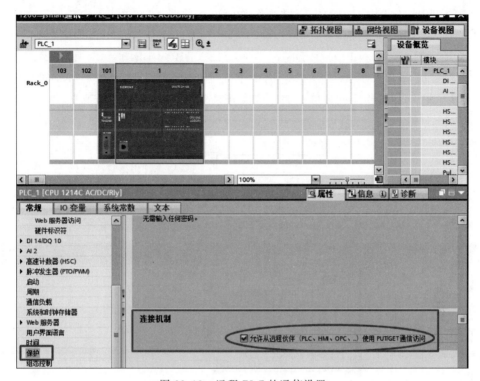

图 22.18　远程 PLC 的通信设置

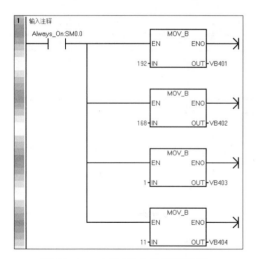

图 22.19　本地 PLC 的程序编写 1

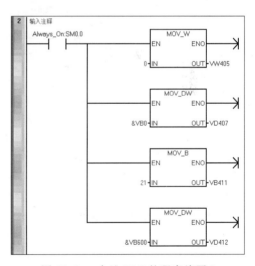

图 22.20　本地 PLC 的程序编写 2

　　S7-200 系列和 S7-200 SMART 系列中的 V 区对应 S7-1200 系列的 DB1 数据块,并且是一一对应的。举几个例子说明,如 V0.0 相当于 DB1.DBX0.0;VB10 相当于 DB1.DBB10;

同理 VD100 相当于 DB1.DBD100。结合图 22.22 中本地 PLC 中 VB600＝121、VB610＝131 和 VB620＝154,如果通信成功,可以在 S7-1200 的 DB1 数据块中读取到数据。根据数据对应关系,如果 S7-1200PLC 中 DB1.DBB0＝121、DB1.DBB10＝131 和 DB1.DBB20＝154 证明通信成功。为了验证数据传输的实时性,对应改变 ST20 中 VB600 的数值,S7-1200PLC 中 DB1.DBB0 的数值也相应改变并且变化一致,证明通信成功。

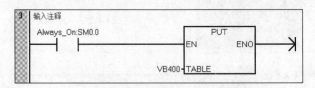

图 22.21　本地 PLC 中 PUT 指令调用

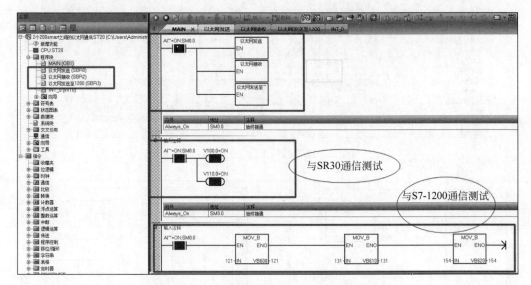

图 22.22　本地 PLC 与 S7-1200 通信的赋值

如图 22.23 所示,在 S7-1200 PLC 中建立 DB1 数据块并且要建立大于 21 个字节的数据区,方便数据接收和数据监控。我们监控到 DB1.DBB0 为 121,DB1.DBB10 为 131,DB1.DBB20 为 154,如果分别修改 VB600、VB610 和 VB620 的数据,S7-1200 中监控的数据对应变化,证明通信成功并测试完成。

22.2.4　S7-200 SMART 利用向导进行 S7 通信

除了通过 PLC 编程之外,S7-200 SMART 还可以利用向导来实现 S7 通信。其实原理与直接编写程序的方式相同,只不过是利用向导建立对应的子程序,省略了大家直接编写程序的过程。结合图 22.24 和图 22.25 所示,如果采用向导编程,只需要选择 GET 还是 PUT 指令,设置好远程 IP 地址,输入对应数据交换的数据区和数据通信的数量即可,这样简单直

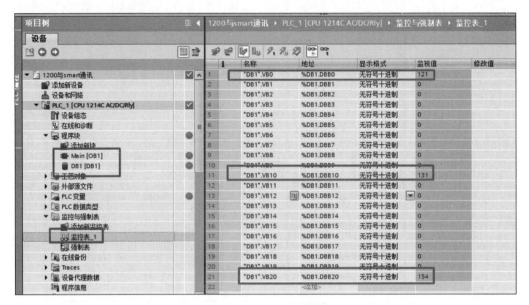

图 22.23　远程 PLC 的数据监控

观了很多,也不容易出错。

如图 22.24 所示是从远程 PLC(192.168.1.12)中读取 1 个字节,从远程的 VB0 读取后写到本地 PLC 的 VB0。

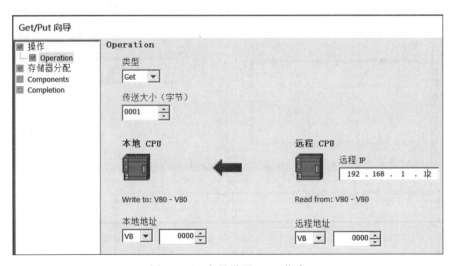

图 22.24　向导设置 GET 指令

如图 22.25 所示,将本地数据写入远程 PLC(192.168.1.13)中。将本地 PLC 的数据(从 VB0 开始的 2 个字节),写入远程 PLC 中(从 VB0 开始的 2 个字节)。

利用向导实现 S7 通信,建立完向导之后还是需要编写程序的。如图 22.26 所示,程序

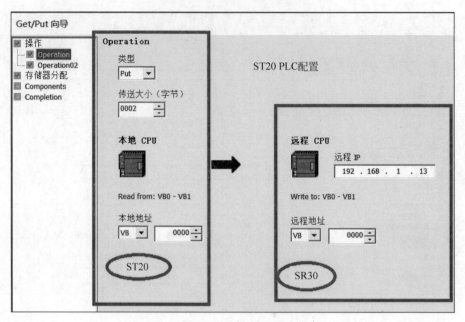

图 22.25 向导设置 PUT 指令

段 4 是编写的测试程序。程序段 5 中的程序是利用向导必须调用和编写的程序,数据区需要自己定义,但是该指令必须调用才能实现 S7 通信。"NET_EXE"程序在设置完向导后自动生成,该程序块保存在紧挨着程序块下方的那个向导文件夹里。其实该程序块是由系统自动生成的通信程序,只是打包并封存了而已,就像调用 Modbus 通信指令一样。

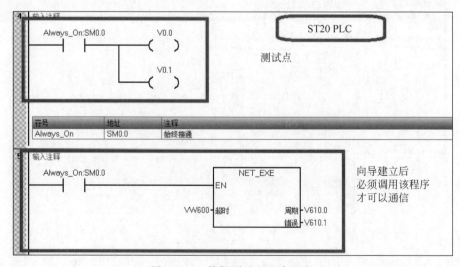

图 22.26 数据测试和程序调用

22.2.5　S7-1200 之间的 S7 通信

如图 22.27 所示，在 PLC1 组态 CPU 模块并设置 IP 地址为 192.168.0.101。

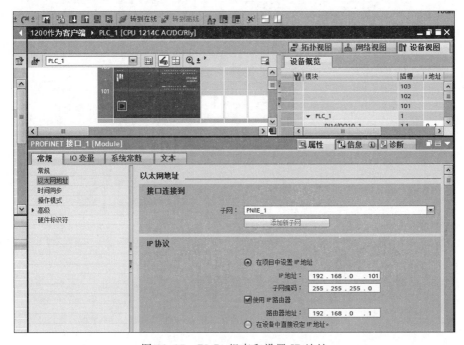

图 22.27　PLC1 组态和设置 IP 地址

如图 22.28 所示，通过【网络视图】、【连接】设置 S7 连接关系。

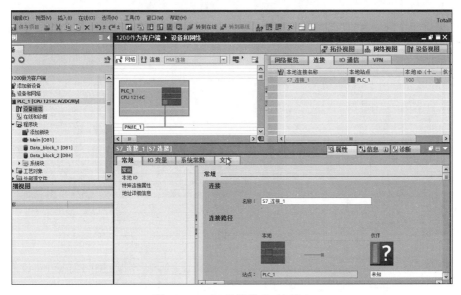

图 22.28　PLC 设置 S7 连接 1

如图 22.29 所示,在组态时,伙伴选择未知就可以了,设置 IP 地址为 192.168.0.100 和 S7 连接即可。

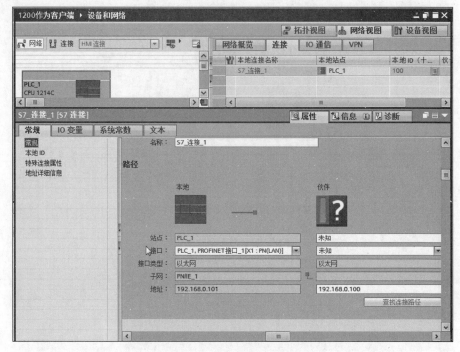

图 22.29 PLC 设置 S7 连接 2

组态设置完毕之后,可以从【网络视图】、【网络概览】中看到 2 个 PLC 已经通过 PN/IE_1 连接起来了,证明从软件层面已经组态完毕,如图 22.30 所示。

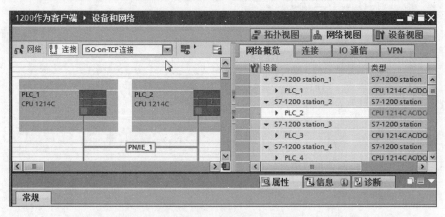

图 22.30 PLC 设置 S7 连接 3

如图 22.31 所示为 GET 指令,ID 引脚填写组态 PLC 中 S7 连接时对应 PLC 的 ID 号, ADDR_1 填写远程 PLC 的数据区,RD_1 填写本地 PLC 的数据区。NDR 是完成位,

ERROR 是错误位,STATUS 是状态位。GET 指令调用时自动生成对应的 DB 数据块,这里对应的是 DB2。

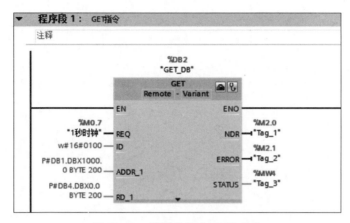

图 22.31 博图软件中 GET 指令

如图 22.32 所示为 PUT 指令,ID 引脚填写组态 PLC 中 S7 连接时对应 PLC 的 ID 号,ADDR_1 填写远程 PLC 的数据区,SD_1 填写本地 PLC 的数据区。NDR 是完成位,ERROR 是错误位,STATUS 是状态位。PUT 指令调用时自动生成对应的 DB 数据块,这里对应的是 DB3。

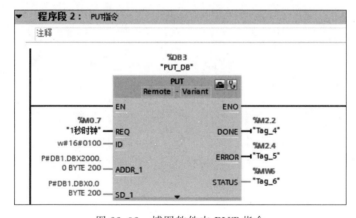

图 22.32 博图软件中 PUT 指令

本 章 小 结

通过本章的学习需要学会解读通信指令,掌握 S7 通信测试的基本流程,掌握通过 PLC 编程和利用向导两种方式来实现 S7 通信。掌握如何通过数据监测判断数据收发情况。知道西门子 PLC 之间实现 S7 通信是比较好的选择和通信方式。了解西门子 S7-1200 实现 S7 通信的基本流程和指令。

第五篇　案例应用实战篇

第 23 章

启停保案例

23.1 案例说明

18min

本案例是一个启动、停止和自保的案例程序。启停保可以控制一个电机启动,也可以控制一个指示灯点亮,还可以控制一个继电器闭合。有人认为此案例太简单,案例虽然简单,但是启停保对于编程而言确实是非常重要的。PLC 编程中使用启停保是不可避免的,让我们从做项目的角度来研究一下启停保案例吧。大家可以返回本书第 5 章回顾一下编程的一般步骤,然后再继续往下阅读。

23.2 项目制作

23.2.1 初步工艺确定

如图 23.1 所示流程图为编程要实现的操作,实际在编程过程中还要翻译成 PLC 可以执行的逻辑控制,这样就需要添加一些功能和要求。按下【启动按钮】,同时按下【停止按钮】,结果会如何呢?按下【停止按钮】后,立刻按下【启动按钮】又会如何呢?如果工艺需求按下【启动按钮】后,延时几秒启动,按下【停止按钮】后,也延时几秒停止,程序又该如何去实现呢?

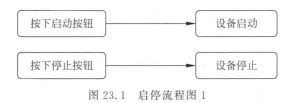

图 23.1　启停流程图 1

23.2.2　流程细化分解

图 23.2 为我们细化后的流程图。按下【启动按钮】是马上启动还是延时启动呢?按下【停止按钮】是马上停止还是延时停止呢?两两组合会形成 4 种情况,如何将这 4 种情况结

合起来编程呢？我们先按照最复杂的工艺要求来规划,因为复杂工艺的程序涵盖了简单工艺的程序。因此需要引入【启动延时设定值】和【停止延时设定值】。如果延时设定值大于0就延时,如果延时设定值为0就是不需要延时,这样设计一套程序就解决问题了。

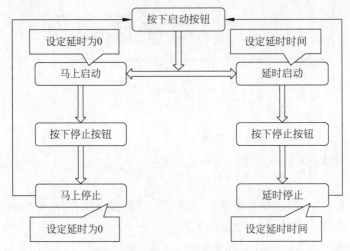

图 23.2　启停流程图 2

为了满足实际使用需求还要考虑手动和自动的切换,手动和自动切换是通过旋钮还是通过触摸屏来实现呢？启停有没有指示灯和蜂鸣器等,这些都是要根据工艺和客户要求来确定的。

23.2.3　程序编写

1. 创建项目,添加 CPU 和模块

打开软件,建立一个新项目,CPU 选择成与自己手中 CPU 型号一致,如图 23.3 所示选择的 CPU 是 SR30。如果还使用了其他模块,根据实际情况自行添加组态即可。

2. 设置 CPU 启动模式

因为新建项目默认的都是 STOP 模式,断电后 CPU 不会再运行,所以需要设置 CPU 的启动方式,如图 23.3 所示选择为 RUN 模式,这样设备断电后再重新恢复送电,CPU 就会自动运行。

3. 规划程序框架

如图 23.4 所示为了演示不同程序的不同效果,编写了 5 个子程序,每个子程序内编写不同模式的程序用于测试。对于不同子程序的切换可通过触摸屏的按键来切换,V10.0～V10.4 分别接通并调用不同的子程序。

4. 编制符号表

根据我们要设计的程序和要实现的功能,把需要使用的变量和规划使用的变量按照表 23.1 的格式整理出来,然后将编制的符号表复制到软件里的符号表内。这里需要强调的是 S7-200 SMART 系列 PLC 的符号分两部分,一部分是由系统生成的,另一部分是由用户添加的,如果重复添加就会报错。

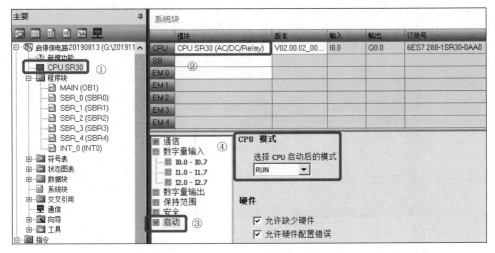

图 23.3 程序组态设置

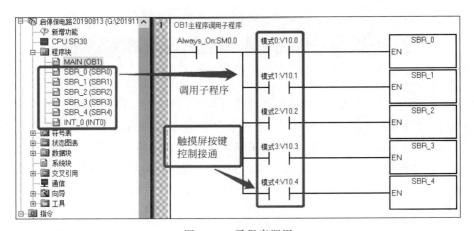

图 23.4 子程序调用

表 23.1 启停保案例符号表

序号	符号	地址	注释
		符号表	
1	模式 0	V10.0	接通 SBR0 子程序
2	模式 1	V10.1	接通 SBR1 子程序
3	模式 2	V10.2	接通 SBR2 子程序
4	模式 3	V10.3	接通 SBR3 子程序
5	模式 4	V10.4	接通 SBR4 子程序
6	启动按钮	V100.0	触摸屏启动按键
7	停止按钮	V100.1	触摸屏停止按键
8	系统运行	Q0.0	运行指示灯

　　S7-200 SMART 编程软件将符号表划分了区域块,我们应该将自己的符号表按照分类添加到对应的符号表中。如图 23.5 所示,中间变量可以建立在"表格 1"中,此类符号表的表格可以添加多个,每个表格最大容纳 1000 条。

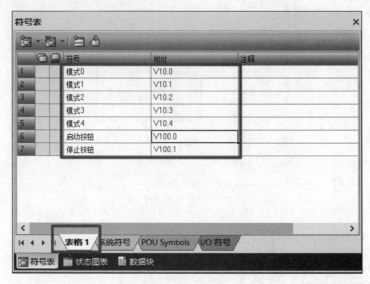

图 23.5　用户自建符号表

　　如图 23.6 所示,"I/O 符号"表是由系统自动生成的符号表,符号表里有数字量输入、数字量输出、模拟量输入和模拟量输出。组态配置的模块变量都在这里自动生成了。软件系统会根据组态添加的模块,自动生成符号和地址,自动生成的符号也可以根据自己的需要修改。选中对应的符号,在符号处修改为自定义的名称即可。为了方便使用,可将符号命名为汉语名称,因此这里没有添加注释,如将 Q0.0 符号命名为"系统运行"。

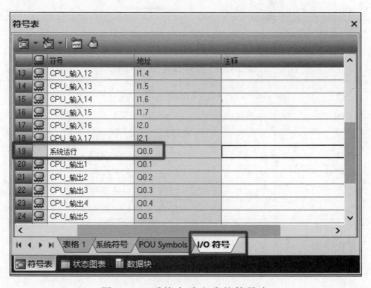

图 23.6　系统自动生成的符号表

5．程序内容编写

如图 23.7 所示，这是按照常规电气思路来编制的一个启停保程序。该控制电路也是我们学习电气电路常用的控制电路。有人会因为看不到 I/O 地址而感觉很别扭，这应该如何调整并显示呢？按照图 23.8 所示来操作并修改 I/O 地址的显示。如图 23.8 所示选择【视图】下的【符号：绝对】显示即可，这样既能看到符号也能看到绝对地址。有人会说："我们看到的不是注释加地址吗?"这里说明一下，本案例只是把汉字当符号使用了而已，指令上方显示的不是注释而是符号。如果大家能记住符号名称，复制该内容就可以当绝对地址使用了。如果【启动按钮】和【停止按钮】都选择数字量输入，并且停止按钮接常闭点，那么图 23.7 的程序中【停止按钮】应该采用常开触点。

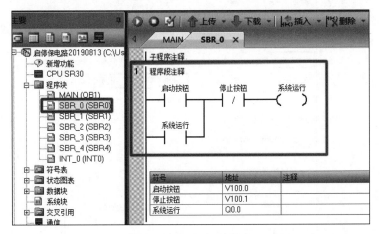

图 23.7　SBR_0 子程序

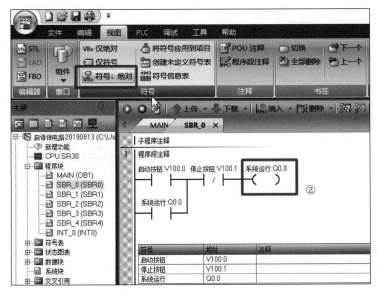

图 23.8　注释显示调整

6. 联机下载程序

下载程序使用的硬件配置如下：个人计算机(Windows 10 系统专业版 64 位)，PLC 的 CPU 为 SR30。PLC 的 IP 地址设置为 192.168.2.13，数据线采用平时计算机联网使用的网线即可。计算机与 PLC 联机需要在同一网段，所以需要设置个人计算机的 IP 地址。我们按照图 23.9～图 23.11 所示依次操作并修改个人计算机的 IP 地址为 192.168.2.200，如果没有其他问题这样设置就能实现和 PLC 的联机操作了。

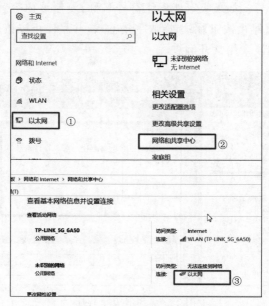

图 23.9　计算机以太网连接查看

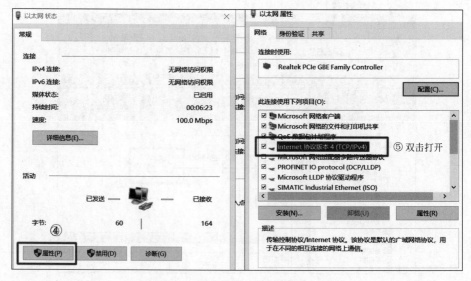

图 23.10　计算机以太网 IP 地址查看

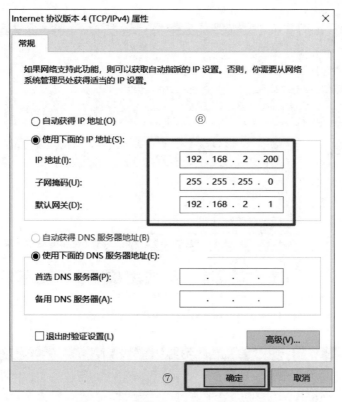

图 23.11　计算机以太网 IP 地址修改

设置完毕 IP 地址并连接好网线就可以下载程序了,下载程序之前要先对程序进行编译,编译无错误之后再下载程序。如果选择直接下载,软件也会先进行编译,如果有错误则不会下载。有的软件严格按照先编译后下载的顺序操作和执行,下载时不会自动编译。因此大家要养成良好的习惯,先编译后下载。如图 23.12 所示,编译后查看输出窗口,显示错误 0 就可以下载了。有时候显示错误 0,但有其他错误,此时需要将其他错误排除后再下载。

如图 23.13 所示,编译完成后下载程序,关于下载程序时【块】和【选项】的选择,选择默认即可。如图 23.14 所示,下载时会提示我们是否将 CPU 置于 STOP 模式,选择【是】,然后单击下载即可。如图 22.15 所示,下载完毕后,会提示是否将 CPU 置于 RUN 模式,这里继续选择【是】。

7. 程序调试和监控

为了方便测试程序有的信号需要强制接通,如图 23.16～图 23.18 所示强制将 V10.0 写入 ON。程序中 V10.0 只用了一个常开触点而并没有使用 V10.0 的线圈。如果程序中使用了 V10.0 的线圈,大家在此种情况下无法直接对 V10.0 的触点写入 ON,此时需要将 V10.0 的线圈想办法接通,接通线圈后 V10.0 的常开触点就会接通。

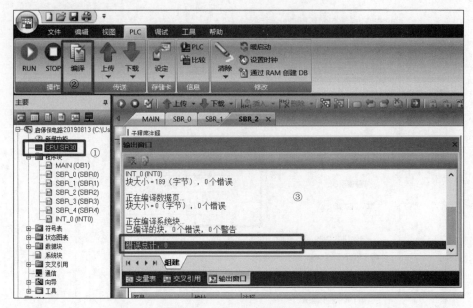

图 23.12 程序编译

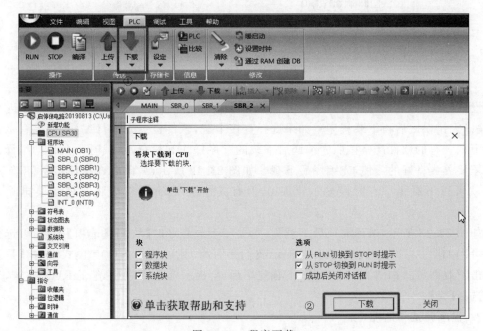

图 23.13 程序下载

图 23.14 程序下载时停止 CPU

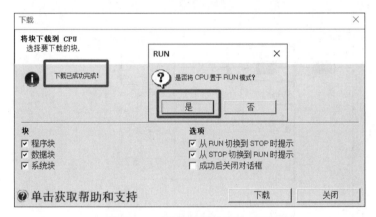

图 23.15 下载程序后重启 CPU

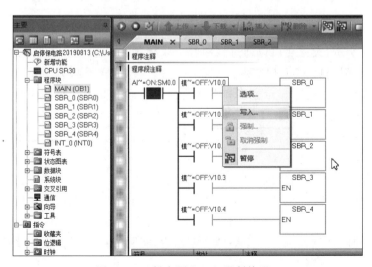

图 23.16 触点写入 ON 强制接通 1

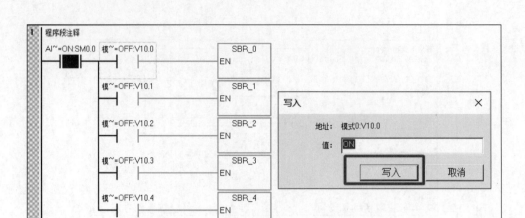

图 23.17　触点写入 ON 强制接通 2

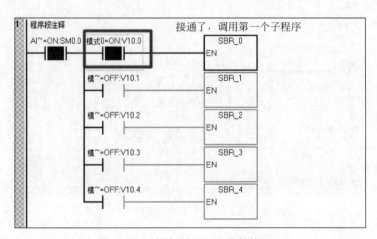

图 23.18　触点写入 ON 强制接通 3

　　如图 22.19 所示,大家还可以通过强制触点来模拟测试启停。当监视程序时有的符号和地址显示不全,强制哪个点还需要用鼠标点上去看看,这样很麻烦,如何解决这个问题呢?此时需要修改离线程序指令显示宽度和在线监视程序显示宽度。具体修改方法如图 23.20所示:找到导航栏中的【工具】→【选项】→LAD,将宽度数值增加即可(默认是 100);如果修改在线监视程序指令的宽度,需要将导航栏中的【工具】→【选项】→【状态】中的宽度数值增加,如图 23.21 所示。

　　其实编写程序与外部如何接线也有一定的关系,像停止按钮、急停按钮和限位开关等外部都是要接常闭触点的,如果外部用常闭触点,那么图 23.22 程度段 1 中的 V200.1 就要用常开触点。程序段 2 实现了将停止按钮(V100.1)转变成了停止按钮 2(V200.1)的常开触点,因此程序中的注释只起到了一个辅助理解作用,实际的控制逻辑要通过程序的逻辑控制来判断。如果别人的注释不小心写错了,就理解不了程序了吗?不是的,PLC 编程是以程

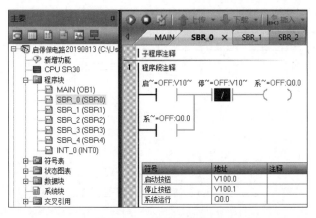

图 23.19 启停程序监视

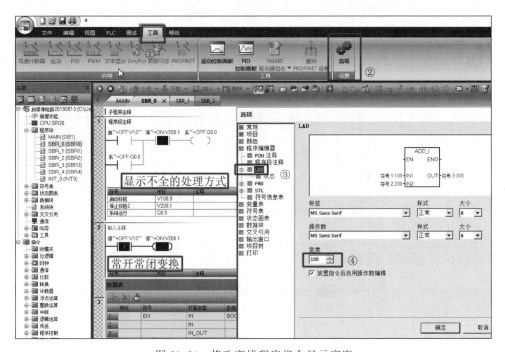

图 23.20 修改离线程序指令显示宽度

序逻辑控制为依据的,而不是以注释为依据的。

我们要做的控制要求是:启动按钮按下后延时启动,停止按钮按下后延时停止。如图 23.23 所示按下启动按钮(V100.0),只要不按下停止按钮(V100.1),启动中(V100.2)就会一直保持接通状态。此时 T51 开始计时,计时时间由设定值 VW20 决定,计时到了之后 T51 接通。

如图 23.24 所示,启动延时(T51)接通后,如果 T52 没有接通,那么 T52 的常闭触点是接通的,这样系统运行(Q0.0)接通,同时 Q0.0 的常开触点接通并将 T51 短接而形成自保

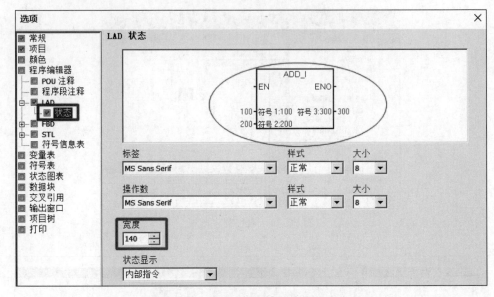

图 23.21　修改在线程序指令显示宽度

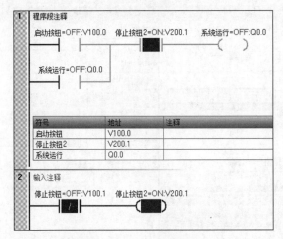

图 23.22　启停程序 1

回路。只要停止延时(T52)不接通,Q0.0线圈就会一直接通。

　　如图 23.25 所示,按下停止按钮(V100.1),只要不按下启动按钮(V100.0),停止中(V100.3)就会一直保持接通状态。此时 T52 开始计时,计时时间由设定值 VW22 决定,计时到了之后 T52 接通。由于采用的触摸屏中【停止按钮】设计的"按 1 松 0"的按键,所以程序中停止按钮(V100.1)使用常开触点。

　　我们可以将设计完成的程序测试一下,需要完善的地方可以完善。上文中的程序用的程序段比较多,看起来比较松散,通过什么方法合并和归纳一下呢? 如图 23.26 所示,将启

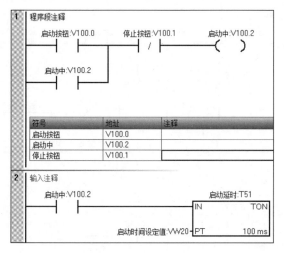

图 23.23　启停程序 2

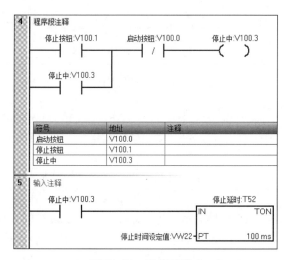

图 23.24　启停程序 3

图 23.25　启停程序 4

动延时和启动程序都设计到程序段 1 中。如图 23.27 所示,将系统运行线圈的程序单独留在程序段 2。如图 23.28 所示,将停止延时和停止程序设计到程序段 3 中。

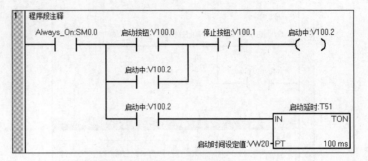

图 23.26　启停程序 5

图 23.27　启停程序 6

图 23.28　启停程序 7

本 章 小 结

　　通过本章学习我们知道程序编写项目制作的基本流程,掌握程序编写的基本流程,知道符号表如何修改和加入,掌握程序操作的一些基本设置,如:启停模式、模块组态等。还需要根据自己的需求调整程序指令及显示宽度,规划调整自己编写的程序的框架。

　　我们还需要练习一下单按钮启停的几种程序编写。单按钮启停控制要求如下:第一次按下按钮就启动,第二次按下按钮就停止,再次按下按钮又启动,依次类推并逐渐循环下去,就像家里以前使用的拉绳开关似的,拉一下灯亮,再拉一下灯就灭了。单按钮启停的思路主要有以下几种:利用启停保来设计、利用置、复位来设计、利用计数器来设计和利用状态取反来设计。可结合本书第7章所讲的单按钮启停来进行练习。

第 24 章

正反转案例

24.1 案例说明

24.1.1 正反转案例控制工艺要求

由于电机正反转不能同时进行所以正反转必须进行互锁。当电机正转的时候马上进行反转就会对设备造成损坏。由于电机正转后带有一定的惯性,无法马上制动,突然反转设备就会产生故障或者损坏。其实在我们的很多应用中都用到互锁。例如气缸的正反向运动,电梯的上升和下降等。实际项目还要监视电机的故障和运行信息,考虑到设备维护还应该加入按钮、旋钮和指示灯等。

本案例控制工艺要求如下:控制电源旋钮打开以后,当按下正转按钮,而不按下反转按钮,在电机无故障的情况下,电机进行正向运转,按下停止按钮后,电机停止运转;当按下反转按钮,而不按下正转按钮,在电机无故障的情况下,电机进行反向运转,按下停止按钮后,电机停止运转。

24.1.2 绘制电气图纸

根据工艺确定电气开关设置和控制元器件设置,根据元器件统计来规划 I/O 点。根据规划好的 I/O 点和确定的工艺绘制电气图纸。如图 24.1 所示为 AC380V 电磁阀正反转原理图。由主断路器控制电源接通,三相电通过调换任意两相来实现正反转,通过 KM21 和 KM22 两个接触器来切换正反转。如图 24.2 所示为 DC24V 电机正反转原理图。由主断路器控制 24V 电源接通,直流电通过调换正负极来实现正反转,通过 KA1 和 KA2 两个继电器来切换正反转。如图 24.3 所示为三菱变频器正反转控制原理图。通过 KA1 控制 SD 和 STF 接通来实现正转,通过 KA2 控制 SD 和 STR 接通来实现反转,通过 KA3 控制 SD 和 RES 接通来实现故障复位。变频器在默认参数的情况下,将 SD 与 STF 接通实现正转,将 SD 与 STR 接通实现反转,同时还要控制速度给定才能实现运转。变频器的详细应用可参看本书第 12 章内容。

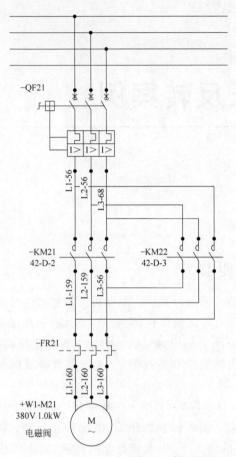

图 24.1 AC380V 电磁阀正反转原理图

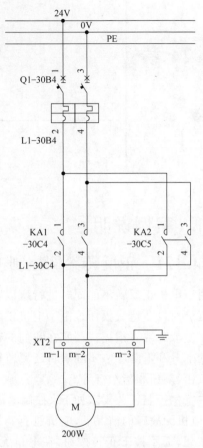

图 24.2 DC24V 电机正反转原理图

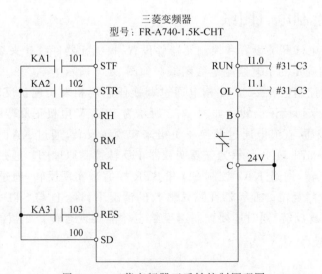

图 24.3 三菱变频器正反转控制原理图

图 24.4 所示为正反转控制原理图,SA11 为电源开关,FR11 为热继电器,SB11 为停止按钮,SB12 为正转按钮,SB13 为反转按钮,KM1 为正转接触器,KM2 为反转接触器。

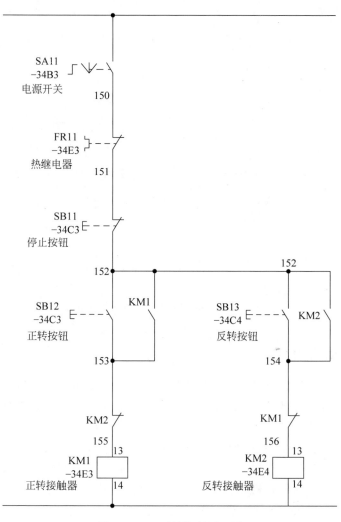

图 24.4　正反转控制原理图

当电源开关闭合后,按下正转按钮(SB12),此时不按下反转按钮(SB13),在电机无故障的情况下,电机进行正向运转,接触器的常开触点对正转按钮(SB12)自保,松开正转按钮后,电机继续运转,当按下停止按钮(SB11)后,电源回路断开,电机停止运转;当按下反转按钮(SB13),而不按下正转按钮(SB12),在电机无故障的情况下,电机进行反向运转,接触器的常开触点对反转按钮(SB13)自保,松开反转按钮后,电机继续运转,当按下停止按钮(SB11)后,电源回路断开,电机停止运转。如图 24.2 和图 24.3 所示,如果控制中间继电器,只需将图中的 KM1 换成 KA1,KM2 换成 KA2 即可。

如图 24.5 所示,控制交流 220V 电机正反转,一般交流 220V 电机不加电容是无法实现正反转的。控制电路基本与三相电机正反转控制思路相同,这里采用了按钮互锁和接触器互锁而实现双重互锁。

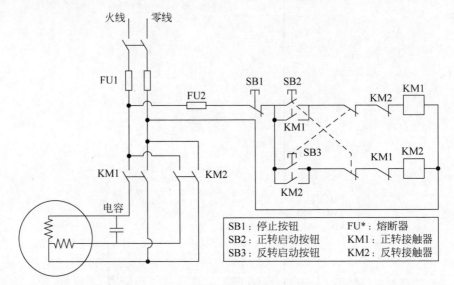

图 24.5 AC220V 电机正反转电气原理图

24.1.3 I/O 配置

上文讲述了不同类型的正反转控制情况,这些电路都是通过接线控制的电路实现的,如果采用 PLC 控制如何实现呢?我们需要将现场需要采集的信号和需要输出的信号归纳出来,也就是规划 I/O 点。如图 24.6 所示是通过电气原理图规划的 I/O 点。将所有的按钮、旋钮和热继电器触点设置了对应的数字量输入信号,2 个接触器设置了数字量输出信号。电源开关分了 I0.0,热继电器分配了 I0.1,停止按钮分配了 I0.2,正转按钮分配了 I0.3,反转按钮分配了 I0.4,正转接触器分配了 Q0.0,反转接触器分配了 Q0.1。

如图 24.7 所示为数字量输入的实物接线示意图,图中采用的是西门子 8 点数字量输入模块。接线时按照规划好的输入点按照图中所示依次接入模块即可。

如图 24.8 所示为数字量输出的实物接线示意图。我们采用的是西门子 8 点数字量输出模块。输出点除了电气控制原理图上有的输出点外,还加入了【正转指示灯】、【反转指示灯】和【故障指示灯】,接线时按照规划好的输出点按照图中所示依次接入模块即可。

24.1.4 接线调试

我们根据绘制的电气图纸和材料清单进行原材料采购和控制柜制作。控制柜制作完毕以后,就可以根据图纸检查线路并完成初步送电调试。

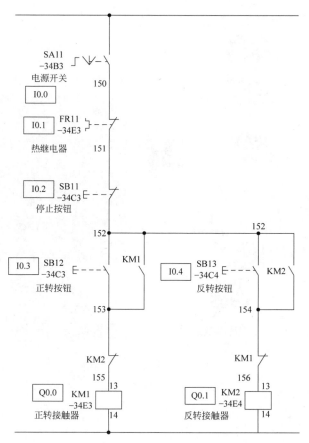

图 24.6　电机正反转 I/O 分布图

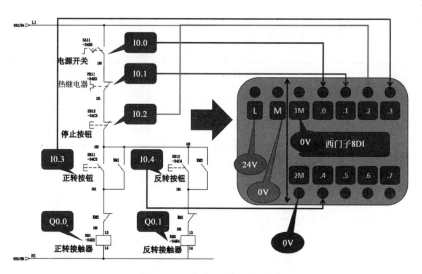

图 24.7　数字量输入接线图

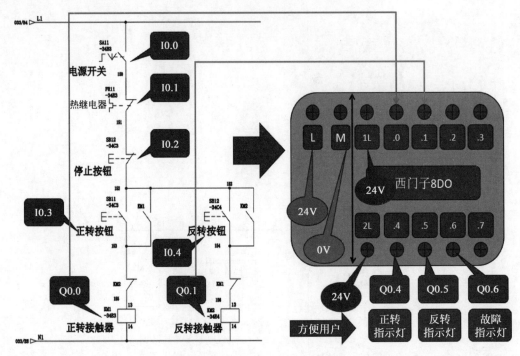

图 24.8　数字量输出接线图

24.2　程序编写

24.2.1　规划 I/O,编制符号表

如表 24.1 所示,我们将 24.1.3 节规划的所有输入点和输出点归纳后列出了该符号表。

表 24.1　符号表 1

V 区		数字量输入		数字量输出	
符号	地址	符号	地址	符号	地址
电源开关	V0.0	电源开关	I0.0	正转接触器	Q0.0
热继电器	V0.1	热继电器	I0.1	反转接触器	Q0.1
停止按钮	V0.2	停止按钮	I0.2	正转指示灯	Q0.4
正转按钮	V0.3	正转按钮	I0.3	反转指示灯	Q0.5
反转按钮	V0.4	反转按钮	I0.4	故障指示灯	Q0.6
电机故障	V500.0				

24.2.2 程序编写

1. MAIN(OB1)主程序

关于如何创建新工程和设置组态等前文已经讲解过了,本案例直接开始讲述程序的编写。如图24.9所示是正反转控制程序。如果把图24.6中的电气图纸逆时针旋转90°,你会发现电气图纸和PLC程序居然一模一样。是不是挺神奇的呢?

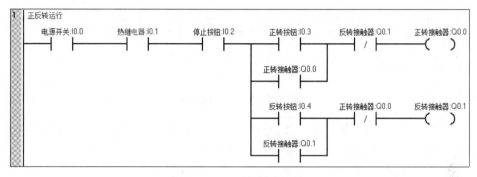

图24.9 正反转控制程序

其实就是因为硬件接线太复杂而衍生出来了PLC,所以在简单的电路控制里,PLC程序和硬线接线方式基本一致。实际PLC程序要比接线做得更复杂一些。为什么呢?例如图24.6 PLC程序中的热继电器如果发生故障,恢复故障后设备就满足了启动条件。一般在设计故障程序时,当故障排除后按下复位按钮,故障才能消除,这样设计也是一种安全保护措施。当然有的使用场景只有一个报警提示,需要故障排除后自动恢复。我们要根据不同的场景设计出不同的程序。本段程序不做解释,但是大家需要思考一个问题。现场接线对程序有影响吗?如果有影响,单纯这样编程对不对呢?

有人会说:"图24.9中的程序显得有些死板而不够灵活,不符合常规编程习惯"。那么我们需要重新规划程序编写,以方便大家理解。由于点位的排列顺序和排列方式都影响程序的解读性,所以我们在编程时要注意点位的位置及布局。

如图24.10所示为OB1主程序调用子程序,本案例设计了"正反转1"和"正反转2"一共2个子程序。由于本案例相对简单一些,所以设计程序时采用了逐步优化的编程方式,程序里会涉及多个输出的出现。当在实际测试程序时,要把多余的程序都删除,只留一个可用的即可。

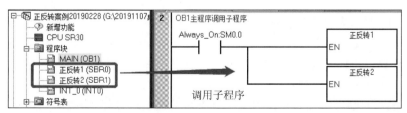

图24.10 主程序调用子程序

2. 正反转 1(SBR0)子程序

如图 24.11 所示,在不按下停止按钮(I0.2)时,电源开关(I0.0)接通,电机无故障,在反转接触器不转的情况下,按下正转按钮(I0.3),正转接触器(Q0.0)的线圈接通后,正转接触器(Q0.0)的常开触点接通,同时对正转按钮(I0.3)自保。如果按下停止按钮(I0.2),能流回路断开,正转接触器(Q0.0)的线圈断开,正转停止。

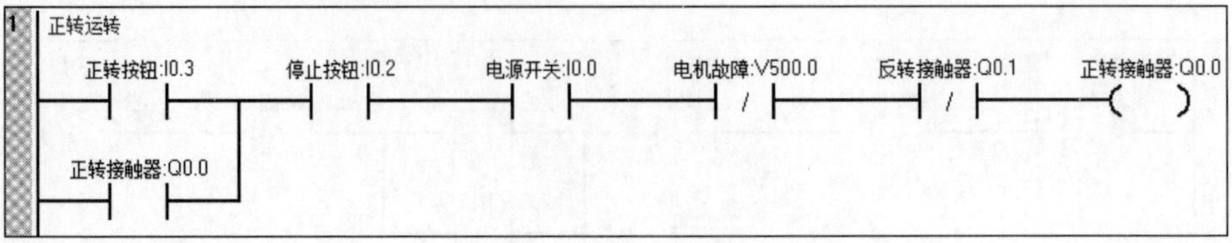

图 24.11 正转控制程序

如图 24.12 所示,在不按下停止按钮(I0.2)时,电源开关(I0.0)接通,电机无故障,在反转接触器不转的情况下,按下反转按钮(I0.4),反转接触器(Q0.1)的线圈接通后,反转接触器(Q0.1)的常开触点接通,同时对反转按钮(I0.4)自保。如果按下停止按钮(I0.2),能流回路断开,反转接触器(Q0.1)的线圈断开,反转停止。

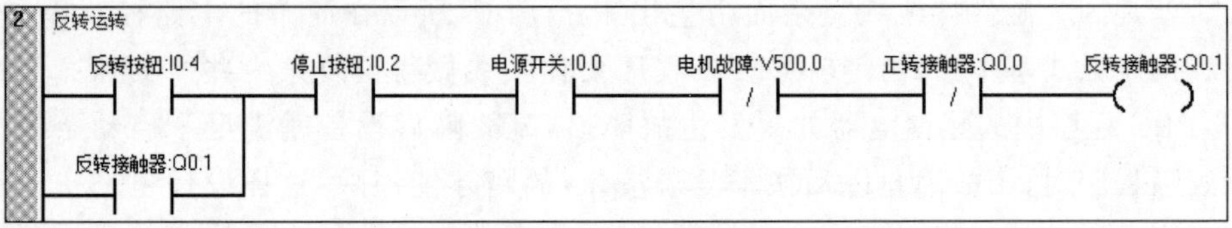

图 24.12 反转控制程序

如图 24.13 所示,当正转接触器(Q0.0)接通时,正转指示灯(Q0.4)接通,正转指示灯亮。当反转接触器(Q0.1)接通时,反转指示灯(Q0.5)接通,反转指示灯亮。

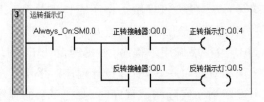

图 24.13 正反转指示灯

如图 24.14 所示为故障指示灯程序,可作出对应的故障提示。这里直接用了指示灯的输出 Q0.6 来作为故障输出。这样设计程序是不好的,如果有多个故障我们又该如何编写程序呢?编程要以可以量化制作程序为前提。本段程序采用的是启停保电路控制逻辑,热继电器(I0.1)故障时,在没有按下复位按钮(I0.6)时,故障指示灯(Q0.6)接通。故障指示灯(Q0.6)常开触点对热继电器(I0.1)的常闭触点短接而实现自保,当按下复位按钮(I0.6)时,回路断开,故障指示灯(Q0.6)断开。此处热继电器接的是常闭触点。

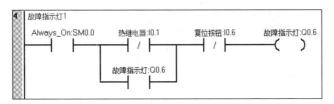

图 24.14 故障指示灯 1

如果我们想要热继故障恢复后,故障自动消除应该如何设计程序呢? 如图 24.15 和图 25.16 所示,故障恢复后通过 T60 实现了 3s 的延时,延时时间到了之后,故障恢复延时(T60)接通,T60 的常闭触点断开,Q0.6 的线圈断开。

图 24.15 故障指示灯 2

图 24.16 故障恢复延时

实际上我们在设计故障程序时常采用置复位来完成,因为很多故障需要手动复位后才可以恢复使用,这样有利于保证人员和设备的安全。如图 24.17 所示,热继电器故障后置位 V500.0。结合图 24.16 中故障复位延时,等到热继电器恢复故障后,延时 3s 后 T60 接通,此时按下复位按钮(I0.6)才可以将故障复位。

图 24.17 电机故障

如图 24.18 所示,当电机故障发生后,对应的故障指示灯接通。

3. 正反转 2(SBR1)子程序

把正反转的控制逻辑用梯形图编写出来如图 24.19 和图 24.20 所示。此控制用到了自

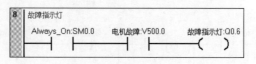

图 24.18　故障指示灯

保控制和互锁控制。自保要保得合适,互锁要锁得彻底。何谓自保合适,如图 24.19 所示,我们只自保了 I0.3,这样容易导致线圈中断和不需要中断的都会被纳入自保的范围。何谓互锁要锁得彻底,就是在互锁时,一定要直接控制线圈的输出,而不是控制条件。我们在图中的互锁做得就比较彻底。

如图 24.19 和图 24.20 所示,外部设备接线如下:电源开关(I0.0)外部接常开触点,热继电器(I0.1)外部接常闭触点,停止按钮(I0.2)接常闭触点,正转按钮(I0.3)接常开触点,反转按钮(I0.4)接常开触点。

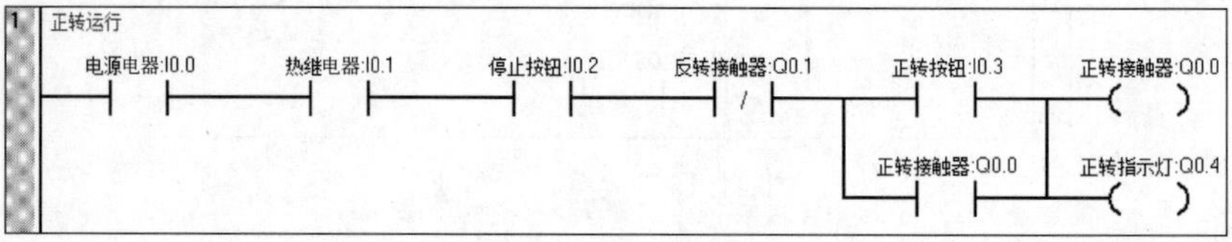

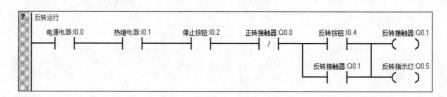

图 24.19　正转运行

图 24.20　反转运行

如图 24.19 所示,电源开关在闭合状态时,热继电器无故障,此时不按下停止按钮,并且反转接触器不接通,当按下正转按钮,此时正转接触器的线圈闭合,线圈闭合后,对应的常开触点将正转按钮短接而实现自保,以保证正转接触器的继续接通。大家按照上述逻辑来理解图 24.20 反转控制程序。

本 章 小 结

本章为电机正反转案例,我们讲述了不同电机的正反转。有 AC380V 电磁阀,有 AC220V 电机,也有直流电机,可能控制方式不一定相同,但是控制原理都是一样的。首先我们要确定如何实现正反转才能确定如何实现控制,然后才知道采用哪些元器件,最后再绘制电气图纸。大家还要多加练习启停保和置复位,以及互锁。本案例程序出现了多线圈的使用,大家自行修改程序,要学会使用交叉引用查找多线圈和修改程序。

第 25 章

红绿灯案例

25.1 案例说明

红绿灯案例控制工艺要求

如图 25.1 所示为红绿灯案例布局图。我们以十字路口的交通红绿灯为例来完成一个案例。假设东西方向(横向)绿灯、黄灯和红灯由 3 个输出点控制,南北方向(纵向)绿灯、黄灯和红灯也由 3 个输出点控制。每一个灯亮的时间都可以通过设定的时间来控制。红绿灯初始开启条件是横向绿灯开始点亮,然后依次循环点亮。布局图中定时器 T1~T6 对应实际程序中的 T51~56。

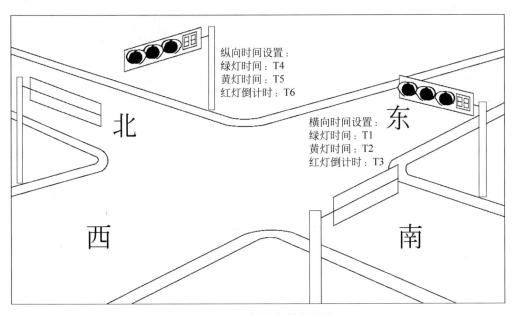

7min

15min

10min

图 25.1　红绿灯案例布局图

如图 25.2 所示,我们根据实际的红绿灯控制要求画出了流程图。动作流程如下:步骤

1,横向绿灯亮,亮的时间为 T51,纵向红灯亮;步骤 2,T52 接通后横向绿灯灭而横向黄灯亮,亮的时间为 T52,纵向红灯亮;步骤 3,T52 接通后横向黄灯灭而横向红灯亮,纵向红灯不灭;步骤 4,横向红灯亮的时间到达 T53 后纵向绿灯亮,横向红灯亮,纵向红灯灭;步骤 5,纵向绿灯亮的时间为 T54,T54 接通后纵向绿灯灭而纵向黄灯亮,纵向黄灯亮的时间为 T55,横向红灯亮;步骤 6,T55 接通后纵向黄灯灭而纵向红灯亮,横向红灯不灭;

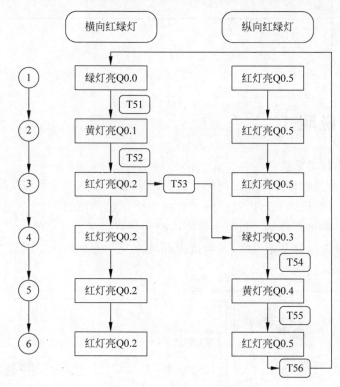

图 25.2　红绿灯工艺流程图

纵向红灯亮的时间到达 T6 后,横向绿灯亮、纵向红灯不灭。此时已经回到了步骤 1,形成一个循环。然后红绿灯按照如此方式循环下去。T51 是横向绿灯运行时间,T52 是横向黄灯运行时间,T53 延时到了以后纵向绿灯亮,T54 是纵向绿灯运行时间,T55 是纵向黄灯运行时间,T56 延时到了以后横向绿灯亮。

25.2　程序编写

25.2.1　规划 I/O,编制符号表

根据工艺确定电气开关和控制元器件设置,同时统计并规划 I/O 点。根据工艺要求和规划好的 I/O 点绘制电气图纸。如表 25.1 所示,我们按照红绿灯的工艺要求和使用需求规划好符号表。

表 25.1　红绿灯程序符号表

V 区		数字量输出		定时器	
符号	地址	符号	地址	符号	地址
启动按键	V10.0	横向绿灯	Q0.0	横向绿灯延时	T51
启动运行	V20.1	横向黄灯	Q0.1	横向黄灯延时	T52
横向倒计时开始	V20.2	横向红灯	Q0.2	横向红灯延时	T53
纵向倒计时开始	V20.3	纵向绿灯	Q0.3	纵向绿灯延时	T54
		纵向黄灯	Q0.4	纵向黄灯延时	T55
		纵向红灯	Q0.5	纵向红灯延时	T56

V 区		V 区		V 区	
符号	地址	符号	地址	符号	地址
标志位寄存器	VB60	横向绿灯时间设定	VW100	横向绿灯时间 SET	VW200
横向倒计时	VW120	横向黄灯时间设定	VW102	横向黄灯时间 SET	VW202
纵向倒计时	VW122	横向红灯时间设定	VW104	横向红灯时间 SET	VW204
横向设定时间	VW130	纵向绿灯时间设定	VW106	纵向绿灯时间 SET	VW206
纵向设定时间	VW132	纵向黄灯时间设定	VW108	纵向黄灯时间 SET	VW208
		纵向红灯时间设定	VW110	纵向红灯时间 SET	VW210

25.2.2　程序编写

1. MAIN(OB1)主程序

如图 25.3 所示为 OB1 主程序调用所有用到的子程序。本案例一共调用了"红绿灯案例"和"倒计时"2 个子程序。

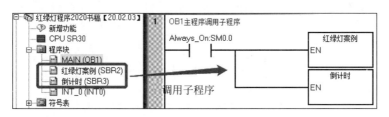

图 25.3　主程序调用子程序

2. 红绿灯案例(SBR2)子程序

如图 25.4 所示,按下启动按键(V10.0),启动运行(V20.1)接通。启动按键(V10.0)为触摸屏提供的取反按键,按一下值为 1,再按一下值为 0。

如图 25.5 所示,启动运行(V20.1)接通时触发的上升沿将标志位寄存器(VB60)赋值为 1。VB60 是标志位寄存器用于记录程序流程的状态。流程的状态变化都通过改变 VB60 的数值来表示。此时表示进入步骤 1 的流程。

如图 25.6 所示,标志位寄存器(VB60)的值为 1 时,横向绿灯(Q0.0)接通,横向绿灯亮。

如图 25.7 所示,启动运行(V20.1)接通,标志位寄存器(VB60)的值为 1,横向绿灯

```
1  启动运行

   Always_On:SM0.0        启动按键:V10.0        启动运行:V20.1
   ┤├                     ┤├                    ( )
```

图 25.4   启动运行

```
2  初始化状态赋值

   启动运行:V20.1                            ┌─────────┐
   ┤├                ┤P├                     │  MOV_B  │
                                             ┤EN    ENO├───
                                          1 ─┤IN   OUT├── 标志位寄存器:VB60
```

图 25.5   初始化状态赋值

```
3  横向绿灯亮

   启动运行:V20.1        标志位寄存器:VB60      横向绿灯:Q0.0
   ┤├                   ┤==B├                 ( )
                         1
```

图 25.6   横向绿灯亮

(Q0.0)常开触点接通表示横向绿灯亮,此时开始通过横向绿灯延时(T51)延时一定时间,该时间由 VW200 的数值决定。VW200 为横向绿灯亮的设定时间值的 10 倍,因为定时器 T51 的分辨率是 100ms。横向绿灯延时(T51)接通的上升沿将标志位寄存器(VB60)赋值为 2,表示进入步骤 2 的流程。

```
4  横向绿灯亮延时

   启动运行:V20.1   标志位寄存器:VB60   横向绿灯:Q0.0              横向绿灯延时:T51
   ┤├              ┤==B├              ┤├                        IN    TON
                    1
                                           横向绿灯时~:VW200 ─ PT    100 ms

                   横向绿灯延时:T51                            ┌─────────┐
                   ┤├            ┤P├                          │  MOV_B  │
                                                              ┤EN    ENO├───
                                                           2 ─┤IN   OUT├── 标志位寄存器:VB60
```

图 25.7   横向绿灯亮延时

如图 25.8 所示,标志位寄存器(VB60)的值为 2 时,横向黄灯(Q0.1)接通,横向黄灯亮。

```
5  横向黄灯亮

   启动运行:V20.1        标志位寄存器:VB60      横向黄灯:Q0.1
   ┤├                   ┤==B├                 ( )
                         2
```

图 25.8   横向黄灯亮

如图 25.9 所示,启动运行(V20.1)接通,标志位寄存器(VB60)的值为 2,横向黄灯(Q0.1)

常开触点接通表示横向黄灯亮,此时开始通过横向黄灯延时(T52)延时一定时间,该时间由VW202的数值决定。VW202为横向绿灯亮的设定时间值的10倍,因为定时器T52的分辨率是100ms。横向黄灯延时(T52)接通的上升沿将标志位寄存器(VB60)赋值为3,表示进入步骤3的流程。

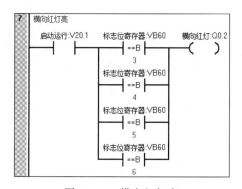

图 25.9 横向黄灯亮延时

如图25.10所示,标志位寄存器(VB60)的值为3、4、5和6时,横向红灯(Q0.2)接通,横向红灯亮。为什么横向红灯亮的次数和时间这么长呢?这是由工艺控制决定的,详情查阅图25.2的工艺流程图。

```
7  横向红灯亮
   启动运行:V20.1  标志位寄存器:VB60   横向红灯:Q0.2
   ─┤ ├──────┤ ├──────==B───────(   )
                         3
                   标志位寄存器:VB60
                   ──┤ ├──
                       ==B
                        4
                   标志位寄存器:VB60
                   ──┤ ├──
                       ==B
                        5
                   标志位寄存器:VB60
                   ──┤ ├──
                       ==B
                        6
```

图 25.10 横向红灯亮

如图25.11所示,启动运行(V20.1)接通,标志位寄存器(VB60)的值为3,横向红灯(Q0.2)常开触点接通表示横向红灯亮,此时开始通过横向红灯延时(T53)延时一定时间,该时间由VW204的数值决定。VW204为横向绿灯亮的设定时间值的10倍,因为定时器T53的分辨率是100ms。横向红灯延时(T53)接通的上升沿将标志位寄存器(VB60)赋值为4,表示进入步骤4的流程。

如图25.12所示,标志位寄存器(VB60)的值为4时,纵向绿灯(Q0.3)接通,纵向绿灯亮。

如图25.13所示,启动运行(V20.1)接通,标志位寄存器(VB60)的值为4,纵向绿灯(Q0.3)常开触点接通表示纵向绿灯亮,此时开始通过纵向绿灯延时(T54)延时一定时间,该时间由VW206的数值决定。VW206为横向绿灯亮的设定时间值的10倍,因为定时器

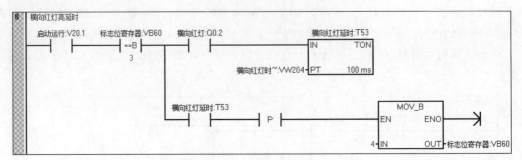

图 25.11　横向红灯亮延时

图 25.12　纵向绿灯亮

T54 的分辨率是 100ms。纵向绿灯延时(T54)接通的上升沿将标志位寄存器(VB60)赋值为 5,表示进入步骤 5 的流程。

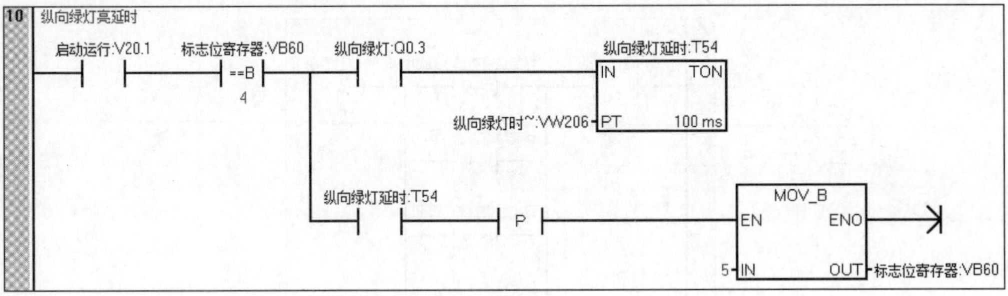

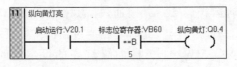

图 25.13　纵向绿灯亮延时

如图 25.14 所示,标志位寄存器(VB60)的值为 5 时,纵向黄灯(Q0.4)接通,纵向黄灯亮。

图 25.14　纵向黄灯亮

如图 25.15 所示,启动运行(V20.1)接通,标志位寄存器(VB60)的值为 5,纵向黄灯(Q0.4)常开触点接通表示纵向黄灯亮,此时开始通过纵向黄灯延时(T55)延时一定时间,该时间由 VW208 的数值决定。VW208 为横向绿灯亮的设定时间值的 10 倍,因为定时器 T55 的分辨率是 100ms。纵向黄灯延时(T55)接通的上升沿将标志位寄存器(VB60)赋值为 6,表示进入步骤 6 的流程。

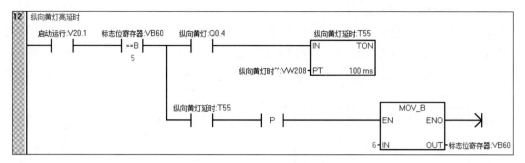

图 25.15　纵向黄灯亮延时

如图 25.16 所示,标志位寄存器(VB60)的值为 6、1、2 和 3 时,纵向红灯(Q0.5)接通,纵向红灯亮。为什么纵向红灯亮的次数和时间这么长呢？这是由工艺控制决定的,详情查阅图 25.2 的工艺流程图。

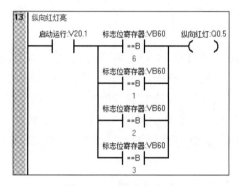

图 25.16　纵向红灯亮

如图 25.17 所示,启动运行(V20.1)接通,标志位寄存器(VB60)的值为 6,纵向红灯(Q0.5)常开触点接通表示纵向红灯亮,此时开始通过纵向红灯延时(T56)延时一定时间,该时间由 VW210 的数值决定。VW210 为横向绿灯亮的设定时间值的 10 倍,因为定时器T56 的分辨率是 100ms。纵向红灯延时(T56)接通的上升沿将标志位寄存器(VB60)赋值为 1,表示进入步骤 1 的流程。自此程序进入下一轮循环,然后依次循环下去。

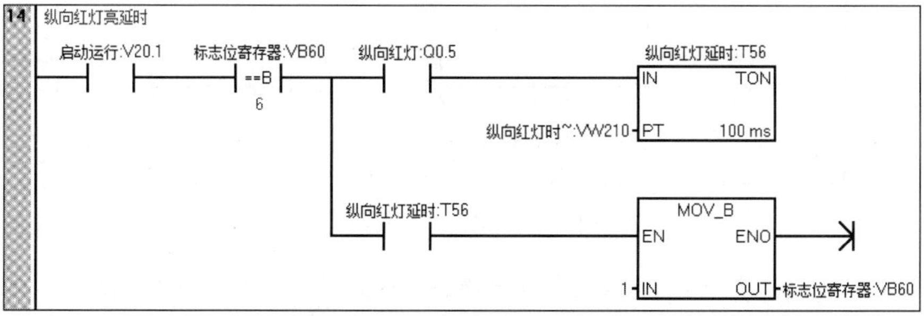

图 25.17　纵向红灯亮延时

3. 倒计时(SBR3)子程序

如图 25.18 所示,启动运行(V20.1)接通时触发的上升沿将 H 倒计时运行时间(C31)和 Z 倒计时运行时间(C32)赋值为 0,同时复位 V20.2 和 V20.3。

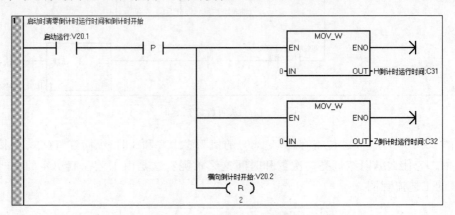

图 25.18 启动初始化清零

如图 25.19 所示,VW100、VW102 和 VW104 为触摸屏红绿灯时间设定值,由于上文用到的 VW200、VW202 和 VW204 分别用于定时器 T51、T52 和 T53 的设定值,定时器 T51~T53 的分辨率都是 100ms,所以设定 VW100、VW102 和 VW104 的值后都要乘以 10,作为定时器的设定值,本段程序的作用就是数值转换。例如 VW100 乘以 10 后存放到 VW200 中,结合图 25.7 中 VW200 为 T51 定时器的设定值。图 25.19 和图 25.20 都是利用此原理进行的数值转换。

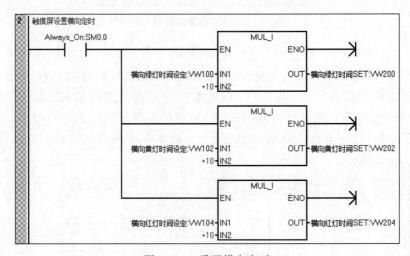

图 25.19 设置横向定时

如图 25.21 所示,启动运行(V20.1)接通,标志位寄存器(VB60)的值为 5,纵向黄灯(Q0.4)接通,此时触发的上升沿做一个加法运算:将 VW108 的值和 VW110 的值加起来存

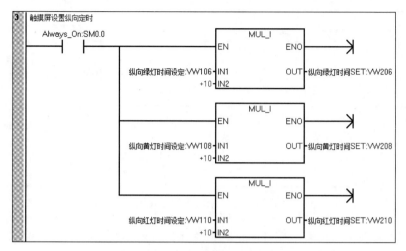

图 25.20　设置纵向定时

放到 VW130 中。加法运算是将纵向黄灯的设定时间和纵向红灯的时间加起来等于横向设定时间。横向设定时间为横向红灯开始倒计时的最大时间。产生上升沿时将 H 倒计时运行时间(C31)清零,同时也复位 V20.2。纵向黄灯亮是横向红灯倒计时的开始,所以将倒计时需要用的变量状态位清零,保证后续使用的时候没有信号干扰。

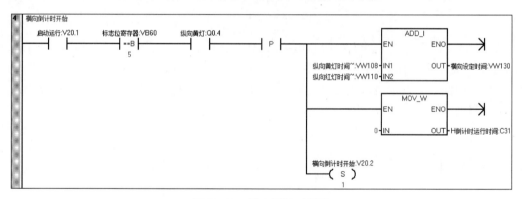

图 25.21　横向倒计时开始

　　如图 25.22 所示,启动运行(V20.1)接通,标志位寄存器(VB60)的值为 2,横向黄灯(Q0.1)接通,此时触发的上升沿做一个加法运算:将 VW102 的值和 VW104 的值加起来存放到 VW132 中。加法运算是将横向黄灯的设定时间和横向红灯的时间加起来等于纵向设定时间。纵向设定时间为纵向红灯开始倒计时的最大时间。产生上升沿时将 Z 倒计时运行时间(C32)清零,同时也复位 V20.3。横向黄灯亮是纵向红灯倒计时的开始,所以将倒计时需要用的变量状态位清零,保证后续使用时没有信号干扰。

　　如图 25.23 所示,启动运行(V20.1)接通,横向倒计时开始(V20.2)接通,当 VW130 大于等于 C31 时,做一个减法运算,用 VW130 减去 C31,数值存放到 VW120 里。当横向倒计

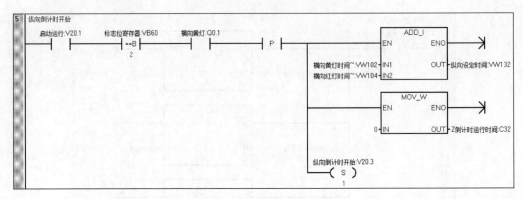

图 25.22   纵向倒计时开始

时开始时,用倒计时设定值减去倒计时运行值等于倒计时数值。为了防止减法运算出现负值,需要做一个数值比较,当被减数大于减数时才会进行减法运算。

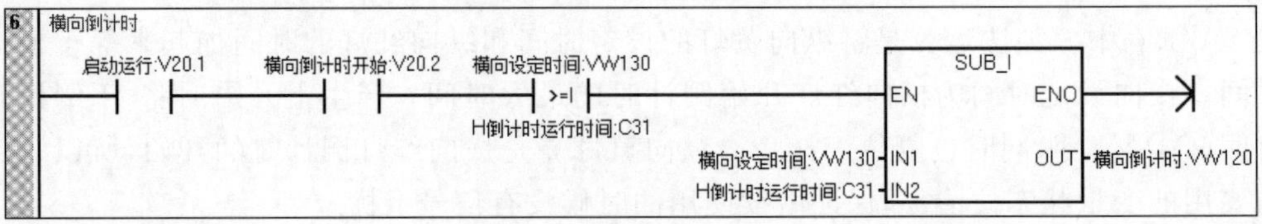

图 25.23   横向倒计时

如图 25.24 所示,启动运行(V20.1)接通,纵向倒计时开始(V20.3)接通,当 VW132 大于等于 C32 时,做一个减法运算,用 VW132 减去 C32,数值存放到 VW122 里。当纵向倒计时开始时,用倒计时设定值减去倒计时运行值等于倒计时数值。为了防止减法运算出现负值,所以要做一个数值比较,当被减数大于减数时才会进行减法运算。

图 25.24   纵向倒计时

如图 25.25 所示,启动运行(V20.1)接通,横向倒计时开始(V20.2)接通,开始进行计时,横向倒计时的事件为纵向黄灯运行或者纵向红灯运行。本段程序利用系统自带 1s 时钟(SM0.5)并通过计数器 C31 计时,计时单位为秒。当横向倒计时(VW120)等于 0 时,复位计数器 C31。

如图 25.26 所示,启动运行(V20.1)接通,纵向倒计时开始(V20.3)接通,开始进行计时,纵向倒计时的事件为横向黄灯运行或者横向红灯运行。本段程序利用系统自带 1s 时钟(SM0.5)并通过计数器 C32 计时,计时单位为秒。当纵向倒计时(VW122)等于 0 时,复位

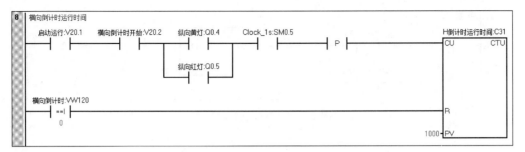

图 25.25 横向倒计时运行时间

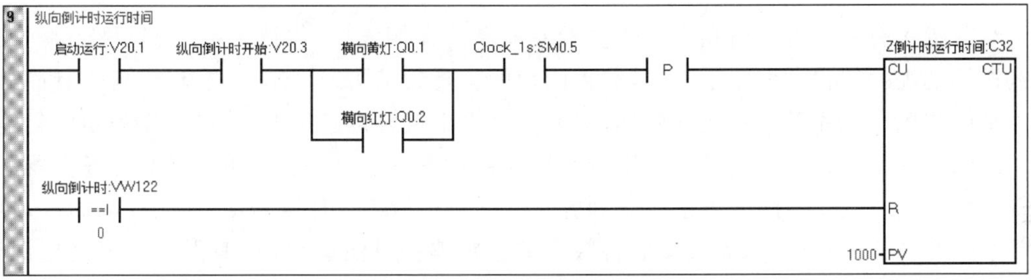

图 25.26 纵向倒计时运行时间

计数器 C32。

如图 25.27 所示,启动运行(V20.1)接通,当横向绿灯(Q0.0)接通或者横向倒计时 (VW120)等于 0 时,将横向设定时间(VW130)清零,同时复位横向倒计时开始(V20.2)。当倒计时完毕时,将倒计时用的数据变量清零。当倒计时为 0 或者绿灯亮时都是倒计时完成的标志,所以在这两种情况下都需清零和复位。

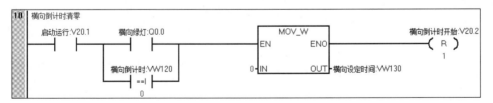

图 25.27 横向倒计时清零

如图 25.28 所示,启动运行(V20.1)接通,当纵向绿灯(Q0.3)接通或者纵向倒计时 (VW122)等于 0 时,将纵向设定时间(VW132)清零,同时复位纵向倒计时开始(V20.3)。当倒计时完毕时,将倒计时用的数据变量清零。当倒计时为 0 或者绿灯亮时都是倒计时完成的标志,所以在这两种情况下都需清零和复位。

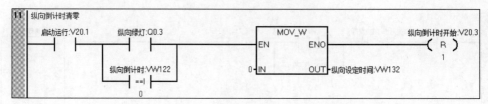

图 25.28　纵向倒计时清零

本 章 小 结

　　编写程序总是要有思路和框架的。看完本章的案例之后,你认为的编程思路和框架是什么样子的呢?编程的思路千千万,编程的目的就是为了实现控制工艺,程序稳定且简练好用才是好程序。程序没有本质性好坏,只要能开发出符合自己的思路,设计出稳定的且能实现工艺的程序就可以。我们发现数字量逻辑控制的编程方式有点烦琐,而采用寄存器法却显得简单好用。其实不同的方法各有利弊。数字量逻辑编程伴随着 PLC 编程的始终,也是最难掌握和驾驭的一种,如果大家能将数字量逻辑编程灵活运用,对编程理解也会更深刻。寄存器法适合于逻辑清晰,并且有明确分界线的事件。如果掺杂了很多逻辑控制,此种编程方式未必是最佳选择。

第 26 章

抢答器案例

26.1 案例说明

▶ 12min

▶ 8min

抢答器案例控制工艺要求

如图 26.1 所示为抢答器案例的布局图。抢答器案例要求如下：

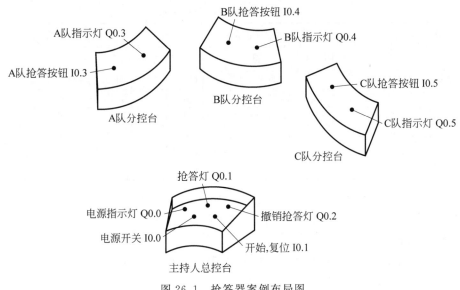

图 26.1 抢答器案例布局图

（1）抢答器设置由 1 个主持人总台和 3 个参赛队分台组成，总台设置有电源指示灯、撤销抢答灯、电源开关、开始/复位按钮。分台设置有一个抢答按钮和一个分台抢答灯。

（2）竞赛开始前，竞赛主持人首先接通电源开关，电源指示灯亮。

（3）各队抢答必须在主持人给出题目，且宣布"开始"并按下开始抢答按钮后 10s 内进行，如果 10s 内有人抢答，则最先按下的抢答按钮信号有效，相应分台上的抢答指示灯亮，其他组再按下抢答按钮则无效。

（4）当主持人按下抢答按钮后，如果10s内无人抢答，则撤销抢答信号灯亮，表示抢答器自动撤销此次抢答信号。

（5）主持人没有按下开始抢答按钮时，各分台按下抢答按钮均无效。

（6）在一个题目回答终了或者10s时间到后无人抢答的情况下，只要主持人再次按下抢答开始/复位按钮后，所有分台抢答指示灯和撤销抢答信号指示灯灭，同时抢答器恢复原始状态，为第二轮抢答做准备。

26.2 程序编写

26.2.1 规划I/O，编制符号表

根据案例要求细化用户需求并确定使用工艺。细化并将工艺拆分成电气可控制的工艺，根据工艺画出工艺流程图。根据工艺确定电气开关和控制元器件设置，同时统计并规划I/O点。根据工艺要求和规划好的I/O点绘制电气图纸。如表26.1所示，我们按照抢答器的工艺要求和使用需求规划好符号表。

表 26.1 抢答器案例符号表

数字量输入			数字量输出			V 区变量		
序号	符号	地址	序号	符号	地址	序号	符号	地址
1	电源开关	I0.0	1	电源指示灯	Q0.0	1	开始，复位屏	V10.0
2	开始，复位	I0.1	2	抢答灯	Q0.1	2	A队抢答按钮屏	V10.1
3	备用输入1	I0.2	3	撤销抢答灯	Q0.2	3	B队抢答按钮屏	V10.2
4	A队抢答按钮	I0.3	4	A队指示灯	Q0.3	4	C队抢答按钮屏	V10.3
5	B队抢答按钮	I0.4	5	B队指示灯	Q0.4	5	电源开关屏	V10.4
6	C队抢答按钮	I0.5	6	C队指示灯	Q0.5	6	开始计时	V20.0

26.2.2 程序编写

1. MAIN(OB1)主程序

如图26.2所示为OB1主程序调用所有用到的子程序。本案例一共调用了1个子程序，该子程序为"抢答器案例"。

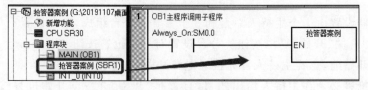

图 26.2 主程序调用子程序

2．抢答器案例（SBR1）子程序

如图 26.3 所示，按下开始，复位屏（V10.0）按键或者电源开关屏（V10.4）断开，此时触发的上升沿复位 A 队指示灯（Q0.3）、B 队指示灯（Q0.4）和 C 队指示灯（Q0.5），同时也复位计时时间到（V40.1）。本段程序大家要学习一下多个信号复位的使用。

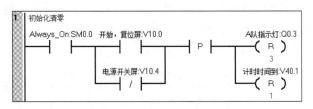

图 26.3　初始化清零

如图 26.4 所示，电源开关屏（V10.4）接通后，电源指示灯（Q0.0）接通，电源指示灯亮。

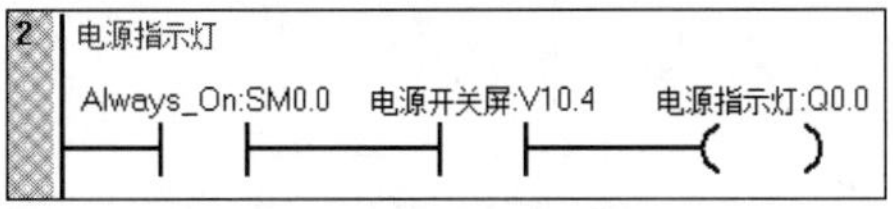

图 26.4　电源指示灯

如图 26.5 所示，在电源开关屏（V10.4）接通的情况下，按下开始，复位屏（V10.0）按键时，触发一个上升沿，如果此时开始计时（V20.0）没有接通，那么置位开始计时（V20.0）。

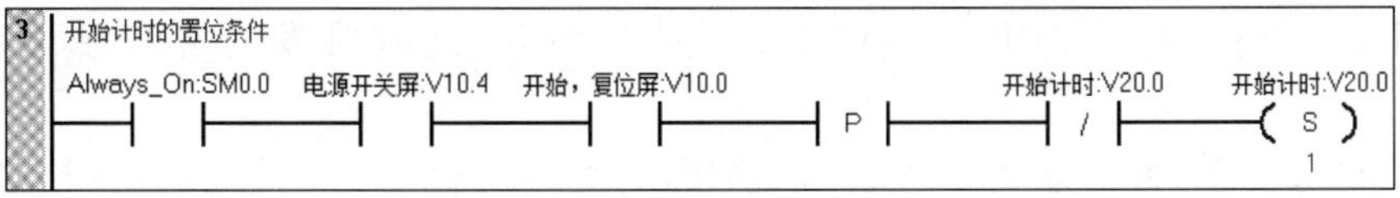

图 26.5　开始计时的置位条件

如图 26.6 所示，在电源开关屏（V10.4）接通的情况下，抢答灯（Q0.1）接通，表示抢答灯亮或者撤销抢答灯亮（Q0.2）接通，表示撤销抢答灯亮，如果此时按下开始，复位屏（V10.0）按键，触发的上升沿复位开始计时（V20.0）。

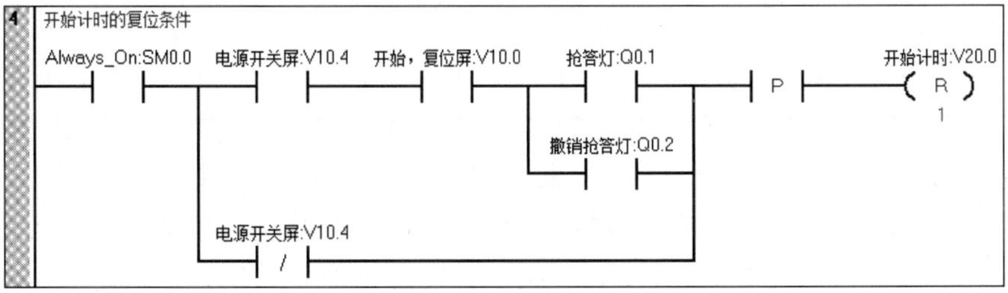

图 26.6　开始计时的复位条件

关闭电源开关时,电源开关屏(V10.4)信号断开,此时触发的上升沿也复位开始计时(V20.0)。

如图 26.7 所示为通过计数器 C11 实现的等待计时。本段程序利用系统自带的 1s 脉冲时钟(SM0.5)并通过增计数器(C11)计时。计时条件为:电源开关屏(V10.4)接通,开始计时(V20.0)接通,抢答灯没亮,计时时间还没到。抢答灯(Q0.1)常闭触点接通表示抢答灯没亮,计时时间到(V40.1)常闭触点接通表示计时时间还没到。

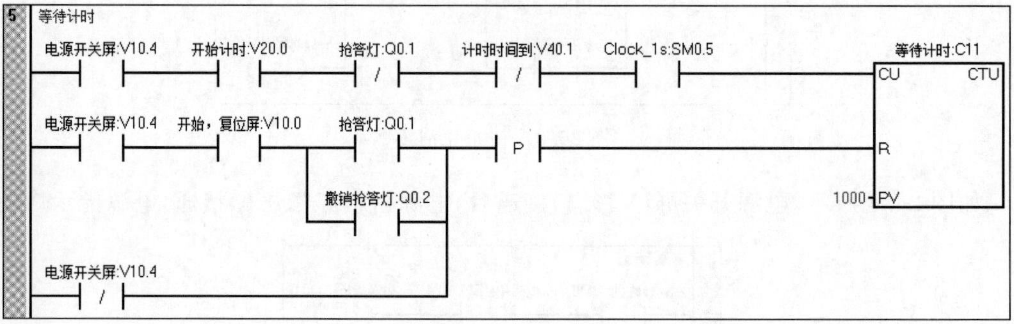

图 26.7 所示程序梯形图

图 26.7 等待计时

在电源开关屏(V10.4)接通的情况下,抢答灯(Q0.1)接通,表示抢答灯亮或者撤销抢答灯(Q0.2)接通,表示撤销抢答灯亮,如果此时按下开始,复位屏(V10.0)按键,触发的上升沿复位计时条件。

关闭电源开关时,电源开关屏(V10.4)信号断开,此时触发的上升沿也复位计时条件。

如图 26.8 所示,电源开关屏(V10.4)接通,开始计时(V20.0)接通,等待计时(C11)大于等于 10,此时置位计时时间到(V40.1)。

图 26.8 计时时间到

如图 26.9 所示,电源开关屏(V10.4)接通,开始计时(V20.0)接通,等待计时(C11)小于 10 时,如果 B 队指示灯(Q0.4)和 C 队指示灯(Q0.5)都没有接通,按下 A 队抢答按钮(V10.1)按键,A 队指示灯(Q0.3)亮;如果 A 队指示灯(Q0.3)和 C 队指示灯(Q0.5)都没有接通,按下 B 队抢答按钮(V10.2)按键,B 队指示灯(Q0.4)亮;如果 A 队指示灯(Q0.3)和 B 队指示灯(Q0.4)都没有接通,按下 C 队抢答按钮(V10.3)按键,C 队指示灯(Q0.5)亮;此处输出采用的都是置位信号,只要不复位灯就一直亮着。

如图 26.10 所示,电源开关屏(V10.4)接通,开始计时(V20.0)接通,只要 A 队指示灯、B 队指示灯和 C 队指示灯任何一个队的指示灯亮,抢答灯(Q0.1)就亮。如果电源开关屏

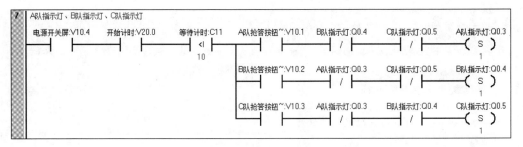

图 26.9　A、B、C 三队指示灯

（V10.4）接通，开始计时（V20.0）接通，计时时间到（V40.1）接通，那么撤销抢答灯（Q0.2）亮。

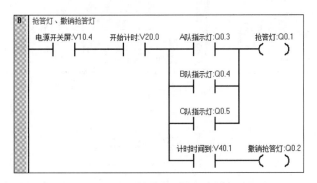

图 26.10　抢答灯、撤销抢答灯

如图 26.11 所示，将等待计时（C11）的值赋值给计时显示（VW200），由于计数器都是 16 位数据，所以赋值给 VW200 用于显示等待时间。由于触摸屏无法添加计数器变量，所以将计数器的值赋值给 VW200，如图 26.11 是我们设计的触摸屏页面。

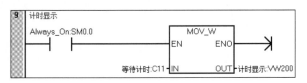

图 26.11　计时显示

如图 26.12 所示，是触摸屏操作页面和状态显示页面。有电源开关、操作按钮和指示灯，另外还有状态显示。为了方便演示和测试，将数字量输入点都替换成了 V 区的点，符号最后都带"屏"字。关于触摸屏的布局和演示画面，跟真实情况越接近越好，此外还跟客户的使用需求有关。我们应该以客户的要求为准，毕竟每人的审美不一样。

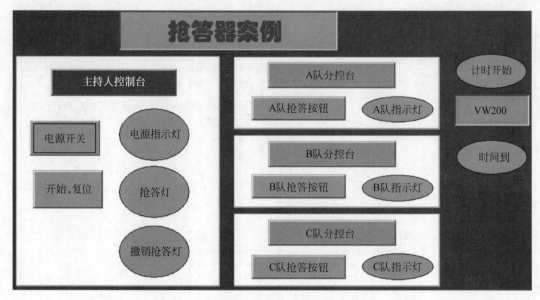

图 26.12　抢答器触摸屏操作页面

本 章 小 结

　　通过本章的学习,掌握简单的数字量逻辑控制的基本编程思路。一般数字量逻辑控制需要用启停保、自锁互锁和置复位这些简单的逻辑来实现。只要我们按照控制工艺,一点一点地细化并完善逻辑就可以实现。本章作业:大家采用顺控程序编写本章案例。

第 27 章

恒压供水案例

27.1 案例说明

恒压供水案例控制工艺要求

如图 27.1 所示为恒压供水案例布局图。一般供水管道需要维持在一定的压力区间才能满足供水需求。供水管道安装的压力传感器用于监视管道压力。补水泵有 2 台(一用一备),手动模式下可同时开启 2 台泵。电磁阀通过自来水管道给水箱补水,水箱内有液位计。水箱补水可以通过设置水箱的启动液位和停止液位来控制水箱的水位。补水泵从水箱内抽水注入供水管道以保证管道压力维持在需要的压力区间。

18min

15min

13min

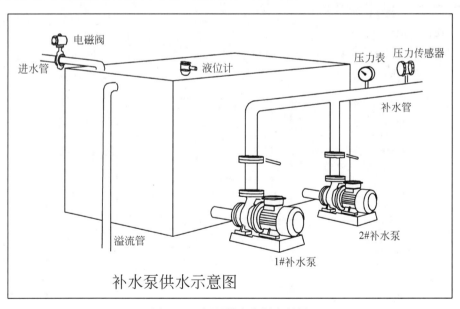

图 27.1 恒压供水案例布局图

27.2　程序编写

27.2.1　规划 I/O,编制符号表

可以将工艺细化并划分为以下 4 部分：水箱补水、管道补水、补水泵控制和模拟量采集。根据工艺要求和工艺图编制的符号表如表 27.1 所示,本案例用到了数字量输入、数字量输出和模拟量输入。

表 27.1　恒压供水案例符号表

数字量输入				数字量输出				V 区变量		
序号	符号	地址	替换	序号	符号	地址	序号	符号	地址	
1	自动模式 DCF	I0.0	V0.0	1	电磁阀输出	Q0.0	1	液位计	AIW16	
2	打开电磁阀	I0.1	V0.1	2	补水泵 1 输出	Q0.1	2	供水压力	AIW18	
3	自动模式 BSB	I0.2	V0.2	3	补水泵 2 输出	Q0.2	序号	符号	替换	
4	打开补水泵 1	I0.3	V0.3	4	报警灯	Q0.3	1	液位计	VW16	
5	打开补水泵 2	I0.4	V0.4				2	供水压力	VW18	
6	补水泵 1 过载	I0.5	V0.5							
7	补水泵 2 过载	I0.6	V0.6							

27.2.2　程序编写

1. MAIN(OB1)主程序

如图 27.2 所示为 OB1 主程序调用所有用到的子程序。本案例一共调用了 5 个子程序,分别为"水箱补水""管道补水""补水泵控制""模拟量采集"和"故障报警"。

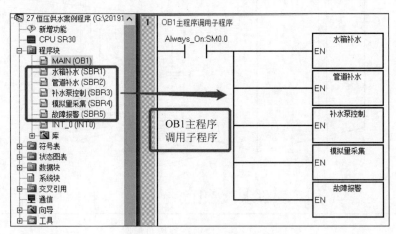

图 27.2　主程序调用子程序

2. 水箱补水（SBR1）子程序

如图 27.3 所示为电磁阀自动启动条件。在自动模式 DCF（V0.0）接通时，如果液位计显示值（VD208）小于等于启动液位 SET（VD224），那么就置位电磁阀自动启动（V100.0）。何时复位呢？当液位计显示值（VD208）大于等于停止液位 SET（VD228）时就会复位。此处是置位优先的指令，如何区分置位优先和复位优先呢？S 后边带 1 是置位优先，R 后边带 1 则是复位优先。

图 27.3　电磁阀自动启动

如图 27.4 所示为自动和手动两种模式下电磁阀输出的接通情况。在自动模式 DCF（V0.0）接通时，电磁阀自动启动（V100.0）接通，如果液位超高故障（V500.1）常闭触点接通表示没有液位超高故障，那么电磁阀输出（Q0.0）就会接通。如果自动模式 DCF（V0.0）断开，在手动模式下，按下打开电磁阀（V0.1），如果液位超高故障（V500.1）常闭触点接通表示没有液位超高故障，那么电磁阀输出（Q0.0）也会接通。

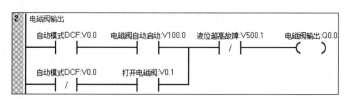

图 27.4　电磁阀输出

3. 管道补水（SBR2）子程序

如图 27.5 所示为补水泵自动启动条件。在自动模式 BSB（V0.2）接通时，如果供水压力显示值（VD220）小于等于启动压力 SET（VD240），那么置位补水泵自动启动（V101.0）。何时复位呢？当供水压力显示值（VD220）大于等于停止压力 SET（VD244）时就会复位。

图 27.5　补水泵自动启动条件 1

如图 27.6 所示，在自动模式 BSB（V0.2）接通时，补水泵自动启动（V101.0）接通，压力超高故障(V500.3)常闭触点接通表示无压力超高故障,液位超低故障(V500.0)常闭触点接通表示无液位超低故障,此时补水泵自动启动2(V101.1)接通。

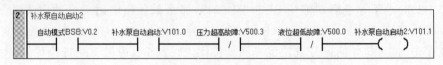

图27.6　补水泵自动启动2

4. 管道补水(SBR3)子程序

如图27.7所示,在自动模式BSB(V0.2)接通时,补水泵自动启动2(V101.1)接通,如果按下启动1号泵(V0.7),补水泵2输出(Q0.2)断开,补水泵1故障(V500.4)常闭触点接通表示补水泵1无故障,压力超高故障(V500.3)常闭触点接通表示无压力超高故障,液位超低故障(V500.0)常闭触点接通表示无液位超低故障,此时满足启动条件,补水泵1输出(Q0.1)接通。

图27.7　补水泵1输出

自动模式BSB(V0.2)断开,在手动模式时,按下打开补水泵1(V0.3),补水泵1无故障,无压力超高故障,也无液位超低故障,此时也满足启动条件,补水泵1输出(Q0.1)接通。

如图27.8所示,在自动模式BSB(V0.2)接通时,补水泵自动启动2(V101.1)接通,如果按下启动2号泵(V1.0),补水泵1输出(Q0.1)断开,补水泵2故障(V500.5)常闭触点接通表示补水泵1无故障,压力超高故障(V500.3)常闭触点接通表示无压力超高故障,液位超低故障(V500.0)常闭触点接通表示无液位超低故障,此时满足启动条件,补水泵2输出(Q0.2)接通。

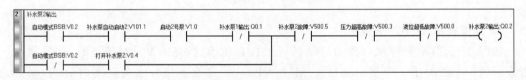

图27.8　补水泵2输出

自动模式BSB(V0.2)断开,在手动模式时,按下打开补水泵2(V0.4),补水泵1无故障,无压力超高故障,也无液位超低故障,此时也满足启动条件,补水泵2输出(Q0.2)接通。

补水泵1和补水泵2只在自动状态互锁,在手动状态不互锁是由工艺决定的,因为手动模式下,要满足能同时启动两台泵。

5. 模拟量采集(SBR4)子程序

如图27.9所示,VW16是模拟量输入值,27648为输入最大值,5530为输入最小值,因为传感器采用的是4~20mA的信号,如果采用0~20mA的信号,最小值就要写0。传感器量程为 0～3m，量程由传感器决定，至于如何显示则由编程人员决定。如果显示单位为"cm"，这里就要把量程写成 0～300，如果显示单位为"mm"，量程就是 0～3000。液位转换值 VD200 为转换出来的数值，数据类型为浮点型。为了保证显示值与实际值更接近，程序中加上了修正值。修正值可以是正值也可以是负值，这样就能实现双向修正。最终显示值才是其他程序中要使用的数值。同理，图 27.10 中，输入值为 VW18，量程为 0～1.6MPa，也采用了修正值用于修正显示，原理都是相同的。

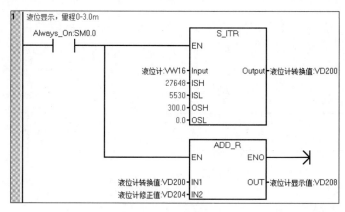

图 27.9 液位计转换

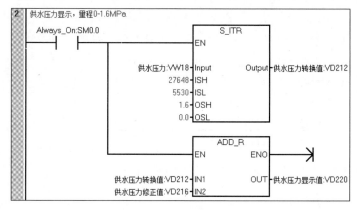

图 27.10 供水压力转换

6. 故障报警（SBR5）子程序

如图 27.11 所示为液位超低故障。在自动模式 DCF（V0.0）接通时，当液位计显示值（VD208）小于等于液位下限 SET（VD236）时，置位液位超低故障（V500.0）。当液位计显示值（VD208）大于等于启动液位 SET（VD224）时，复位液位超低故障（V500.0）。这里要求启动液位 SET（VD224）的数值一定要大于液位下限 SET（VD236）的数值。

如图 27.12 所示为液位超高故障。在自动模式 DCF（V0.0）接通时，当液位计显示值（VD208）大于等于液位上限 SET（VD232）时，置位液位超高故障（V500.1）。当液位计显示

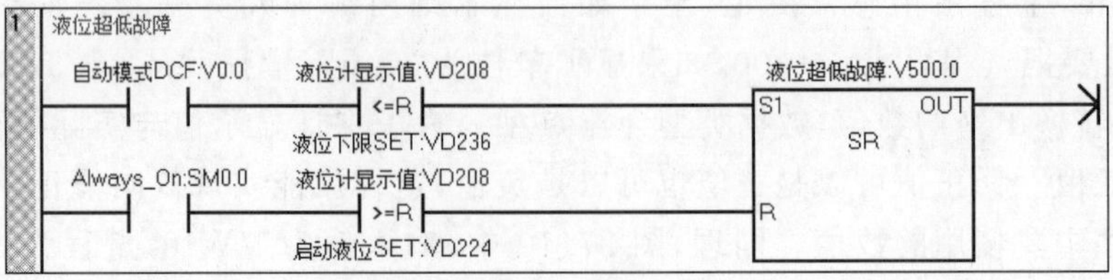

图 27.11　液位超低故障

值(VD208)小于等于停止液位 SET(VD228)时,复位液位超高故障(V500.1)。这里要求液位上限 SET(VD232)的数值一定要大于停止液位 SET(VD228)的数值。

图 27.12　液位超高故障

如图 27.13 所示为压力超低故障。在自动模式 BSB(V0.2)接通时,当供水压力显示值(VD220)小于等于压力下限 SET(VD252)时,置位压力超低故障(V500.2)。当供水压力显示值(VD220)大于等于启动压力 SET(VD240)时,复位压力超低故障(V500.2)。这里要求启动压力 SET(VD240)的数值一定要大于压力下限 SET(VD252)的数值。

图 27.13　压力超低故障

如图 27.14 所示为压力超高故障。在自动模式 BSB(V0.2)接通时,当供水压力显示值(VD220)大于等于压力上限 SET(VD248)时,置位压力超高故障(V500.3)。当供水压力显示值(VD220)小于等于停止压力 SET(VD244)时,复位压力超高故障(V500.3)。这里要求压力上限 SET(VD248)的数值一定要大于停止压力 SET(VD244)的数值。

如图 27.15 所示,当补水泵 1 号热继电器故障时,补水泵 1 过载(V0.5)的常闭触点接通,置位补水泵 1 故障(V500.4)。当补水泵 1 号热继电器故障恢复后,补水泵 1 过载(V0.5)的常开触点接通,此时按下复位按钮(V1.1),故障才能清除。热继电器故障信号接常闭触点,程序的编写跟现场接线有关。如图 27.16 所示为按照上述方法设计的补水泵 2 的热继电器故障。

图 27.14　压力超高故障

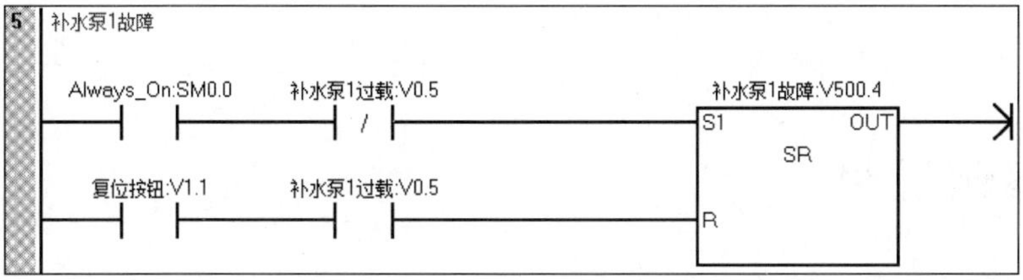

图 27.15　补水泵 1 故障

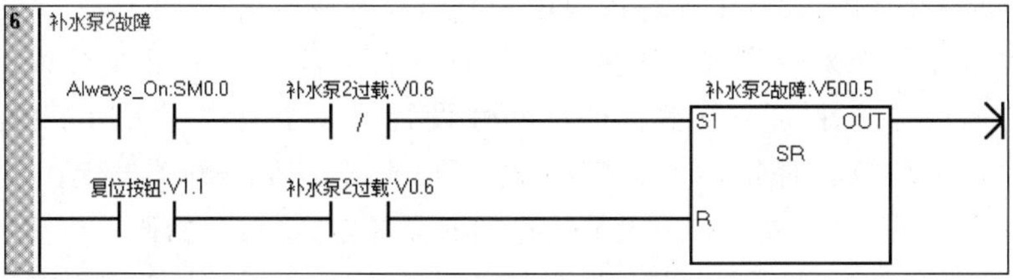

图 27.16　补水泵 2 故障

　　如图 27.17 所示为采用的寄存器法设计的报警灯输出程序。我们知道报警状态（VD500）是 V500.0～V503.7 的集合体，如果其中任何一个点位为 1，VD500 就会大于 0。本案例一共采用了 6 个故障：V500.0～V500.5，其实用 VB500 或者 VW500 也可以实现，为了日后增加故障点时方便设计，这里直接选择了 VD500。

图 27.17　报警灯输出

本 章 小 结

　　经过本章的学习，我们应该掌握模拟量程序的编写和应用。本章使用了液位、压力的转换、修正和显示。要掌握使用寄存器法设计报警指示，学会用置复位设计故障程序。相对复杂些的程序要对程序做规划和细分，分成不同的程序块再来编写。

第 28 章

恒温控制室案例

28.1 案例说明

恒温控制室案例制作工艺要求

如图 28.1 所示为恒温控制室布局图。要求将室内温度控制在 25～26℃,检测介质为空气。为了保证室内恒温设置了加热风扇用于升温和制冷风扇用于降温;为了保证室内温度均匀分布增加了 2 个对流风扇;加热或制冷时对流风扇开启,停止加热或制冷后对流风扇延时工作 1min。为了保证室内测温的准确性设置了 3 个温度探头用于检测室内温度。控制室的门是由电机控制的自动门,由"开到位"和"关到位"信号开关设置。门口放置了"踏毯开关"和"光电开关"用于检测有无人员。进门时需要输入密码,密码正确后自动开门。出门时人站到"踏毯开关"上且挡住"光电开关"后,门自动打开。人员进入室内后,照明灯自动打开,人员离开并且关门以后照明灯自动关闭。室内照明灯亮时对亮度要有检测,照明灯亮度不够时要报警提示。制冷设备为制冷风扇,加热设备为加热风扇,自动门由 AC220V 电机控制,以上设备(含对流风扇)均不带过热故障检测。

29min

14min

16min

21min

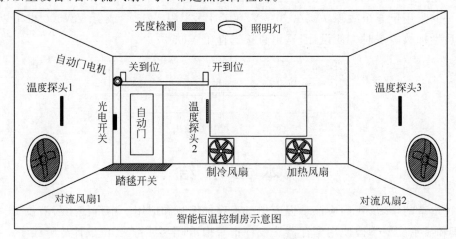

图 28.1　恒温控制室布局图

28.2　程序编写

28.2.1　规划 I/O 点，编制符号表

编程前需要将工艺细化并拆分。可以划分为以下几个部分：自动门控制、照明灯控制、加热制冷系统、温度检测和对流风扇。将每一部分程序设计完成后，再关联相关程序就完成了整个项目程序。

原本 I/O 配置表要和实际使用 I/O 一致，为了方便采用触摸屏测试，我们将所有的数字量输入点转换成 V 区的点位来测试。模拟量输入也用 V 区数据来替换，替换的数据区字体都做了加粗显示。如表 28.1 所示为智能恒温控制室符号表，本案例用到了数字量输入、数字量输出和模拟量输入。

表 28.1　智能恒温控制室符号表

数字量输入				数字量输出			模拟量输入		
序号	符号	地址	**替换**	序号	符号	地址	序号	符号	地址
1	自动模式	I0.0	**V0.0**	1	门运行指示灯	Q0.0	1	室内温度1	AIW16
2	手动开门按钮	I0.1	**V0.1**	2	开门继电器	Q0.1	2	室内温度2	AIW18
3	手动关门按钮	I0.2	**V0.2**	3	关门继电器	Q0.2	3	室内温度3	AIW20
4	门开到位	I0.3	**V0.3**	4	制冷继电器	Q0.3	序号	符号	**替换**
5	门关到位	I0.4	**V0.4**	5	加冷继电器	Q0.4	1	室内温度1	**VW16**
6	踏毯开关	I0.5	**V0.5**	6	对流风扇输出1	Q0.5	2	室内温度2	**VW18**
7	光电开关	I0.6	**V0.6**	7	对流风扇输出2	Q0.6	3	室内温度3	**VW20**
8	亮度检测	I0.7	**V0.7**	8	照明灯输出	Q0.7			
9	密码正确	I1.0	**V1.0**	9	报警灯	Q1.0			

很多人可能会对符号表的地址提出疑问。这里的地址不是绝对的，而是根据 PLC 编程时的组态地址来确定的。这些地址是由电气图纸设计人员决定的，电气图纸是根据模块组态配置图来决定的，如图 28.2 所示。说得直接一点就是：在绘制电气图纸之前需要先进行模块组态配置，这样能保证图纸的地址是准确的，也方便编程人员的操作。本案例除了 CPU 只有一个模拟量输入模块，地址分配的顺序是不可变的。I/O 地址分配跟模块组态顺序是相关联的，所以模块数量多了，地址分配就不是唯一的了，可能存在多种情况，所以我们要以电气图纸或者某一组态配置为准。本案例以图 28.2 所示的模块配置为准。

28.2.2　程序编写

1. MAIN（OB1）主程序

如图 28.3 所示为 OB1 主程序调用其他子程序。本案例有 7 个子程序，分别为"模拟量程序""自动门控制""照明灯控制""加热制冷系统""温度检测""对流风扇"和"故障报警"。细心的读者会发现我们在调用子程序"加热制冷系统"时，调用了 2 次。这样 OB1 主程序每

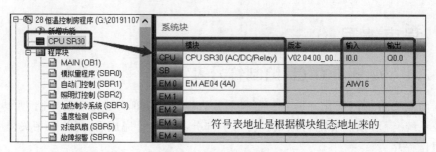

图 28.2　模块组态配置图

一个扫描周期对子程序"加热制冷系统"扫描 2 次,对本案例来讲没有影响。我们在实际使用时重复添加了子程序之后把多余的子程序调用删除即可。

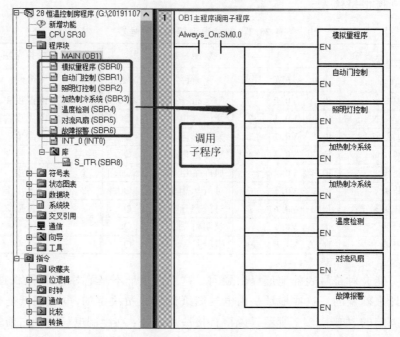

图 28.3　调用子程序

如图 28.4 所示,在手动模式时将从 V100.0 到 V101.7 的所有信号的状态位清零。

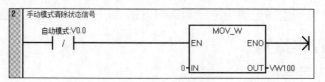

图 28.4　手动模式清零

2. 模拟量程序（SBR0）子程序

如图 28.5～28.7 所示为 3 个温度值的转换和显示。如果 3 个温度变送器采用一种型号，那么这 3 个温度转换程序是一样的。本案例选用的温度传感器的量程是 0～100℃，4～20mA 输出的。模拟量通道 VW16 的数值经过转换后在 VD200 显示；模拟量通道 VW18 的数值经过转换后在 VD212 显示，模拟量通道 VW20 的数值经过转换后在 VD224 显示。

我们对转换后的数值都进行了修正，因为修正值可以是正值也可以是负值，将转换而来的数值经过修正之后再显示，使显示值跟实际值更接近。最终显示值分别存放在 VD208、VD220 和 VD232 中。具体模拟量数值是如何转换的可以参看第 17 章，该章节有详细的说明和讲解。量程上限和量程下限也可以设计成可以设定的，这样从触摸屏或者上位机就可以设置模拟量的量程，如果更换了不同量程的传感器就不用修改程序了。

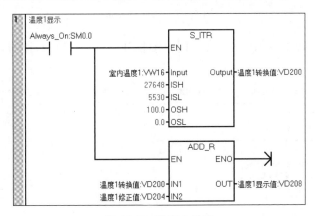

图 28.5 温度 1 显示

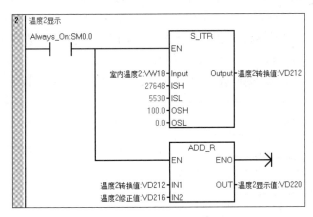

图 28.6 温度 2 显示

3. 自动门控制（SBR1）子程序

如图 28.8 所示为在手动模式和自动模式下，开门继电器的接通情况。在手动模式下，按下手动开门按钮（V0.1），不按下手动关门按钮（V0.2），此时可以开门。在自动模式下，

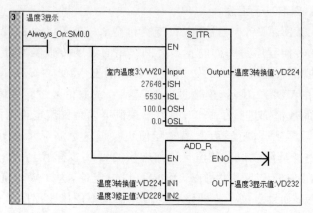

图 28.7　温度 3 显示

进门自动打开条件(V100.0)接通或者出门自动打开条件(V100.2)接通,此时也可以开门。

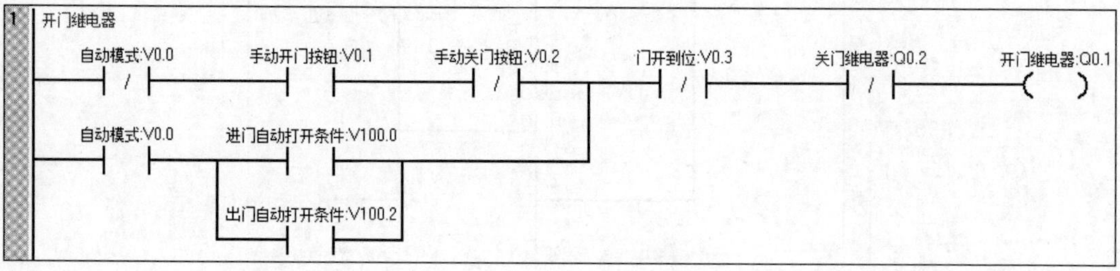

图 28.8　开门继电器

门开到位(V0.3)的常闭触点串接在主回路是因为门开到位(V0.3)是开门继电器(Q0.1)的正常停止信号。关门继电器(Q0.2)的常闭触点串接在主回路是为了实现正反转互锁。

如图 28.9 所示为在手动模式和自动模式下,关门继电器的接通情况。在手动模式下,按下手动关门按钮(V0.2),不按下手动开门按钮(V0.1),此时可以关门。在自动模式下,进门自动关闭条件(V100.1)接通或者出门自动关闭条件(V100.3)接通,此时也可以关门。

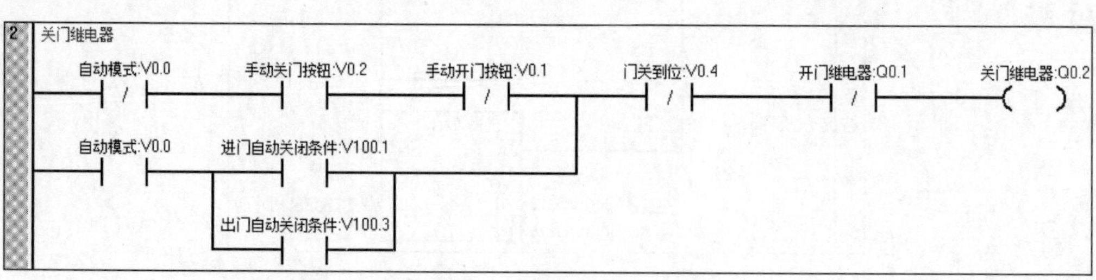

图 28.9　关门继电器

门关到位(V0.4)的常闭触点串接在主回路是因为门关到位(V0.4)是关门继电器(Q0.2)的正常停止信号。开门继电器(Q0.1)的常闭触点串接在主回路是为了实现正反转互锁。

如图 28.10 所示,当开门继电器(Q0.1)接通或者关门继电器(Q0.2)接通,其中任何一个接通,门运行指示灯(Q0.0)就会接通。当开门继电器(Q0.1)和关门继电器(Q0.2)都断开时,门运行指示灯(Q0.0)才会断开。

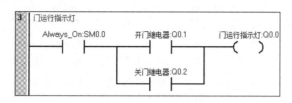

图 28.10　门运行指示灯

如图 28.11 所示,当输入密码正确时密码正确(V1.0)接通,进门自动关闭条件(V100.1)没有接通,此时触发的上升沿置位进门自动打开条件(V100.0),同时复位进门自动关闭条件(V100.1)和出门自动关闭条件(V100.3)。

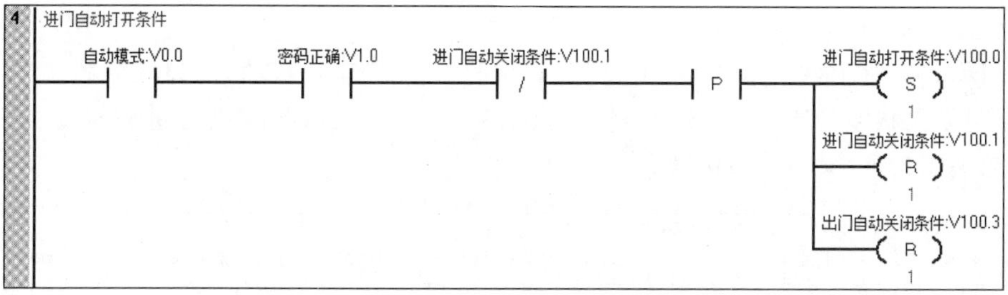

图 28.11　进门自动打开条件

如图 28.12 所示,在自动模式下,门开到位(V0.3)接通和踏毯开关(V0.5)接通,两个同时有信号证明有人员进入,此时置位进门记忆(V100.6),同时复位进门自动打开条件(V100.0)。此段程序用于标记已经有人进入。

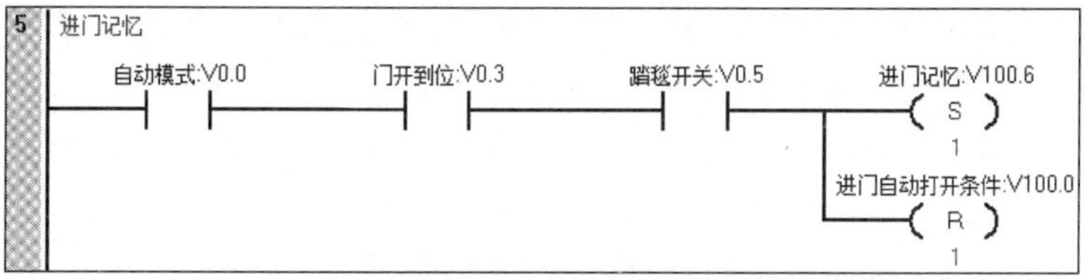

图 28.12　进门记忆

如图 28.13 所示,在自动模式下,门关到位(V0.4)接通,开门继电器(Q0.1)断开和关门继电器(Q0.2)断开,表示门是关到位的状态,门的输出继电器也无任何动作,此时接通门关到位状态(V105.0)。

在自动模式下,门开到位(V0.3)接通,开门继电器(Q0.1)断开和关门继电器(Q0.2)断开,表示门是开到位的状态,门的输出继电器也无任何动作,此时接通门开到位状态(V105.1)。

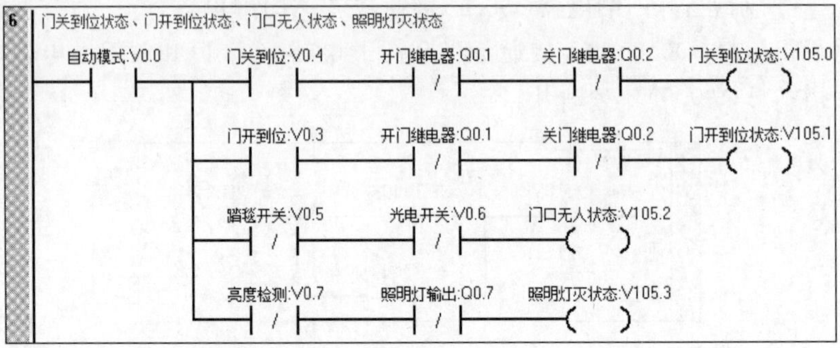

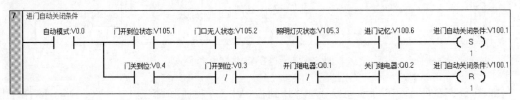

图 28.13　门关到位状态、门开到位状态、门口无人状态和照明灯灭状态

在自动模式下,踏毯开关(V0.5)和光电开关(V0.6)都断开,表示门口是无人的状态,此时接通门口无人状态(V105.2)。

在自动模式下,亮度检测(V0.7)和照明灯输出(Q0.7)都断开,表示照明灯不亮,此时接通照明灯灭状态(V105.3)。

如图 28.14 所示,在自动模式下,门开到位状态(V105.1)接通,门口无人状态(V105.2)接通,照明灯灭状态(V105.3)接通,进门记忆(V100.6)接通,此时满足进门自动关闭条件,进门自动关闭条件(V100.1)接通。

图 28.14　进门自动关闭条件

门没动作,门口没人,而此时有两种状态。此时人是刚好进来呢,还是人刚好要出去呢?元器件无法自动识别出来,但是我们要通过程序语言来表达出来。人刚好进来时,灯应该是灭的,所以加入了灯不亮的信号照明灯灭状态(V105.3)。如图 28.13 所示照明灯灭状态(V105.3)是由 2 个信号组成的。因为亮度检测(V0.7)断开和照明灯输出(Q0.7)有无输出没有必然的关系,假如照明灯输出(Q0.7)有输出,亮度检测坏了,此时亮度检测(V0.7)也是断开的。所以我们在设计程序时要尽量用程序语言表达得合适。为了进一步保证程序的执行,我们加入了进门记忆(V100.6),就是要把进门的状态引用到这里来区分进门和出门的临界状态。

如图 28.15 所示,在自动模式下,门关到位状态(V105.0)接通表示门关着,踏毯开关(V0.5)和光电开关(V0.6)都接通表示门内有人,而此时的状态有两种。此时人是要进来呢,还是人要出去呢?可能会引起歧义。我们通过照明灯输出(Q0.7)来区分,人刚进来时灯是灭的,进来之后再出去灯是亮的,以此来区分两种状态。根据程序描述此时应该置位出门自动打开条件(V100.2)。何时复位呢?门开到位(V0.3)接通后复位出门自动打开条件(V100.2)。

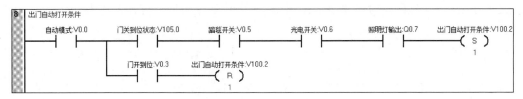

图 28.15 出门自动打开条件

如图 28.16 所示,在自动模式下,门开到位状态(V105.1)接通,门口无人状态(V105.2)接通,而此时的状态有两种,此时是人要进来呢,还是人要出去呢? 既然是实现人要出去就需要加上进门记忆(V100.6),此时置位出门自动关闭条件(V100.3)。对比图 28.14 进门自动关闭条件,只差一个照明灯亮灭状态(V105.3)信号。此处要不要加一个关于照明灯的信号状态呢? 如果加,应该加入一个什么信号,请大家仔细思考并编写程序测试。

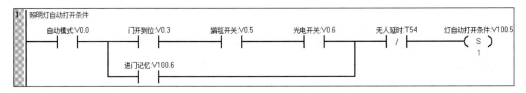

图 28.16 出门自动关闭条件

当人员已经出去了,门也关闭了,所有用过的状态信号都应该清除掉了。如图 28.16 所示门关到位(V0.4)、进门记忆(V100.6)和出门自动关闭条件(V100.3)3 个信号都接通触发的上升沿来复位出门自动关闭条件(V100.3)和进门记忆(V100.6)。

4. 照明灯控制(SBR2)子程序

如图 28.17 所示,在自动模式下,门开到位(V0.3)接通,踏毯开关(V0.5)和光电开关(V0.6)都接通表示门口有人,此时照明灯应该亮。如果有进门记忆(V100.6),同时也亮灯,进门记忆也就等同于屋内有人的状态。如果屋里没人并且无人延时(T54)接通时灯是不允许亮的。

```
1  照明灯自动打开条件
   自动模式:V0.0   门开到位:V0.3   踏毯开关:V0.5   光电开关:V0.6   无人延时:T54   灯自动打开条件:V100.5
   ├──┤ ├──┬──┤ ├──────┤ ├──────┤ ├──────┤ /├────────( S )
                │                                                    1
                │  进门记忆:V100.6
                └──┤ ├──┘
```

图 28.17 照明灯自动打开条件

如图 28.18 所示,在自动模式下,门关到位(V0.4)接通,踏毯开关(V0.5)和光电开关(V0.6)都接通表示门口有人,如果进门记忆(V100.6)接通,此时描述的是门关着,人进来过,又重新站到了门口,此时应该是需要出门,下一时刻应该是门打开人离去,此时置位出门记忆(V100.7)。

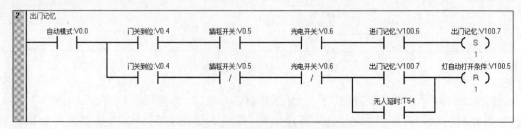

图 28.18 出门记忆和关闭照明灯

在自动模式下,门关到位(V0.4)接通,踏毯开关(V0.5)和光电开关(V0.6)都断开表示门口无人,如果出门记忆(V100.7)接通或者无人延时(T54)接通,就足以说明人员已经从门口离开,此时就可以将灯自动打开条件(V100.5)复位。此时执行关闭照明灯的操作。

如图 28.19 所示为无人延时检测程序。在自动模式下,进门记忆(V100.6)断开,出门自动打开条件(V100.2)断开,出门自动关闭条件(V100.3)断开,这些足以证明屋内没人了,然后通过无人延时(T54)延时 5s,无人延时(T54)接通就判定屋内没人了。

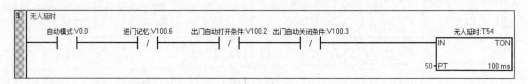

图 28.19 无人延时

如图 28.20 所示,在自动模式下,灯自动打开条件(V100.5)接通时照明灯输出(Q0.7)也应该接通。照明灯的控制不采用手动控制。

图 28.20 照明灯输出

5. 加热制冷系统(SBR3)子程序

如图 28.21~图 28.23 所示为制冷工艺的控制。工艺要求控温在 25~26℃,大家思考一下:本案例有加热也有制冷,何时加热而又何时制冷呢?这个问题是值得深入思考的。

一般人都会想当然地认为:"低于 25℃开始加热,到了 26℃停止加热。高于 26℃开始制冷,低于 25℃停止制冷"。如果是这样,加热和制冷会一直都在工作。其实我们应该选择一个中间值 25.5℃作为基准值。制冷时到达 25.5℃停止,加热也是到 25.5℃停止。这样就把加热和制冷的标准制定好了。工艺要求的温度是 25~26℃,在 25℃和 26℃之间加热或者制冷都是浪费的。所以还需要做一个延时设置:当温度高于 26℃10s 之后开始制冷,或者当温度大于设定值（设定值大于等于 26.5℃）时开始制冷，当温度降到 25.5℃ 时停止制冷。

　　如图 28.21 所示是通过置、复位实现的一个制冷条件。当室温显示值（VD236）大于等于温度上限 SET（VD240），温度上限 SET（VD240）大于等于 26.5 时，可以置位制冷条件（V101.0）。当室温显示值（VD236）大于 26.0，高温延时（T51）接通后，也可以置位制冷条件（V101.0）。当室温显示值（VD236）小于 25.5 时复位制冷条件（V101.0）。

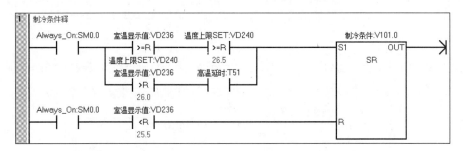

图 28.21　制冷条件

　　如图 28.22 所示，当室温显示值（VD236）大于 26.0 时，通过高温延时（T51）延时 10s。

图 28.22　高温延时

　　如图 28.23 所示，在自动模式下，如果制冷条件（V101.0）接通，表示满足制冷条件，此时制冷继电器（Q0.3）就会输出。

图 28.23　制冷继电器

　　如图 28.24～图 28.26 所示为加热工艺的控制。工艺要求控温在 25～26℃，加热也需要设置一个延时：当温度低于 25℃10s 之后开始加热，或者当温度小于设定值（设定值小于等于 25.5℃）时开始加热，当温度升到 25.5℃ 时停止加热。

　　如图 28.24 所示是通过置复位设计的一个加热条件。当室温显示值（VD236）小于等于温度下限 SET（VD244），并且温度下限 SET（VD244）小于等于 24.5 时，可以置位加热条件（V101.1）。当室温显示值（VD236）小于 25.0，低温延时（T52）接通后，也可以置位加热条件（V101.1）。当室温显示值（VD236）大于 25.5 时复位加热条件（V101.1）。

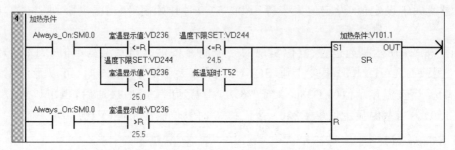

图 28.24　加热条件

如图 28.25 所示,当室温显示值(VD236)小于 25.0 时,通过低温延时(T52)延时 10s。

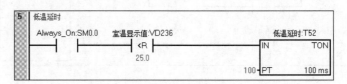

图 28.25　低温延时

如图 28.26 所示,在自动模式下,如果加热条件(V101.1)接通,则表示满足加热条件,此时加热继电器(Q0.4)就会输出。

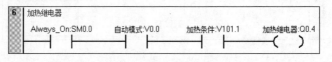

图 28.26　加热继电器

6. 温度检测(SBR4)子程序

如图 28.27~图 28.29 所示,我们要选择 3 个温度的中间值来通过 VD236 显示。控制逻辑如下:如果温度 2 显示值大于等于温度 1 显示值和温度 3 显示值,那么温度 2 显示值是最大的,在温度 2 显示值是最大的前提下,温度 1 显示值大于温度 3 显示值,那么温度 1 显示值就是中间值。如果最大值和最小值互换,中间值还是温度 1 显示值。所以温度 1 显示值是中间值的情况有 2 种,设计出来的程序如图 28.27 所示。图 28.28 和图 28.29 也是按照同样的方法设计出来的程序,读者可以自己去领悟和练习。那么问题来了,如果有 9 个数据让我们找到中间值应该如何设计程序呢? 如果有 99 个数据呢? 这个方法只适合于少量数据进行排列,大量的数据排列和查找需要改变编程方式。

7. 对流风扇(SBR5)子程序

根据工艺要求,当制冷或者加热时,对流风扇都要开启,同时停止制冷或者加热后,对流风扇延时 60s 关闭。

如图 28.30 所示,制冷继电器(Q0.3)和加热继电器(Q0.4)并联,两者中任何一个发生时,都会置位对流风扇开启条件(V101.2)。

图 28.27 室温显示 1

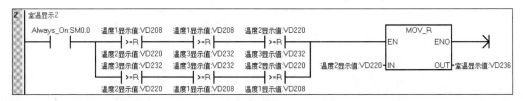

图 28.28 室温显示 2

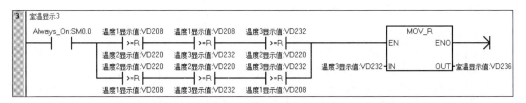

图 28.29 室温显示 3

图 28.30 对流风扇开启条件

如图 28.31 所示,制冷继电器(Q0.3)和加热继电器(Q0.4)都断开时,通过制冷加热停止延时(T53)延时 60s,延时时间到了之后,制冷加热停止延时(T53)接通,此时复位对流风扇开启条件(V101.2)。

图 28.31 制冷加热停止延时和对流风扇关闭

如图 28.32 所示,对流风扇开启条件(V101.2)接通时,对流风扇输出 1(Q0.5)和对流风扇输出 2 (Q0.6)同时接通。对流风扇什么时候停止取决于什么时候将对流风扇开启条件(V101.2)复位。

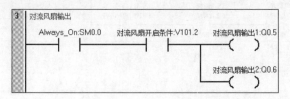

图 28.32 对流风扇输出

8. 故障程序(SBR6)子程序

如图 28.33 所示为用置、复位设计的照明灯故障。当照明灯输出(Q0.7)接通时,亮度检测(V0.7)不通,证明灯泡没亮或者亮度检测开关坏了,此时置位照明灯故障(V500.0)来表示照明灯坏了。那么何时复位呢?当照明灯输出(Q0.7)接通时,亮度检测(V0.7)接通,按下复位按钮(V10.0)可以复位并消除故障。

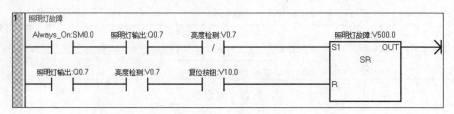

图 28.33 照明灯故障

如图 28.34 所示为发生故障时故障指示灯接通。VD500 是从 V500.0 到 V503.7 所有点的集合,本案例中这些点位只能指示故障状态,而不能用到其他地方,否则本条程序就要修改或者导致程序混乱和错误。因为从 V500.0 到 V503.7 任何一个点接通,VD500 就会有数值,此时 VD500 就会大于 0,报警灯(Q1.0)就会接通。

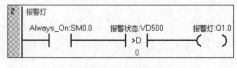

图 28.34 报警灯

本 章 小 结

通过本章的学习,我们要掌握模拟量的应用,以及数据的比较排列和赋值。掌握临界状态如何细化和区分,掌握多个事件的细化处理。工艺复杂的要学会各个击破,先将每一个程序完成好,最后将需要关联互锁的联系起来即可。最重要的一点是:如果编程没有思路和方向,就可以先去细化分解工艺,如果还没有思路,就继续细化分解,直到可以下手编程为止。

第 29 章

车库自动门案例

29.1 案例说明

车库自动门案例控制工艺要求

如图 29.1 所示为车库自动门布局图。车库门外和车库门内都装有地感检测装置,我们称之为"车辆出入库感应器",用于检测有无车辆。车库门边装有光电开关用于检测有没有人或者物体阻碍车库门关闭。车库门安装有检测开关,"车库门上限位"是打开到位停止位,"车库门下限位"是关闭到位停止位。车库内有照明灯,进车库时照明灯自动开启。停车到位后人员离开,可以手动按下出库门关闭按键,车库门自动落下关闭到位后停止,还可以等人员离开后10s车库门自动关闭。人员下次进入需要按下打开按键或者挡住车库光电开关检测5s以上,车库门也会自动打开。车辆从车库离开后,车库内照明灯自动关闭,车库门也会自动关闭。

▶ 22min

▶ 15min

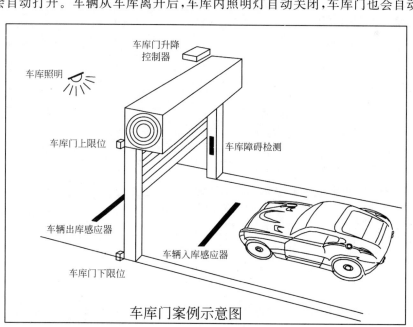

车库门案例示意图

图 29.1 车库自动门布局图

29.2 程序编写

29.2.1 规划 I/O 点,编制符号表

将出入库工艺流程细化分为 4 个部分:车辆入库时库门打开、人员离开时库门关闭、人员再次进入时库门打开和车辆离开时库门关闭。

根据现场工艺可控制要求编制了符号表,如表 29.1 所示,这里只用到了数字量输入和数字量输出。

图 29.1 车库自动门案例符号表

数字量输入				数字量输出		
序号	符号	地址	替换	序号	符号	地址
1	自动模式	I0.0	V0.0	1	门运行指示灯	Q0.0
2	手动开门按钮	I0.1	V0.1	2	开门继电器	Q0.1
3	手动关门按钮	I0.2	V0.2	3	关门继电器	Q0.2
4	门开到位	I0.3	V0.3	4	照明灯输出	Q0.3
5	门关到位	I0.4	V0.4			
6	光电开关	I0.5	V0.5			
7	门内地感	I0.6	V0.6			
8	门外地感	I0.7	V0.7			

29.2.2 程序编写

1. MAIN(OB1)主程序

如图 29.2 所示为 OB1 主程序调用其他子程序。本案例有 3 个子程序,分别为"车库控制""照明灯控制"和"流程控制"。

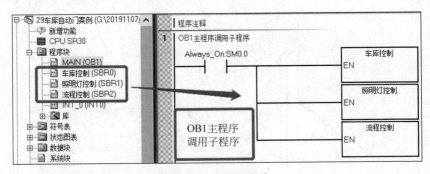

图 29.2 调用子程序

如图 29.3 所示,在手动模式时将从 V100.0 到 V101.7 的所有信号的状态位清零,同时将标志位寄存器 VB60 清零。

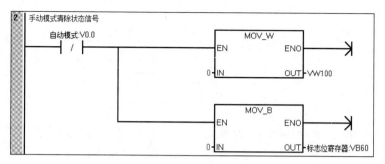

图 29.3　手动模式清零

2. 车库控制(SBR0)子程序

如图 29.4 所示,在自动模式下,门外地感(V0.7)接通,门内地感(V0.6)未接通,证明门外有车,通过门外有车延时(T51)延时 1s。

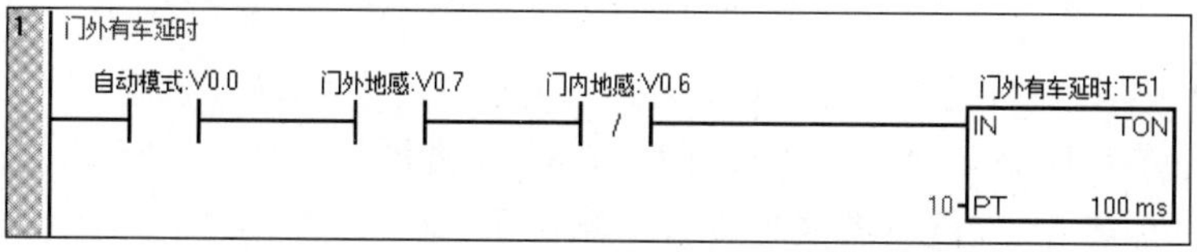

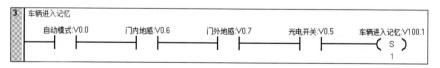

图 29.4　门外有车延时

如图 29.5 所示,在自动模式下,门外有车延时(T51)时间到,入库开门条件(V100.0)没有接通,置位入库开门条件(V100.0)。

图 29.5　入库开门条件

如图 29.6 所示,在自动模式下,门内地感(V0.6)接通,门外地感(V0.7)接通,光电开关(V0.5)接通,证明有车辆需要进入车库,此时置位车辆进入记忆(V100.1)。

图 29.6　车辆进入记忆

如图 29.7 所示,在自动模式下,车辆进入记忆(V100.1)接通,门内地感(V0.6)未接通,门外地感(V0.7)未接通,光电开关(V0.5)接通,判定为人员离开,如果人员离开检测延时(T52)接通,人员离开检测延时(T52)的常开触点对光电开关(V0.5)进行自保。目的是保证光电开关(V0.5)信号断开后,人员离开检测延时(T52)继续接通。

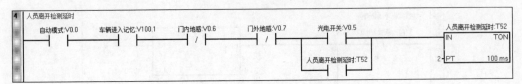

图 29.7　人员离开检测延时

如图 29.8 所示,在自动模式下,人员离开检测延时(T52)接通,光电开关(V0.5)断开时,表示人员已经经过光电开关了,通过车库无人延时(T53)延时 6s。

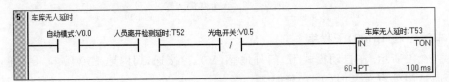

图 29.8　车库无人延时

如图 29.9 所示,在自动模式下,车库无人延时(T53)接通,人员进入开门条件(V100.3)未接通,置位人员离开记忆(V100.2)。此时证明人员已经离开,同时复位入库开门条件(V100.0),人员都离开了,就不需要再有开门条件了。

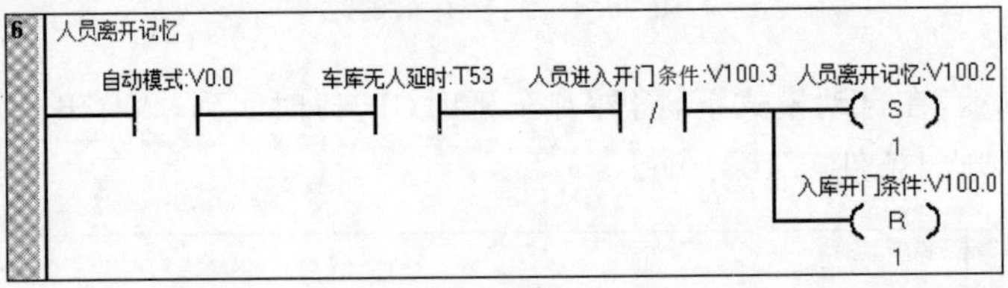

![图29.9 人员离开记忆](梯形图6 人员离开记忆：自动模式:V0.0 车库无人延时:T53 人员进入开门条件:V100.3 人员离开记忆:V100.2 (S)1 入库开门条件:V100.0 (R)1)

图 29.9　人员离开记忆

如图 29.10 所示,在自动模式下,门关到位(V10.4)接通,光电开关(V0.5)闭合,门外地感(V0.7)断开,判定为人员来开门并故意挡住光电开关,通过人员开门检测(T54)延时 5s。人员开门检测(T54)接通后证明有开门的需求。

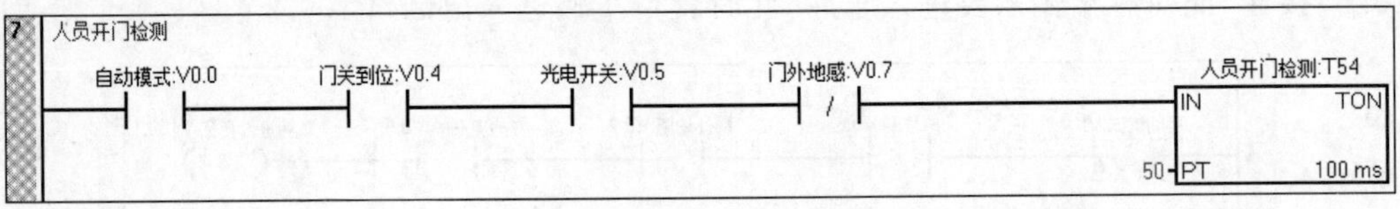

![图29.10 人员开门检测](梯形图7 人员开门检测：自动模式:V0.0 门关到位:V0.4 光电开关:V0.5 门外地感:V0.7 人员开门检测:T54 IN TON 50-PT 100 ms)

图 29.10　人员开门检测

如图 29.11 所示,如果人员开门检测(T54)接通或者人为按下手动开门按钮(V0.1),此时就需要开门了。如果人员进入开门条件(V100.3)没有接通,置位人员进入开门条件(V100.3)。

如图 29.12 所示,在自动模式下,门内地感(V0.6)接通,门外地感(V0.7)不接通,证明

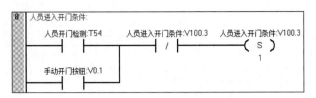

图 29.11　人员进入开门条件

库内有车,通过库内有车延时(T55)延时 2s。采用延时是为了过滤不稳定信号和信号误触发。

图 29.12　库内有车延时

如图 29.13 所示,如果人员离开记忆(V100.2)接通,库内有车延时(T55)接通,门开到位(V0.3)接通,车辆进入记忆(V100.1)接通,证明车来过,马上车就要往外走了,此时置位车辆离开记忆(V100.4)。而这里我们看到有一个标志寄存器(VB60),当 VB60＝1 或者 VB60＝3 时,车辆离开记忆(V100.4)才会置位,这里是一个前置条件(见图 29.16 和图 29.18),具体条件内容下文会讲述到。

图 29.13　车辆离开记忆

如图 29.14 所示,车辆离开记忆(V100.4)接通,门内地感(V0.6)未接通,门外地感(V0.7)未接通,光电开关(V0.5)未接通,用于说明车辆完全离开,此时置位车辆离开完成(V100.5),同时复位入库开门条件(V100.0)和车辆进入记忆(V100.1)两个信号,因为此时马上就该关门了。

车辆离开完成(V100.5)接通后可以复位很多条件了,为下一个循环做准备,这里复位了 V100.2、V100.3、V100.4,而 V100.5 自身的复位,就要等到门关闭到位(V0.4)接通以后了。这样就行了一个良好循环,产生的所有置位已经全部复位,下一个循环可以继续展开。如果有的置位没有复位就要检查程序漏洞,必须保证流程结束后使用过的信号全部复位。结合上文手动模式清除所有标志位,目的就是当程序出现混乱时可以切换到手动模式重新开始。

如图 29.15 所示为开门继电器(Q0.1)的接通条件。结合图 29.16 所示,开门继电器

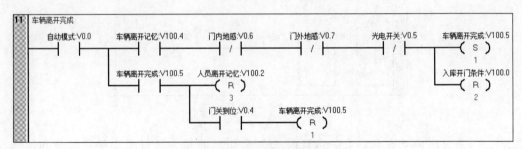

图 29.14 车辆离开完成

(Q0.1)和关门继电器(Q0.2)两者做了互锁,因为正反转一般都要互锁的。门开到位(V0.3)采用常闭触点,当门开到位后断开开门继电器(Q0.1)的输出。

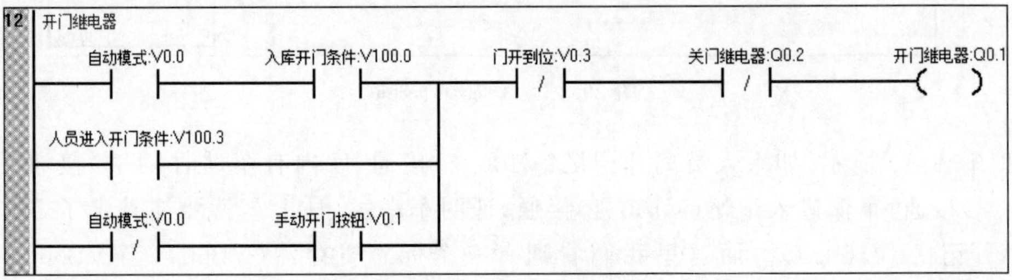

图 29.15 开门继电器

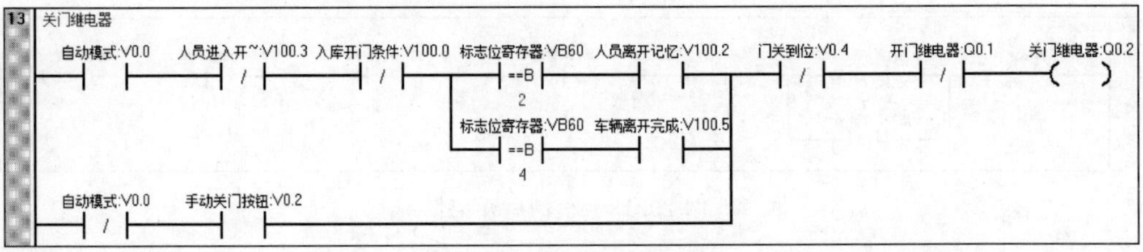

图 29.16 关门继电器

前三行并列的是开门继电器(Q0.1)接通的 3 个条件。第 1 行是在自动模式下,入库开门条件(V100.0)接通,在这种情况下可以开门。第 2 行是人员进入开门条件(V100.3)接通(见图 29.11),这种情况下也可以开门。第 3 行是在手动模式下,按下手动开门按钮(V0.1),此时也应该开门。

如图 29.16 所示为关门继电器(Q0.2)的接通条件。结合图 29.15 所示,开门继电器(Q0.1)和关门继电器(Q0.2),两者做了互锁,正反转一般都要互锁。门关到位(V0.4)采用常闭触点,当门关到位后,断开关门继电器(Q0.2)的输出。

前三行并列的是关门继电器(Q0.2)接通的三种情况。

在自动模式下,人员进入开门条件(V100.3)未接通,入库开门条件(V100.0)未接通,在不开门的前提条件下,满足标志位寄存器 VB60＝2 时,同时人员离开记忆(V100.2)接通,这是可以关门的第 1 种情况。

在自动模式下,人员进入开门条件(V100.3)未接通,入库开门条件(V100.0)未接通,在不开门的条件前提下,满足标志位寄存器 VB60＝4 时,同时车辆离开完成(V100.5)接通,这是可以关门的第 2 种情况。

在手动模式下,按下手动关门按钮(V0.2),此时也应该关门,这是第 3 种情况。

如图 29.17 所示,当开门继电器(Q0.1)接通或者关门继电器(Q0.2)接通时,门运行指示灯(Q0.0)都接通,用来显示车库门的运行状态。

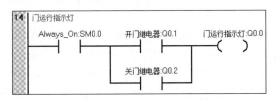

图 29.17　运行指示灯

3. 照明灯控制(SBR1)子程序

如图 29.18 所示为照明灯亮的输出条件。第 1 种情况:在自动模式下,车辆进入记忆(V100.1)接通,如果门关到位(V0.4)未接通,照明输出(Q0.3)接通,照明灯亮。第 2 种情况:只要人员进入开门条件(V100.3)接通,门关到位(V0.4)不接通,照明输出(Q0.3)接通,Q0.3 的常开触点对接通条件自保,照明灯亮;门关到位(V0.4)接通后,照明灯才会熄灭。当然关于照明灯亮,我们有很多种编程方法,希望大家也思考出一些,并改进该程序。这里的程序不是最优的。大家可以做得更好,相信自己。

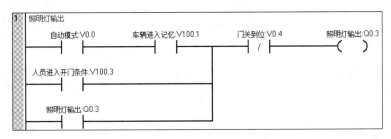

图 29.18　照明灯输出

4. 流程控制(SBR2)子程序

如图 29.19～图 29.22 所示,我们设计了 4 个赋值,这些赋值都是给标志位寄存器赋值的,这里命名为"寄存器法"。就是当某一条件接通时,给固定的寄存器赋值,其他条件再接通时,再给寄存器赋值其他数值。为了方便梳理程序和记忆,寄存器赋值从小到大依次排列。用寄存器的数值来表示设备的运行状态。如 VB60＝1 时,表示进展到第 1 步,VB60＝2 时,表示进展到第 2 步,同理当 VB60＝4 时,表示进展到第 4 步,以此类推。这里的"步"只采用关键信息点,用于控制程序的执行步骤不能做得太详细,否则寄存器就起不到统领作用,而是与基本的逻辑控制一样了,那样我们做的这个寄存器也就失去了实际意义。

如图 29.19 所示,门外地感(V0.7)接通,门开到位(V0.3)接通,光电开关(V0.5)接通,门内地感(V0.6)未接通,这些条件用于表示车辆进入车库,此时触发的上升沿赋值标志位寄存器(VB60)为 1,标志第 1 种状态。

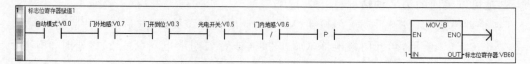

图 29.19　标志寄存器赋值 1

如图 29.20 所示,当 VB60＝1 时,人员离开记忆(V100.2)接通,表示人员已经离开,此时触发的上升沿赋值标志位寄存器(VB60)为 2,标志第 2 种状态。

图 29.20　标志寄存器赋值 2

如图 29.21 所示,当 VB60＝2 时,人员进入开门条件(V100.3)接通,表示人员要进入,此时触发的上升沿赋值标志位寄存器(VB60)为 3,标志第 3 种状态。

图 29.21　标志寄存器赋值 3

如图 29.22 所示,当 VB60＝3 时,车辆离开完成(V100.5)接通,表示车辆已经离开,此时触发的上升沿赋值标志位寄存器(VB60)为 4,标志第 4 种状态。

图 29.22　标志寄存器赋值 4

我们此处一共做了 4 种状态,做 5 种也可以,做 8 种也可以,但是做那么多有没有用呢?寄存器法能起到统领作用即可,不在数量的多少,保证程序可以稳定地按照流程运行就可以了。寄存器的数值数量不仅与程序的关键点有关,还取决于这个寄存器的作用。这里为了更好地区分进门和出门的情况,以及防止程序混乱,此处只分了这 4 种情况,在关键的地方去界定步骤就可以了。说得直接一点,就是哪里程序不按照顺序执行了,就把寄存器放在哪里,以此纠正程序执行顺序。如果能按照顺序执行,则不加入寄存器来纠正也是可以的。

本 章 小 结

本章又温习和学习了数字量逻辑编程,看似简单的动作,深入研究以后就会发现很多似是而非的东西。肉眼能看到的动作人是可以区分的,到了程序里却是模棱两可的内容。没有复杂的程序,只有复杂的工艺。东西再多,只要工艺简单程序也设计得很好。东西再少,如果工艺复杂程序也不容易设计得很稳定。我们还要掌握寄存器法的应用,用好了寄存器法,要比用程序来实现工艺简单直接一些,并且灵活好用。程序没有明显的高低之分,只要程序稳定,故障率少,程序维护量小,则为好程序。如果变更工艺:当我们开进去车之后,人不下来,也不出去,而是直接再开车出去,那车库门是关呢,还是不关呢?针对工艺改变我们的程序该如何调整?大家可以思考一下。是改变工艺还是改变设计。

第 30 章

升降移行机案例

30.1 案例说明

升降移行机案例控制工艺要求

如图 30.1 所示为升降移行机现场布局图。升降移行机由 3 部分组成：升降机构、移行机构和夹紧机构。现场还有 2 个工位检测，两个工位设置了工件检测 A 和工件检测 B 信号。

12min

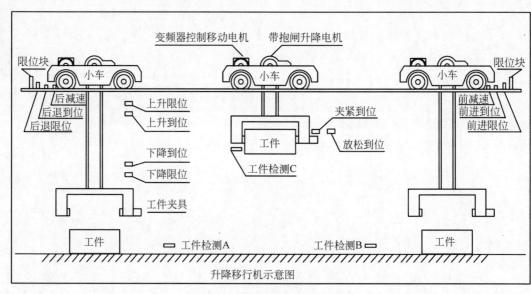

图 30.1 升降移行机现场布局图

升降机构由电机控制，上升和下降都为匀速控制。上升方向设计了"上升到位""上升限位"2 个开关量信号。下降方向设计了"下降到位""下降限位"2 个开关量信号。移行机构由电机控制，带有变频器，前进和后退都有高低速控制。前进方向设计了"前减速""前进到位""前进限位"3 个开关量信号。后退方向设计了"后减速""后退到位""后退限位"3 个开关量信号。夹紧机构由可伸缩的气缸控制，气缸有夹紧和放松两种状态。夹紧时设计了"夹紧到位"

开关,放松时设计了"放松到位"开关。夹紧机构还增加了"工件检测C"信号用于检测夹紧机构处是否有工件。现场工位开关配置,位置A设计了"工件检测A"信号,位置B设计了"工件检测B"信号,用于检测各工位有无工件。

动作工艺控制如下:升降移行机的升降机构下降,下降到位后夹紧机构并将位置A处的工件夹紧,夹到位后升降机构将工件提升到需要上升到位的位置。升降机构带工件上升到位后,移行机构开始前进,前进时碰到"前减速"开关后低速运行,碰到"前进到位"开关后,移行机构停止前进。升降机构开始下降,下降到位后,夹紧机构开始放松,放松到位后升降机构开始上升,上升到位后,移行机构开始后退。后退时碰到"后减速"开关后移行机构低速运行,碰到"后退到位"开关后移行机构停止,等待下一次抓取工件。自此完成了一个动作流程,依次循环下去。

30.2　程序编写

▶15min

30.2.1　规划I/O点,编制符号表

编程时将上述系统划分为移行机构、升降机构、夹紧机构和工位检测4部分。除了工艺要求的开关信号配置外,还应该按照常规设置要求配置一些信号,如电机故障检测信号、变频器运行和故障信号、急停按钮、手动操作按钮、指示灯和蜂鸣器等信号。

▶12min

我们根据现场设备、工艺要求和使用规范编制了符号表,如表30.1所示,本案例只用到了数字量输入和数字量输出。

▶11min

表 30.1　升降移行机案例符号表

数字量输入				数字量输出		
序号	符号	地址	替换	序号	符号	地址
1	前减速	I0.0	**V0.0**	1	前进继电器	Q0.0
2	前进到位	I0.1	**V0.1**	2	后退继电器	Q0.1
3	前进限位	I0.2	**V0.2**	3	低速继电器	Q0.2
4	后减速	I0.3	**V0.3**	4	高速继电器	Q0.3
5	后退到位	I0.4	**V0.4**	5	行走抱闸接触器	Q0.4
6	后退限位	I0.5	**V0.5**	6	上升继电器	Q0.5
7	行走电机运行	I0.6	**V0.6**	7	下降继电器	Q0.6
8	行走电机故障	I0.7	**V0.7**	8	升降抱闸接触器	Q0.7
9	上升到位	I1.0	**V1.0**	9	夹紧继电器	Q1.0
10	上升限位	I1.1	**V1.1**	10	放松继电器	Q1.1
11	下降到位	I1.2	**V1.2**	11	运行指示灯	Q1.2
12	下降限位	I1.3	**V1.3**	12	故障指示灯	Q1.3
13	升降电机运行	I1.4	**V1.4**			
14	升降电机故障	I1.5	**V1.5**			

续表

数字量输入				数字量输出		
序号	符号	地址	替换	序号	符号	地址
15	夹紧到位	I1.6	**V1.6**			
16	放松到位	I1.7	**V1.7**			
17	工件检测 A	I2.0	**V2.0**			
18	工件检测 B	I2.1	**V2.1**			
19	工件检测 C	I2.2	**V2.2**			
20	自动模式	I2.3	**V2.3**			
21	前进按钮	I2.4	**V2.4**			
22	后退按钮	I2.5	**V2.5**			
23	上升按钮	I2.6	**V2.6**			
24	下降按钮	I2.7	**V2.7**			
25	夹紧按钮	I3.0	**V3.0**			
26	放松按钮	I3.1	**V3.1**			

30.2.2 程序编写

1．MAIN(OB1)主程序

如图 30.2 所示为 OB1 主程序调用其他子程序。本案例调用了 4 个子程序,分别为"升降机构""移行机构""夹紧机构"和"故障报警"。由于工位检测部分程序量太少不单独设立子程序,工位检测程序在需要时编写即可。

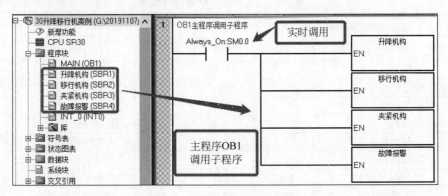

图 30.2 主程序调用子程序

如图 30.3 所示为手动模式清零状态信号。自动模式(V2.3)未接通可以理解为手动模式开启,手动模式下将 0 赋值给 VW100,这样从 V100.0 到 V101.7 所有信号都会被清零。

2．升降机构(SBR1)子程序

如图 30.4 所示,上升到位(V1.0)接通,下降到位(V1.2)未接通,上升继电器(Q0.5)未接通,下降继电器(Q0.6)未接通,此时上升到位状态(V100.2)线圈接通。表示升降机构在

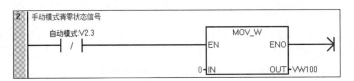

图 30.3 手动模式清零状态信号

上升到位的位置,升降机构停止无动作的状态,程序中加入了上升和下降继电器的输出断开的触点用于表示 PLC 确实没有对应的输出了。这样编程将逻辑做得更严谨一些,稳定性会提高,外部开关故障时降低乱动作的概率。

图 30.4 上升到位状态

如图 30.5 所示,下降到位(V1.2)接通,上升到位(V1.0)未接通,上升继电器(Q0.5)未接通,下降继电器(Q0.6)未接通,此时下降到位状态(V100.3)线圈接通。表示升降机构在下降到位的位置,升降机构停止无动作的状态。编程方法同上一段所用方法相同。

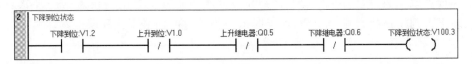

图 30.5 下降到位状态

如图 30.6 所示,工件检测 A(V2.0)接通,工件检测 B(V2.1)未接通,工件检测 C(V2.2)未接通,此时通过 T51 实现一个 2s 的延时,定义为"确认有工件延时"。如此编程是为了确认在位置 A 有工件,位置 B 没有工件,夹紧机构处也没有工件状态,这种情况才会夹取工件,否则不夹取。为了防止信号晃动和误触发,用 2s 的延时来过滤误触发信号。

图 30.6 确认有工件延时

如图 30.7 所示,在自动模式下,后退到位状态(V100.0)接通,上升到位状态(V100.2)接通,放松到位状态(V100.5)接通,这里采用的 3 种静止状态就是为了描述设备在工件夹取前需要满足的状态。如果确认有工件延时(T51)接通,此时置位工件夹取条件 1(V101.0)。何时将该条件复位呢?工件夹取完成以后就可以,这里选用的复位条件是工件高位延时(T52)接通。工件高位延时就是工件被夹取完毕并且升降机构已经上升到了高位。

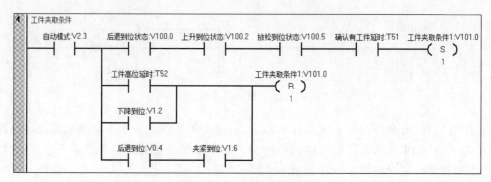

图 30.7　工件夹取条件

在调试中我们发现设备会误动作,需要将复位条件完善和修改,加入了 2 个复位条件。一个是下降到位(V1.2),另外一个是后退到位(V0.4)和夹紧到位(V1.6)同时接通。这两个复位条件都是紧挨着夹取动作的,之所以出现误动作就是因为复位不及时。"卸磨杀驴"的思想宗旨就是要将置位信号及时地复位。

如图 30.8 所示,上升到位状态(V100.2)接通,夹紧到位状态(V100.4)接通,工件检测 A(V2.0)和工件检测 B(V2.1)都未接通,工件检测 C(V2.2)接通,通过 T52 延时 1s,用于表示工件被夹取完成并且升降机构上升到高位。本段程序描述的是设备的一种状态,方便在此状态下去判定该执行哪个动作,加延时也是为了过滤信号干扰和误触发。

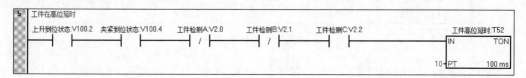

图 30.8　工件在高位延时

如图 30.9 所示,在自动模式下,前进到位状态(V100.1)接通,上升到位状态(V100.2)接通,夹紧到位状态(V100.4)接通,这里采用的 3 种静止状态就是为了描述设备前进到位需要放下工件的状态。如果工件高位延时(T52)接通,此时置位放下工件条件(V101.1)。何时将置位条件复位呢?放置完成以后就可以,我们选用的是工件放置完成延时(T55)接通的上升沿。为了防止出现误动作,下降到位(V1.2)信号与 T55 接通信号并联使用,共同作用的上升沿来复位放下工件条件(V101.1)。

如图 30.10 所示,升降电机故障 S(V500.3)未接通,上升限位故障(V500.5)未接通,下降限位故障(V500.6)未接通,急停故障(V500.4)未接通,以上故障都没有,升降运行安全条件(V105.1)的线圈接通。

如图 30.11 所示,在自动模式下,有两种情况升降机构会下降。一种情况是工件夹取时,另一种情况是放下工件时。在自动模式下,后退到位(V0.4)接通,工件夹取条件 1(V101.0)接通,此时需要升降机构下降。前进到位(V0.1)接通,放下工件条件(V101.1)接

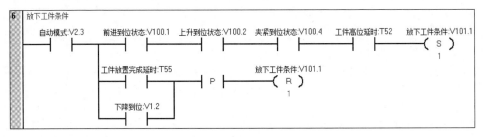

图 30.9　放下工件条件

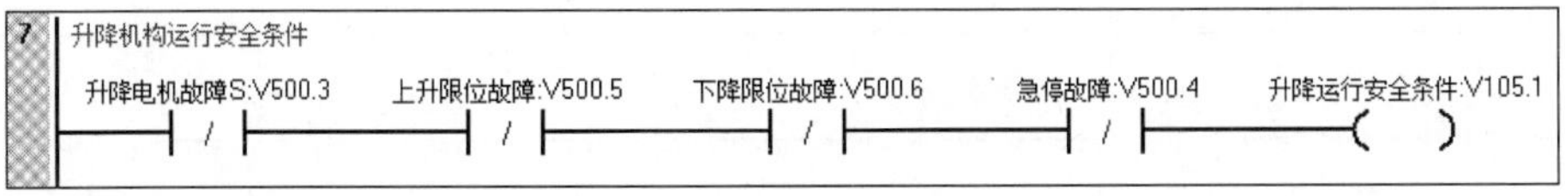

图 30.10　升降机构运行安全条件

通,此时也需要升降机构下降。在手动模式下,按下下降按钮(V2.7)时,也需要升降机构下降。

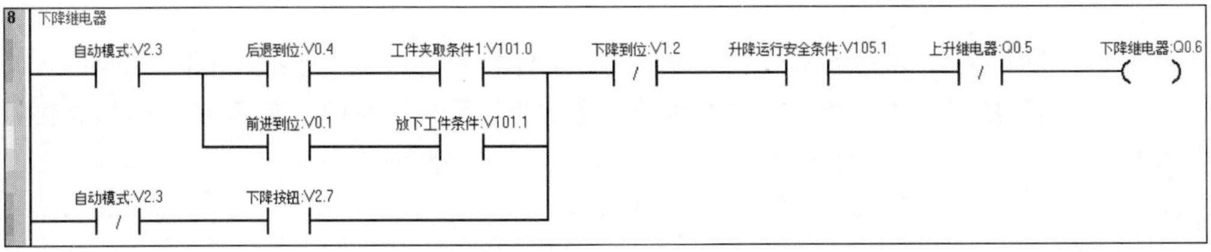

图 30.11　下降继电器

上升继电器(Q0.5)采用的是常闭触点并和下降继电器做互锁。升降运行安全条件(V105.1)用的是常开触点,用于表示设备无故障发生。安全信号必须串接到线圈前边,保证故障发生时能及时断开线圈的输出。当下降到位时应该正常停止,所以下降到位(V1.2)采用的是常闭触点。

如图 30.12 所示,工件检测 A(V2.0)接通,工件检测 B(V2.1)未接通,工件检测 C(V2.2)接通,此时证明已经夹取工件。为了完善和细化状态,加入了下降到位状态(V100.3)和夹紧到位状态(V100.4)。为了防止信号干扰,通过 T53 延时 1s 来判断状态。编程要把设备的运行状态通过梯形图描述得更详尽一些,描述得越详尽设备的动作越规范,越不容易出错,但随之灵活性会降低。程序的描述也取决于工艺要求,程序没有绝对的对和错,只要利用软件提供的指令来编写程序并实现客户的要求即可。如果去掉 V100.3 和 V100.4 两个常开点,也未必马上出现问题,但有可能在偶然的时候发生故障。

如图 30.13 所示为夹紧工件上升条件。后退到位状态(V100.0)接通,下降到位状态(V100.3)接通,夹紧到位状态(V100.4)接通,此时已经满足夹紧工件上升条件(V101.2)的置位条件。为了防止信号误触发和过滤干扰,加了夹紧工件延时(T53)的接通条件。上升

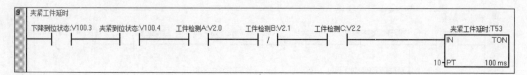

图 30.12　夹紧工件延时

到位(V1.0)接通,前进继电器(Q0.0)接通,此时的上升沿复位夹紧工件上升条件(V101.2)。调试后边加入了上升到位(V1.0)接通的上升沿就可以复位夹紧工件上升条件(V101.2)。

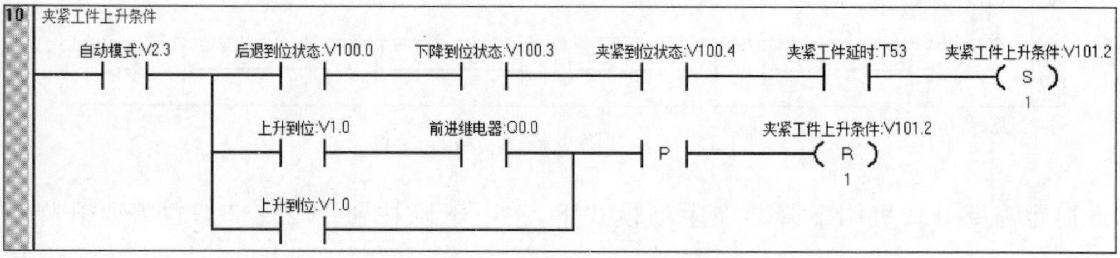

图 30.13　夹紧工件上升条件

如图 30.14 所示,工件检测 A(V2.0)未接通,工件检测 B(V2.1)接通,工件检测 C(V2.2)接通,此时证明刚放下工件。为了完善和细化状态,加入了下降到位状态(V100.3)和放松到位状态(V100.5)。为了防止信号干扰,通过 T54 延时 1s 来判断状态。

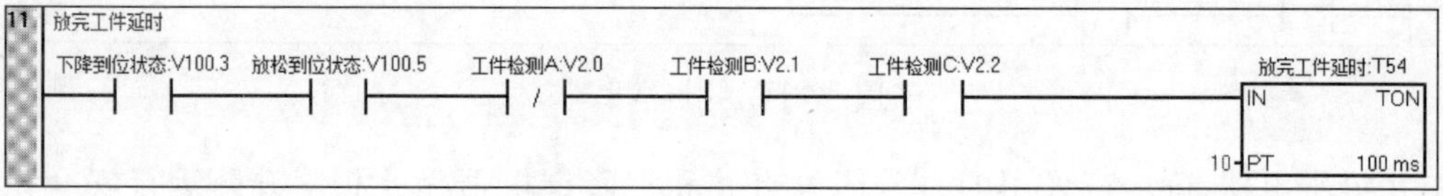

图 30.14　放完工件延时

如图 30.15 所示为放完工件上升条件。在自动模式下,前进到位状态(V100.1)接通,下降到位状态(V100.3)接通,放松到位状态(V100.5)接通,此时满足放完工件上升条件,可以置位放完工件上升条件(V101.3)。为了防止信号误触发和过滤干扰,添加了放完工件延时(T54)的接通条件。上升到位(V1.0)接通,后退继电器(Q0.1)接通,此时的上升沿复位放完工件上升条件(V101.3)。调试后边加入了上升到位(V1.0)接通的上升沿就可以复位放完工件上升条件(V101.3)。

如图 30.16 所示,在自动模式下,有两种情况升降机构会上升:一种情况是夹紧工件完成时,另一种情况是放完工件时。在自动模式下,后退到位(V0.4)接通,夹紧工件上升条件(V101.2)接通,此时需要升降机构上升。前进到位(V0.1)接通,放完工件上升条件(V101.3)接通,此时也需要升降机构上升。在手动模式下,按下上升按钮(V2.6)时,也需要升降机构上升。

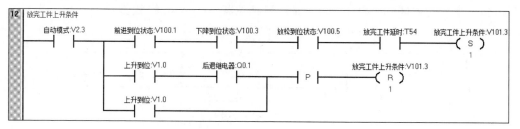

图 30.15　放完工件上升条件

图 30.16　上升继电器

下降继电器(Q0.6)采用的是常闭触点并和上升继电器做互锁。升降运行安全条件(V105.1)用的是常开触点,用于表示设备无故障发生。安全信号必须串接到线圈前边,保证故障发生时能及时断开线圈的输出。当上升到位时应该正常停止,所以上升到位(V1.0)采用的是常闭触点。

如图 30.17 所示,上升继电器(Q0.5)接通或者下降继电器(Q0.6)接通时,通过 T42 延时 200ms。T42 接通时升降抱闸接触器(Q0.7)的线圈接通。

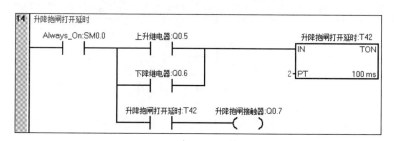

图 30.17　升降抱闸打开延时

因为选用的是抱闸电机,所以当升降机构上升和下降时,都需要打开电机抱闸。由于升降机构采用了变频控制,所以抱闸的打开需要单独控制。升降机构带负载时直接打开抱闸,升降机构会晃动,所以上升继电器或者下降继电器接通 200ms 后再打开抱闸。就像平时开车一样,都是先松开离合到半联动状态才会加油门,目的是通过电机的运转给设备提供一个制动力,然后再带负载运行。

3．移行机构(SBR2)子程序

如图 30.18 所示,后退到位(V0.4)接通,前进到位(V0.1)未接通,前进继电器(Q0.0)

未接通,后退继电器(Q0.1)未接通,此时后退到位状态(V100.0)线圈接通。用于表示移行机构在后退到位的位置,移行机构停止无动作的状态。

图 30.18　后退到位状态

如图 30.19 所示,前进到位(V0.1)接通,后退到位(V0.4)未接通,前进继电器(Q0.0)未接通,后退继电器(Q0.1)未接通,此时前进到位状态(V100.1)线圈接通。用于表示移行机构在前进到位的位置,移行机构停止无动作的状态。

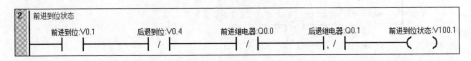

图 30.19　前进到位状态

如图 30.20 所示为取件前进的条件。后退到位状态(V100.0)接通,上升到位状态(V100.2)接通,夹紧到位状态(V100.4)接通,此时满足夹取工件前进条件,可以置位取件前进条件(V102.0)。为了更加详尽地描述实际情况,加入了工件高位延时(T52)的接通条件。那么何时复位呢?事情完成就可以复位了。前进到位(V0.1)接通,下降继电器(Q0.6)接通,此时可以复位取件前进条件(V102.0)。

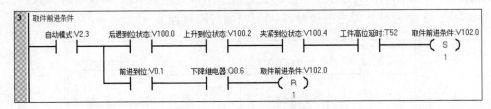

图 30.20　取件前进条件

这里选择的是前进到位,并且升降机构正好在下降的时候。当然也可以用前进到位(V0.1)这个单独的状态信号。加入了下降继电器(Q0.6)是为了描述:已经取件完成,进入下一步的流程。这样方便流程互锁和交接。

如图 30.21 所示,将与移行机构运行相关的故障都集合在一起,如果都没有故障,证明满足运行安全条件。行走电机故障 S(V500.2)未接通,前进限位故障(V500.0)未接通,后退限位故障(V500.1)未接通,急停故障(V500.4)未接通,此时移行运行安全条件(V105.2)的线圈接通。

如图 30.22 所示为前进继电器的输出条件。在自动模式下,取件前进条件(V102.0)接通,需要移行机构前进。在手动模式下,按下前进按钮(V2.4),也需要移行机构前进。前进到位(V0.1)采用常闭触点,因为前进到位是一个正常停止位。移行运行安全条件(V105.2)加

图 30.21 移行运行安全条件

入常开触点是为了保证设备的安全运行,出现故障时可以及时停止移行机构运行。

图 30.22 前进继电器

由于正反转一般都加入互锁,所以后退继电器(Q0.0)采用常闭触点与前进继电器实现互锁。

如图 30.23 所示为放完工件返回条件。前进到位状态(V100.1)接通,上升到位状态(V100.2)接通,放松到位状态(V100.5)接通,工件放置完成延时(T55)接通,此时置位放完工件返回条件(V102.1)。后退到位(V0.4)接通,下降继电器(Q0.6)接通,此时复位放完工件返回条件(V102.1)。此处选择的是后退到位,并正好下降的时候。当然也可以用后退到位(V0.4)这个单独的状态信号。加入了下降继电器(Q0.6)是为了描述:放件完成且回到原位,并且已经进入下一步的流程。这样方便流程交接和动作互锁。

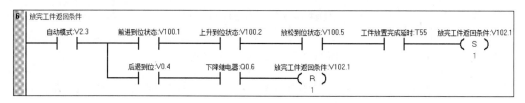

图 30.23 放完工件返回条件

如图 30.24 所示为后退继电器的输出条件。在自动模式下,放完工件返回条件(V102.1)接通,需要移行机构后退。在手动模式下,按下后退按钮(V2.5),此时也需要移行机构后退。后退到位(V0.4)采用常闭触点,因为后退到位是一个正常停止位置。移行运行安全条件(V105.2)加入常开触点是为了保证设备的安全运行,出现故障时可以及时停止移行机构运行。前进继电器(Q0.0)采用常闭触点,是为了实现正反转互锁。

如图 30.25 所示为工件放置完成延时。工件检测 B(V2.1)接通,工件检测 C(V2.2)未接通,证明位置 B 处有工件,夹紧机构 C 处没有工件,此时通过 T55 延时 2s,视为工件放置完成。而对于工件检测 A(V2.0)有无信号,对工艺要求而言是没有影响的,所以不加入该信号。

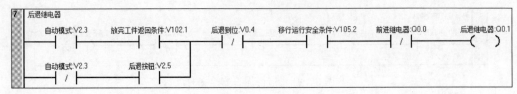

图 30.24 后退继电器

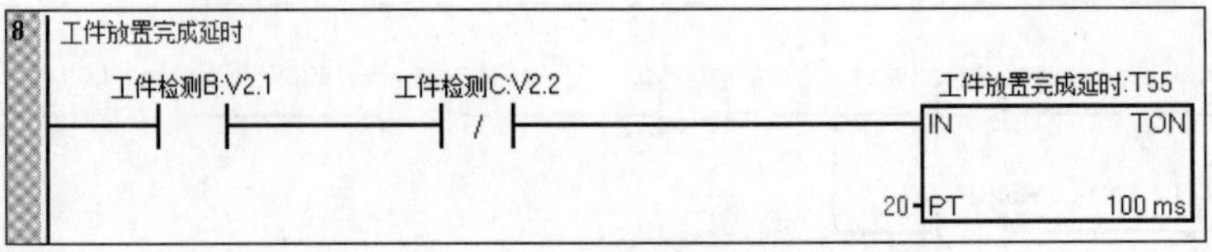

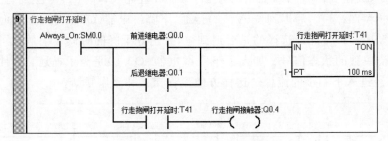

图 30.25 工件放置完成延时

如图 30.26 所示,当移行机构前进和后退时,都需要打开抱闸。由于前进机构采用了变频控制,抱闸的打开需要单独控制。为了防止带负载时行走机构出现晃动,所以通过 T41 做了 100ms 的延时。前进继电器(Q0.0)或者后退继电器(Q0.1)接通 100ms 之后行走抱闸接触器(Q0.4)才会打开。

图 30.26 行走抱闸打开延时

如图 30.27 所示为移行机构行走减速条件。当行走减速条件(V120.0)接通时,移行机构进入低速运行状态。当移行机构前进时,碰到前减速(V0.0)或者移行机构后退时碰到后减速(V0.3)时都需要减速,此时置位行走减速条件(V120.0)。想要恢复高速运行就要将行走减速条件(V120.0)复位。复位分两种情况,一种是当后退继电器(Q0.1)接通,移行机构后退时碰到前减速(V0.0)开关。另外一种情况是前进继电器(Q0.0)接通,移行机构前进时碰到后减速(V0.3)开关。

如图 30.28 所示,前进继电器(Q0.0)接通或者后退继电器(Q0.1)接通时,如果行走低速条件(V120.0)接通,那么低速继电器(Q0.2)接通,移行机构将低速运行。如果在移行机构运行时低速继电器(Q0.2)不接通,那么高速继电器(Q0.3)接通。

4. 夹紧机构(SBR3)子程序

如图 30.29 所示,夹紧到位(V1.6)接通,放松到位(V1.7)未接通,夹紧继电器(Q1.0)未接通,放松继电器(Q1.1)未接通,此时夹紧到位状态(V100.4)线圈接通。用于表示夹紧

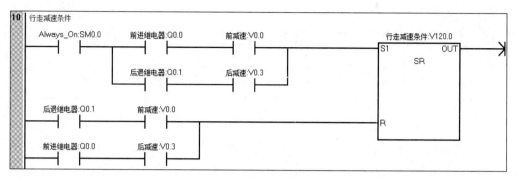

图 30.27　行走减速条件

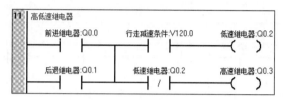

图 30.28　高低速继电器

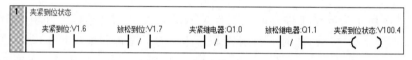

图 30.29　夹紧到位状态

机构在夹紧到位的位置,夹紧机构停止无动作的状态。

　　如图 30.30 所示,放松到位(V1.7)接通,夹紧到位(V1.6)未接通,夹紧继电器(Q1.0)未接通,放松继电器(Q1.1)未接通,此时放松到位状态(V100.5)线圈接通。用于表示夹紧机构在放松到位的位置,夹紧机构停止无动作的状态。

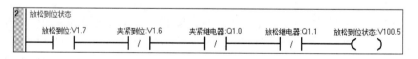

图 30.30　放松到位状态

　　如图 30.31 所示为取件夹紧条件。在自动模式下,后退到位状态(V100.0)接通,下降到位状态(V100.3)接通,放松到位状态(V100.5)接通,确认有工件延时(T51)接通,此时置位取件夹紧条件(V103.0)。那么何时复位呢? 夹紧到位(V1.6)接通,上升继电器(Q0.5)接通,此时复位取件夹紧条件(V103.0)。选择此时复位是考虑到流程互锁,等设备进入下一流程动作后复位上一流程的置位信号。

　　如图 30.32 所示为夹紧继电器的输出条件。在自动模式下,取件夹紧条件(V103.0)接

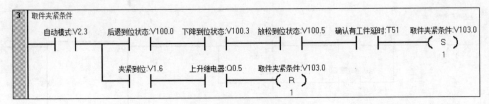

图 30.31　取件夹紧条件

通,需要夹紧机构夹紧。在手动模式下,按下夹紧按钮(V3.0),也需要夹紧机构夹紧。夹紧到位(V1.6)采用常闭触点,因为夹紧到位是一个正常停止位置。急停故障(V500.4)是安全信号,按下急停后要及时停止夹紧机构。放松继电器(Q1.1)采用常闭触点,这是为了实现正反转互锁。

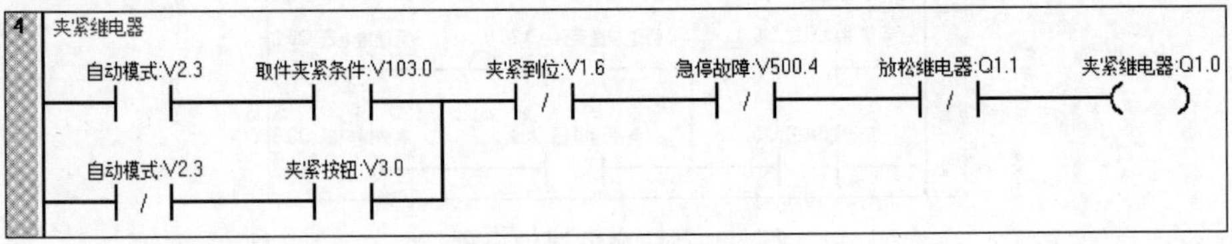

图 30.32　夹紧继电器

如图 30.33 所示为放稳工件延时。工件检测 A(V2.0)未接通,工件检测 B(V2.1)接通,工件检测 C(V2.2)接通,此时证明刚放下工件。为了完善和细化状态,加入了下降到位状态(V100.3)和夹紧到位状态(V100.4),此时证明刚放稳工件,通过 T56 延时 1s。

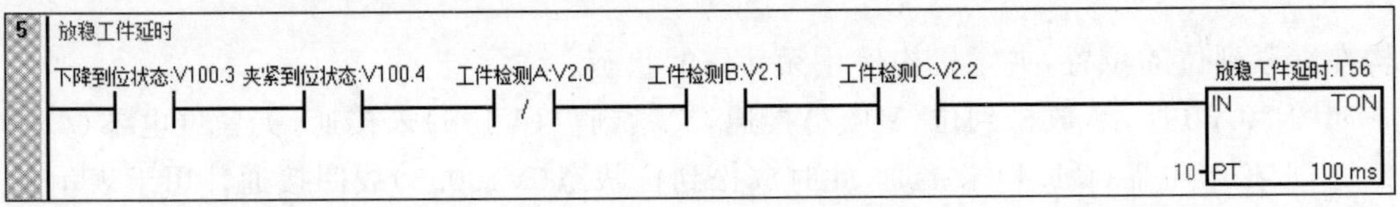

图 30.33　放稳工件延时

如图 30.34 所示为放件完成放松条件。在自动模式下,前进到位状态(V100.1)接通,下降到位状态(V100.3)接通,夹紧到位状态(V100.4)接通,放稳工件延时(T56)接通,此时置位放件完成放松条件(V103.1)。那么何时复位呢?放松到位(V1.7)接通,上升继电器(Q0.5)接通,此时复位放件完成放松条件(V103.1)。选择此时复位是考虑到流程互锁,等设备进入下一流程动作后复位上一流程的置位信号。

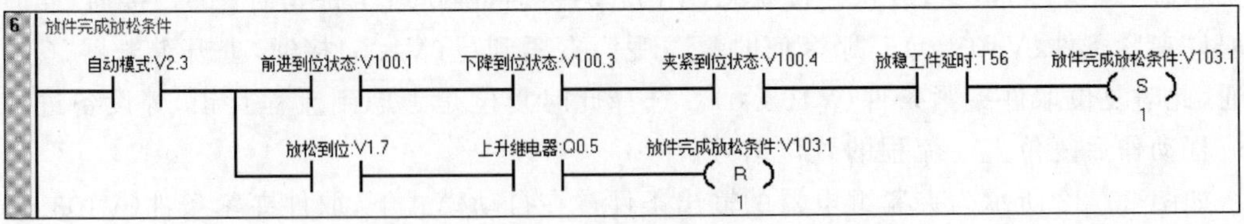

图 30.34　放件完成放松条件

　　如图 30.35 所示为放松继电器的输出条件。在自动模式下,放件完成放松条件(V103.1)接通,需要夹紧机构放松。如果在手动模式下,按下放松按钮(V3.1),也需要夹紧机构放松。放松到位(V1.7)采用常闭触点,因为放松到位是一个正常停止位置。急停故障(V500.4)是安全信号,按下急停后要及时停止夹紧机构。夹紧继电器(Q1.0)采用常闭触点,是为了实现正反转互锁。

图 30.35　放松继电器

5. 故障程序(SBR4)子程序

　　图 30.36～图 30.42 都采用了置位优先的指令,实现了故障信号指示。故障程序的制作跟现场连接的开点和闭点有一定的关系。我们这里外部采用的都是常闭触点,如急停按钮、前进限位、后退限位和热继电器故障等关键开关都是外部接常闭触点的。以图 30.36 为例,正常情况下,外部接的常闭触点,程序里前进限位(V0.2)的常开正常是接通的,那么前进限位(V0.2)的常闭触点就是断开的。发生故障后,状态正好相反,因为是数字量输入,非0 即 1。也就是碰到前进限位开关时,前进限位(V0.2)的常闭触点才是闭合的,而此时触发一个故障。我们置位了前进限位故障(V500.0),当前进限位松开后,按下复位按钮(V50.0)复位故障状态。其他的故障程序都可以按照此方法理解。我们设计程序时,设计好一个故障程序,其他的需要的地方可以将此程序复制过去,修改对应的变量点即可。

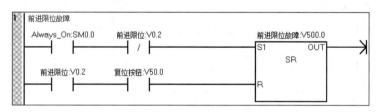

图 30.36　前进限位故障

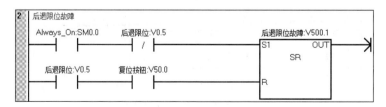

图 30.37　后退限位故障

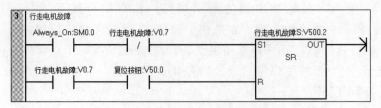

3 行走电机故障
Always_On:SM0.0
行走电机故障:V0.7
行走电机故障S:V500.2
S1
OUT
SR
行走电机故障:V0.7
复位按钮:V50.0
R

图 30.38 行走电机故障

4 升降电机故障
Always_On:SM0.0
升降电机故障:V1.5
升降电机故障S:V500.3
S1
OUT
SR
升降电机故障:V1.5
复位按钮:V50.0
R

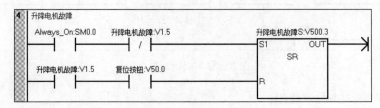

图 30.39 升降电机故障

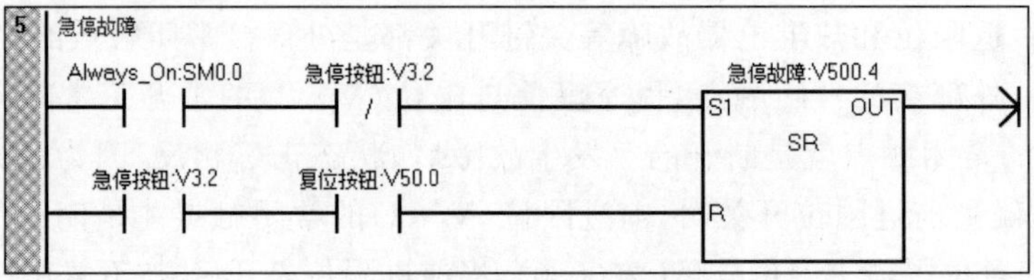

5 急停故障
Always_On:SM0.0
急停按钮:V3.2
急停故障:V500.4
S1
OUT
SR
急停按钮:V3.2
复位按钮:V50.0
R

图 30.40 急停故障

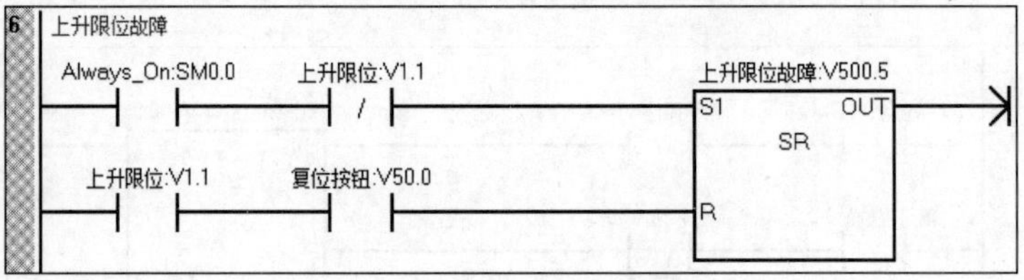

6 上升限位故障
Always_On:SM0.0
上升限位:V1.1
上升限位故障:V500.5
S1
OUT
SR
上升限位:V1.1
复位按钮:V50.0
R

图 30.41 上升限位故障

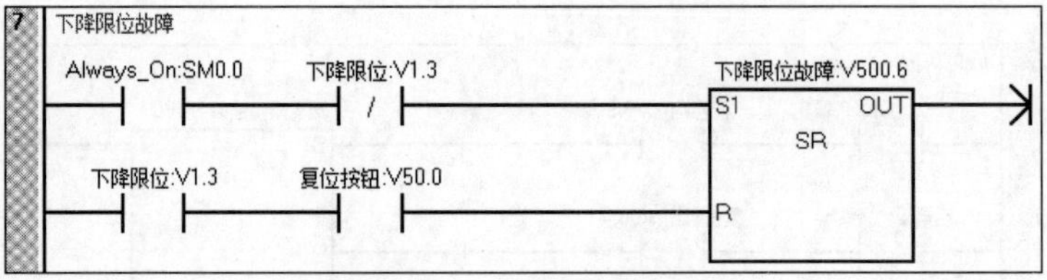

7 下降限位故障
Always_On:SM0.0
下降限位:V1.3
下降限位故障:V500.6
S1
OUT
SR
下降限位:V1.3
复位按钮:V50.0
R

图 30.42 下降限位故障

如图 30.43 所示为发生故障时故障指示灯接通。VD500 是从 V500.0 到 V503.7 所有点的集合,本案例中这些点位只能作为故障状态使用,不能用到其他地方,否则本条程序就要修改或者导致程序混乱和错误。因为从 V500.0 到 V503.7 任何一个点接通，VD500 就会有数值，此时 VD500 就会大于 0，故障指示灯（Q1.3）就会接通。

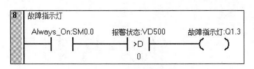

图 30.43　故障指示灯

本 章 小 结

　　本章主要讲了通过控制升降移行机来夹取工件并移动放置工件，主要涉及的是数字量逻辑编程。其实不管有多少设备和控制流程，只要把控制工艺想明白，便可以通过程序对动作工艺进行细分和控制。哪里出现问题，就把哪里的程序再精细化一些。如果还出现问题，继续把动作工艺分解并细分工艺，然后再明确动作流程，让工艺流程更条理化。一直细分到自己能编写程序并把控外部设备动作为止。我们对程序的把控要善于使用置复位的状态保持和互锁，同时还要学会使用位置状态信息来区分动作流程。

第 31 章

锅炉控制案例

31.1 案例说明

高温水锅炉控制工艺要求

如图 31.1 所示为锅炉控制布局图,控制工艺如下:

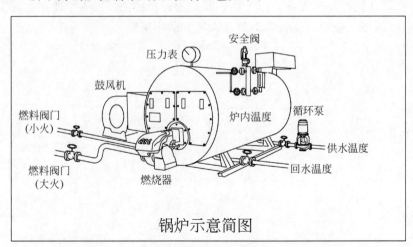

图 31.1 锅炉控制布局图

(1) 点火准备。系统启动后风机进行吹扫同时开启循环泵。风机自动吹扫炉膛,吹扫时间为 60s。循环泵的运转以检测到运行信号和水流信号为准。风机吹扫完成、水泵运行信号和水流信号都是燃烧器点火的前提条件。

(2) 燃烧器点火。满足点火条件后,燃烧器开始点火。点火时小火阀打开,点火是否成功以检测到火焰信号为准,同时检测炉内温度。点火成功后,初次小火燃烧 5min 或者炉内温度达到设定温度后可以开启大火燃烧。如果供水温度没有达到设定温度,开启大火阀开始大火燃烧,供水温度达到设定温度后,关闭大火阀而开启小火阀。在点火时,如果连续点火 3 次失败,则故障停机。在锅炉运行时也要检测火焰,如果有火焰信号,炉内温度一直很低就判定为"假烧",也就是火焰信号为虚假信号,同时报故障停机。

(3)锅炉运行控制。当供水温度达到设定温度后,大火转为小火燃烧。当温度低于设定目标温度10℃(该温度可以设定,范围5~10℃)以后,小火转为大火燃烧。在锅炉启动后,按照大小火循环燃烧。

(4)系统停止。按下系统停止,大火阀和小火阀门都需关闭,因为有剩余燃料要燃烧,所以风机继续吹扫,循环泵继续运转。风机延时一定时间后停止,循环泵再延时一段时间也停止,或者供水温度低于一定温度便停止。

(5)急停故障处理。按下急停按钮后,所有燃料阀门关闭,风机停止运转。

(6)安全报警处理。可燃气体浓度高报警、锅炉超温报警、锅炉水液位低报警、水流故障、熄火故障和系统超压故障等重要报警都要关闭燃料阀门,并停止锅炉运行,立即产生声光报警提示锅炉操作人员并输出故障信号到连锁设备。

31.2 程序编写

31.2.1 规划 I/O 点,编制符号表

根据现场设备和工艺要求编制符号表,如表31.1所示本案例用到了数字量输入、数字量输出和模拟量输入。

我们将程序划分成6部分内容来编写,划分如下:模拟量采集、风机控制、循环泵控制、燃烧控制、运行控制和故障报警。

表 31.1 锅炉控制案例符号表

锅炉控制案例符号表

数字量输入				数字量输出				模拟量输入			
序号	符号	地址	替换	序号	符号	地址		序号	符号	地址	替换
1	超压信号	I0.0	**V0.0**	1	循环泵输出	Q0.0		1	供水温度	AIW16	**VW16**
2	水位信号1	I0.1	**V0.1**	2	风机输出	Q0.1		2	回水温度	AIW18	**VW18**
3	水位信号2	I0.2	**V0.2**	3	燃烧器输出	Q0.2		3	供水压力	AIW20	**VW20**
4	水流信号	I0.3	**V0.3**	4	小火阀输出	Q0.3		4	回水压力	AIW22	**VW22**
5	火焰信号	I0.4	**V0.4**	5	大火阀输出	Q0.4		5	炉内温度	AIW24	**VW24**
6	循环泵运行	I0.5	**V0.5**	6	风机指示灯	Q0.5		6	炉内压力	AIW26	**VW26**
7	风机运行	I0.6	**V0.6**	7	小火指示灯	Q0.6					
8	可燃气体报警	I0.7	**V0.7**	8	大火指示灯	Q0.7					
9	急停按钮	I1.0	**V1.0**	9	运行继电器	Q1.0					
10	复位按钮	I1.1	**V1.1**	10	故障继电器	Q1.1					
11	循环泵故障	I1.2	**V1.2**			Q1.2					
12	风机故障	I1.3	**V1.3**			Q1.3					
13	燃烧器故障	I1.4	**V1.4**								

7min

7min

11min

21min

续表

锅炉控制案例符号表

数字量输入				数字量输出			模拟量输入			
序号	符号	地址	替换	序号	符号	地址	序号	符号	地址	替换
14	自动模式		V1.5							
15	循环泵手动启停		V1.6							
16	风机手动启停		V1.7							
17	燃烧器手动启停		V2.0							
18	小火阀启停		V2.1							
19	大火阀启停		V2.2							

31.2.2 程序编写

1. MAIN(OB1)主程序

如图 31.2 所示,OB1 主程序对所有子程序进行调用,以保证子程序的内容会被 CPU 执行。

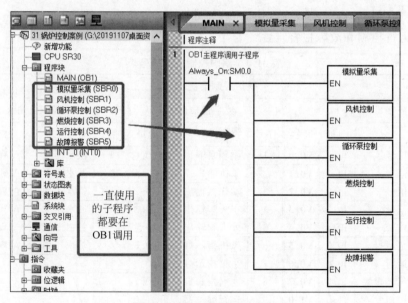

图 31.2 主程序调用子程序

如图 31.3 所示为手动模式赋值,也可以叫手动模式清零。自动模式(V1.5)断开后,将 0 赋值给 VW100,这样从 V100.0 到 V101.7 所有值为 1 的状态位都会被清除,也就是全部 归零。

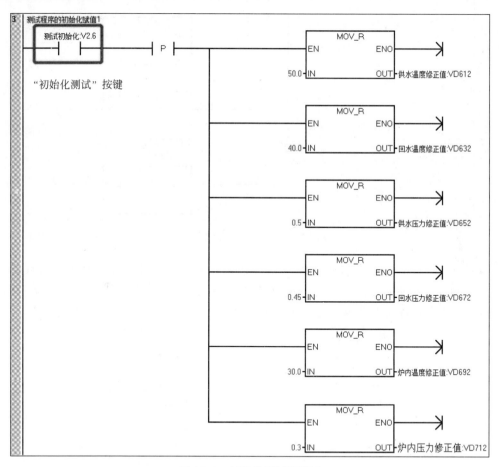

图 31.3　手动模式标志位清零

如图 31.4 所示，按下测试初始化（V2.6）按钮时触发的上升沿对需要赋值的数据进行赋值。赋值内容如下：VD612＝50.0、VD632＝40.0、VD652＝0.5、VD672＝0.45、VD692＝30.0和 VD712＝0.3。以上赋值只是为了方便我们测试程序动作，并无其他作用，这些赋值是根据常规工艺来确定的。

图 31.4　初始化测试赋值 1

如图 31.5 所示，按下测试初始化（V2.6）按钮时触发的上升沿对需要赋值的数据进行赋值。赋值内容如下：VD808＝60.0、VD812＝70.0、VD800＝90.0、VD804＝30.0 和 VD816＝120.0。以上赋值只是为了方便我们测试程序动作并无其他作用,这些赋值也是根据常规工艺来确定的。

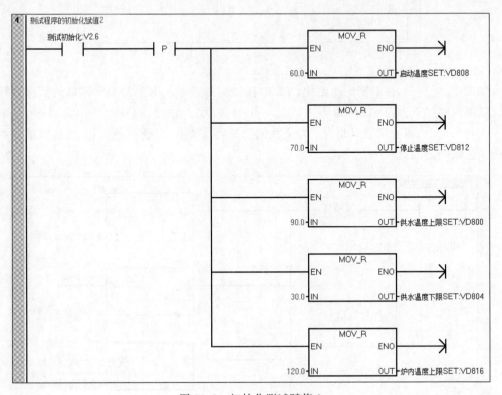

图 31.5　初始化测试赋值 2

　　如图 31.6 所示,按下测试初始化(V2.6)按钮时触发的上升沿对需要赋值的数据进行赋值。赋值内容如下：置位 V0.0～V0.2、置位 V0.5～V0.6、置位 V1.0 和置位 V1.2～V1.4,这些状态位都需要在测试之前单次置1。

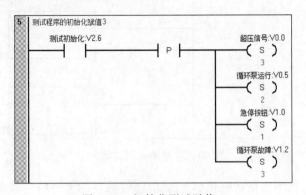

图 31.6　初始化测试赋值 3

2. 模拟量采集（SBR0）子程序

如图 31.7 所示为供水温度转换和修正程序。S_ITR 为模拟量库，添加库文件后可调用。供水温度的传感器采用的是 4～20mA 输出信号，上下限量程分别通过 VD604 和 VD600 来设置，初步转换数值存储在 VD608 中。VD608 加上修正值 VD612 后存储到 VD616 中。VD612 可以是正值也可以是负值，VD616 为最终显示值。这样设计模量程序的好处：量程可设置，如果需要更换不同量程的传感器不用修改程序。增加了修正值，这样在显示值不准确时可以进行适当修正，可正向修正也可以反向修正。在测试程序的时候，直接修改修正值就能得到想要的显示值。为了保证程序的真实性和方便大家学习，本案例用 VW16 是替换了 AIW16，同时 VW16 的数值是可以手动输入的。

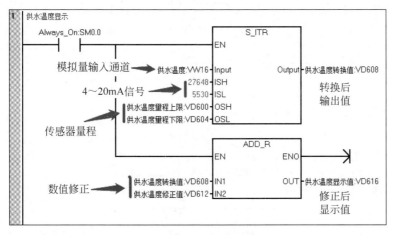

图 31.7　供水温度显示

图 31.8～图 31.12 都是按照上述模拟量程序模式设计的，分别对回水温度、供水压力、回水压力、炉内温度和炉内压力做了模拟量转换和修正，最后都得到了对应的显示值，并存放在不同的数据区。

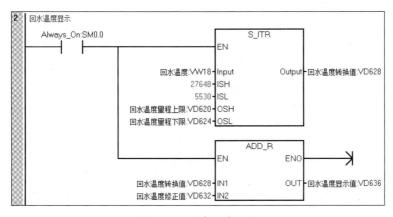

图 31.8　回水温度显示

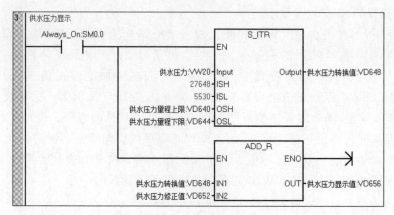

图 31.9 供水压力显示

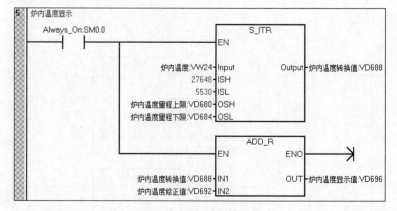

图 31.10 回水压力显示

图 31.11 炉内温度显示

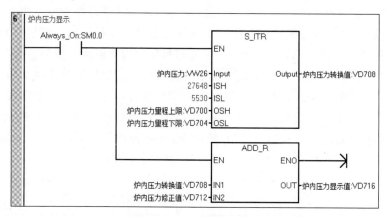

图 31.12　炉内压力显示

3. 风机控制(SBR1)子程序

如图 31.13 所示,在自动模式下,系统运行(V100.0)接通,小火阀输出(Q0.3)未接通,大火阀输出(Q0.4)未接通,此时都满足条件后,产生的上升沿置位吹扫条件(V101.0)。

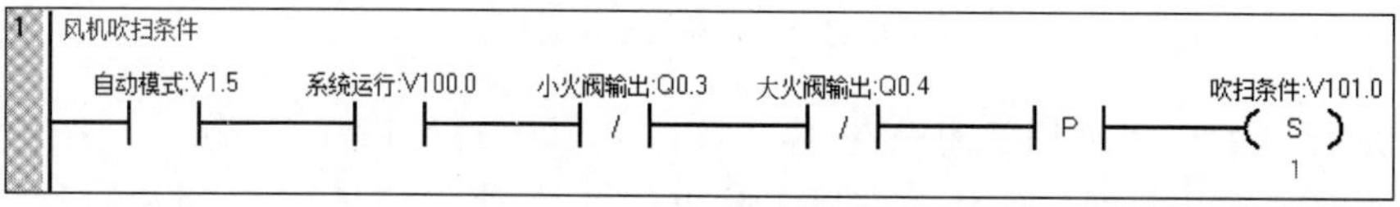

图 31.13　风机吹扫条件

每次开启锅炉的时候都要吹扫,下一次开启锅炉前必须复位吹扫条件。吹扫条件(V101.0)的复位条件有 2 个,图 31.3 的复位条件为状态清除,图 31.14 的复位条件为正常流程控制。

如图 31.14 所示,在自动模式下,系统运行(V100.0)接通,风机运行(V0.6)接通,风机输出(Q0.1)接通,证明风机确实处于运行状态。在风机运行状态下,风机吹扫延时(T43)延时 6s 接通,风机吹扫延时(T43)接通后,置位吹扫完成(V101.1)。为了方便测试,程序中设定的时间是 6s,实际吹扫时间应该是 60s 或者更长。吹扫完成(V101.1)接通后,复位吹扫条件(V101.0),符合"卸磨杀驴"的理念,用完了就将它复位。

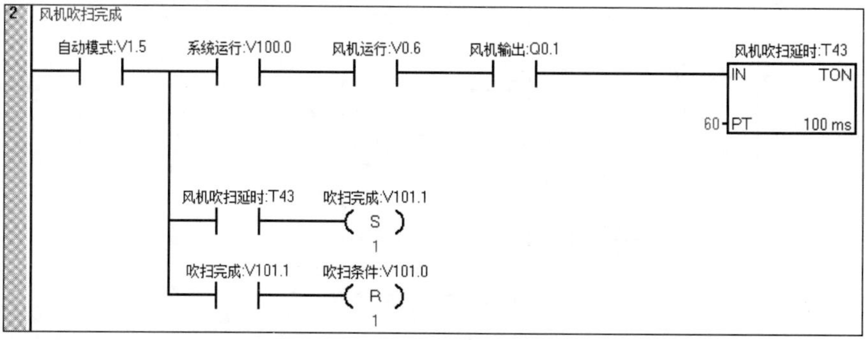

图 31.14　风机吹扫完成

此处用到的定时器是延时接通的,定时器的使用和选择可以查看本书第3章,一般根据延时的长短选择。此处的置复位是用于记录流程状态和清除状态的。置复位的条件根据需求设置即可,复位的条件要选得恰到好处,否则容易导致程序混乱。如果置位条件没有对其他条件的封锁和互锁,置位条件使用完毕后及时复位即可。如果需要实现封锁或者互锁,就可以采用同一条件置位多个信号,每个信号的复位选择合适的条件和时间即可。

如图31.15所示,在自动模式下,系统运行(V100.0)未接通,按下停止按钮(V100.1)接通,风机输出(Q0.1)接通,风机运行(V0.6)接通,在此种状态下,风机停止延时(T50)延时20s后接通,风机停止延时(T50)接通后,置位延时停风机(V101.2)。

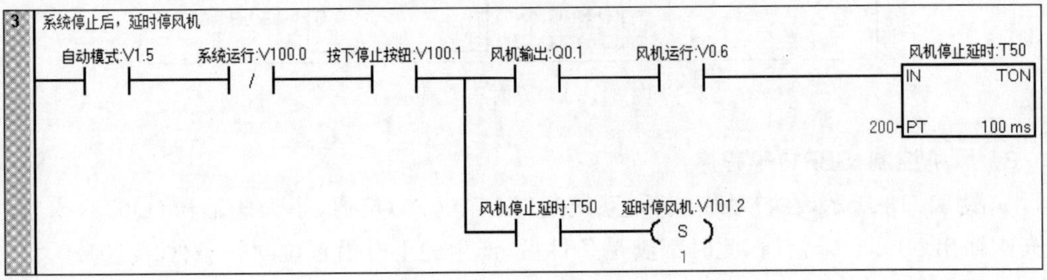

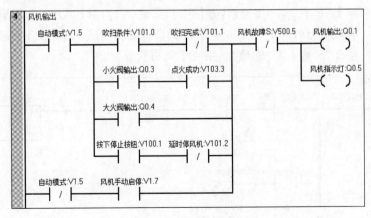

图31.15 风机停止延时

系统运行(V100.0)使用常闭触点,停止按钮(V100.1)使用常开触点,二者组合使用是为了说明在按下停止按钮后的状态。风机输出(Q0.1)使用常开触点,风机运行(V0.6)使用常开触点,二者组合使用时为了证明风机确实处于运行状态。T50延时接通后V101.2接通,那么V101.2是用来停止风机运行的,见图31.16中采用的常闭触点。风机的吹扫延时是在延时时间内运转,风机的停止延时是时间到了之后停止,这两段程序要对比理解。

如图31.16所示为风机输出程序。分两种情况:一种是自动模式下接通,另外一种是手动模式下接通。在自动模式下,又可分为4种情况接通。

图31.16 风机输出

情况1：吹扫条件(V101.0)接通，吹扫完成(V101.1)未接通，满足吹扫条件，没有吹扫完成的时候需要风机开启。

情况2：小火阀输出(Q0.3)接通，点火成功(V103.3)接通，点火成功后，小火阀在打开的状态下证明是小火燃烧，此时需要风机开启。

情况3：大火阀输出(Q0.4)接通证明是大火燃烧，此时需要风机开启。

情况4：按下停止按钮后，延时停风机(V101.2)未接通，按下停止按钮后延时一段时间停止，在延时未到的时间内需要风机开启。此处可结合图31.15理解。

在手动模式下，按下风机手动启停(V1.7)时需要风机开启。

安全条件是风机无故障，所以在总干路串接了风机故障(V500.5)的常闭触点。

风机输出(Q0.1)接通的同时，风机指示灯(Q0.5)也输出，用于指示风机处于运行状态。

4. 循环泵控制(SBR2)子程序

如图31.17所示，这里实现的是循环泵开启条件。在自动模式下，系统运行(V100.0)接通，水流信号故障(V500.6)未接通，此时满足循环泵开启条件。循环泵开启条件接通的同时，触发的上升沿复位循环泵停止条件(V102.1)。

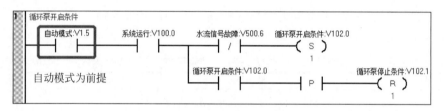

图31.17　循环泵开启条件

如图31.18所示，在自动模式下，按下停止按钮(V100.1)接通，系统运行(V100.0)未接通，循环泵输出(Q0.0)接通，水流信号(V0.3)接通，此种状态下通过循环泵停止延时(T44)延时30s。循环泵停止延时(T44)接通或者供水温度显示值(VD616)小于等于30.0时，置位循环泵停止条件(V102.1)。循环泵停止条件(V102.1)接通后，复位循环泵开启条件(V102.0)。程序中加入水流信号(V0.3)是为了证明循环泵确实处于运行状态。

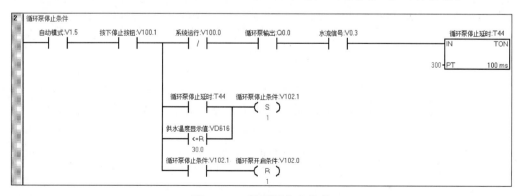

图31.18　循环泵停止条件

　　如图 31.19 所示为循环泵输出接通条件。一共分两种情况:一种是自动模式下接通,另外一种是手动模式下接通。在自动模式下,循环泵开启条件(V102.0)接通,循环泵停止条件(V102.1)未接通,此时需要循环泵开启。在手动模式下,按下循环泵手动启停,此时需要循环泵开启。不管采用的是自动模式还是手动模式,安全条件都是循环泵故障S(V500.4)未接通,所以需要在主干路串接循环泵故障 S(V500.4)的常闭触点。

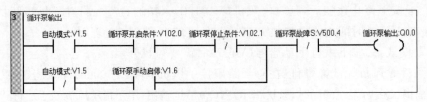

图 31.19　循环泵输出

5. 燃烧控制(SBR3)子程序

　　如图 31.20 所示,水位故障(V500.3)未接通,水流信号故障(V500.6)未接通,超压故障(V500.2)未接通,炉温超高故障(V501.2)未接通,供温超高故障(V501.0)未接通。如果与点火相关的故障都不存在,那么点火安全信号(V103.1)的线圈接通。

图 31.20　点火安全信号

　　如图 31.21 所示,循环泵输出(Q0.0)接通,循环泵运行(V0.5)接通,水流信号(V0.3)接通,风机输出(Q0.1)未接通,风机运行(V0.6)未接通,吹扫完成(V101.1)接通,此时置位点火基本条件(V103.2)。用一句话描述:循环泵开启状态,风机停止状态,吹扫完成后满足点火基本条件。多用一个点或者少用一个点在编程过程中导致的区别,自己要仔细体会一下。重点是如何用梯形图语言来准确地描述设备动作流程和现场设备的工作状态。

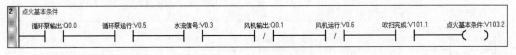

图 31.21　点火基本条件

　　如图 31.22 所示,在自动模式下,系统运行(V100.0)接通,点火安全信号(V103.1)接通,点火基本条件(V103.2)接通,此时触发的上升沿来置位点火条件(V103.0)。

图 31.22　点火条件

如图 31.23 所示,在自动模式下,系统运行(V100.0)接通,火焰信号(V0.4)接通,火焰信号延时(T45)延时 3s,火焰信号延时(T45)接通后置位点火成功(V103.3)。本段程序采用延时是为了过滤信号波动和防止信号误触发。延时是过滤信号波动的比较直接有效的方法,在很多场合都用得到,合理的延时能提高程序的稳定性。

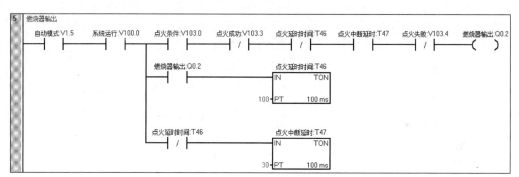

图 31.23 点火成功

如图 31.24 所示,在自动模式下,系统运行(V100.0)接通,点火条件(V103.0)接通,点火成功(V103.3)未接通,点火延时时间(T46)未接通,点火中断延时(T47)接通,点火失败(V103.4)未接通,此时燃烧器输出(Q0.2)线圈接通。

图 31.24 燃烧器输出

程序理解:燃烧器输出(Q0.2)的常开触点是 T46 的延时条件,延时时间为 10s,10s 后 T46 会接通。由于 T46 的常闭触点串接在 Q0.2 的线圈前边,所以燃烧器输出接通 10s 后会断开一次。燃烧器输出断开后 T46 就会断开,T46 断开后延时 3sT47 接通,T47 是燃烧器输出再次接通的触发条件。除 T46 和 T47 外其他条件都是稳定的状态信号,所以燃烧器输出后,每 10s 断开一次,断开后延时 3s 再重新输出。燃烧器输出就是点火器的点火状态。为了方便统计点火次数和控制点火时间我们才这样设计程序。T46 为单次点火时间,T47 为点火停歇时间。

如图 31.25 所示,在自动模式下,系统运行(V100.0)接通,燃烧器输出(Q0.2)接通,此时触发的上升沿通过 C11 进行计数,用于统计点火次数。复位 C11 的条件是点火失败复位延时(T48)接通或者是按下系统启动(V2.3)按钮。因为预设值(PV)是 3,所以当 C11 计数大于等于 3 时 C11 的常开触点接通。

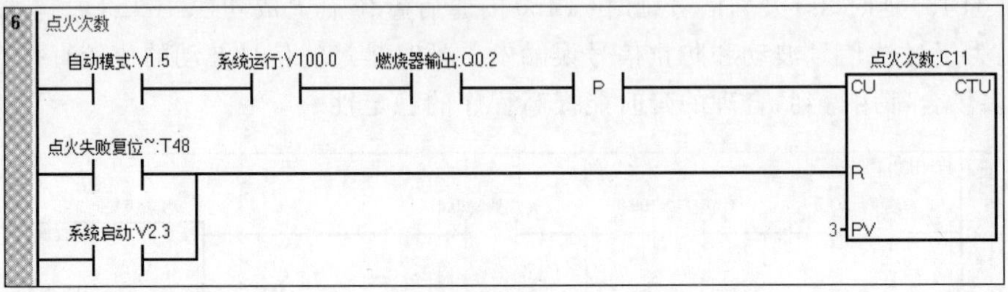

图 31.25　点火次数

如图 31.26 所示,在自动模式下,系统运行(V100.0)接通,点火次数(C11)大于等于 3 时或者点火次数 C11 的常开触点接通,此时置位点火失败(V103.4)。点火失败的上升沿置位系统停止(V2.4),此时置位 V2.4 也需要在按下启动按钮时复位。点火失败要有等同于按下停止按钮的结果,所以将点火失败(V103.4)和系统停止(V2.4)并联起来,复位了点火成功(V103.3),复位了 V104.0～V104.3 的 4 个信号,还复位了吹扫条件(V101.0)。以上复位都是为了保证点火失败后,将启动条件的标志位清零,该关闭的都需关闭。

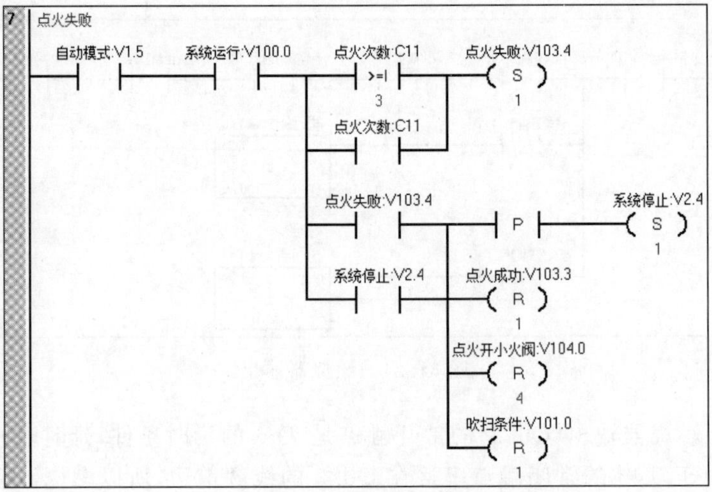

图 31.26　点火失败

如图 31.27 所示,按下点火失败复位(V2.5)按钮,通过点火失败复位延时(T48)延时 3s,3s 后 T48 接通。T48 接通后复位点火失败(V103.4)。按下点火失败复位(V2.5)3s 以上才能复位点火失败故障。主要是考虑到点火失败属于比较特殊的故障,点火失败后需要人工处理,因为炉内积攒了不少可燃气体,多次点火容易产生爆炸。所以在设计程序时,点火失败等同于按下了停止按钮的效果。系统停止后,风机延时一段时间停止,能把可燃气体吹走。如果下次开启系统,风机依然进行点火前吹扫,这样就能双重吹扫,保证设备和人员安全。从工艺上来讲略微复杂了一些,但是安全系数提高了很多。

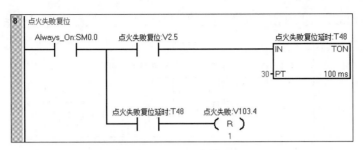

图 31.27　点火失败复位

6. 运行控制(SBR4)子程序

如图 31.28 所示,在自动模式下,按下系统启动(V2.3)按钮触发的上升沿将 VB101 赋值 0,并将 VD102 赋值 0。将多个状态寄存器和标志位全部清零,保证系统开启不会受到信号干扰。

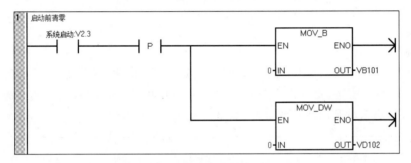

图 31.28　启动前清零

如图 31.29 所示,在自动模式下,按下系统启动(V2.3)按钮,系统停止(V2.4)未接通,故障状态(VD500)值为 0 表示无故障,按下停止按钮(V100.1)未接通,此时置位系统运行(V100.0)。在自动模式下,按下系统启动(V2.3)按钮触发的上升沿复位按下停止按钮(V100.1),同时复位系统停止(V2.4)。本段程序是一个系统启动程序。

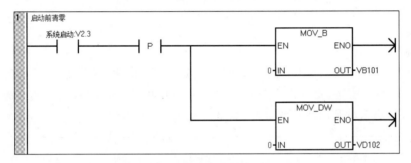

图 31.29　系统运行

如图 31.30 所示,在自动模式下,按下系统停止(V2.4)按钮或者故障停锅炉(V200.1)接通,置位按下停止按钮(V100.1)。在自动模式下,按下系统停止(V2.4)按钮或者故障停锅炉(V200.1)时触发的上升沿复位系统运行(V100.0)。本段程序是一个系统停止程序。

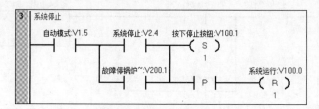

图 31.30　系统停止

如图 31.31 所示,在自动模式下,系统运行(V100.0)接通,运行继电器(Q1.0)的线圈接通。

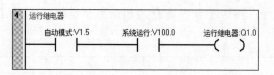

图 31.31　运行继电器

如图 31.32 所示,在自动模式下,系统运行(V100.0)接通,燃烧器输出(Q0.2)接通,点火成功(V103.3)未接通,此时置位点火开小火阀(V104.0)。在没有点火成功的前提下,如果燃烧器输出,那么就开启小火阀。

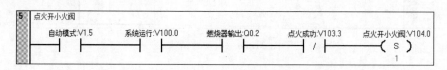

图 31.32　点火开小火阀

如图 31.33 所示,在自动模式下,系统运行(V100.0)接通,小火阀输出(Q0.3)接通,点火成功(V103.3)接通,此时触发的上升沿置位预热开小火阀(V104.1)。

在自动模式下,系统运行(V100.0)接通,小火阀输出(Q0.3)接通,熄火故障(V500.7)未接通,通过小火预热延时(T49)延时 60s,延时到了则 T49 接通。

在自动模式下,系统运行(V100.0)接通,小火预热延时(T49)接通或者炉内温度显示值(VD696)大于等于 100.0,此时置位预热完成(V104.2)。预热完成(V104.2)接通后复位预热开小火阀(V104.1),做到及时"卸磨杀驴"。

图 31.33 要表示的意思是:点火成功后,开小火阀预热,小火输出时没有熄火故障则预热 60s 之后,预热完成或者炉内温度大于等于 100℃也是预热完成。预热完成后关闭小火阀。

针对工艺要求或者控制要求,如何完善并准确地用梯形图描述出来这才是要学习的重点。有的控制要求加入很多点,描述得越详细越好,有的控制要求只需要定性控制即可,我们要做到收放自如地控制程序的编写。

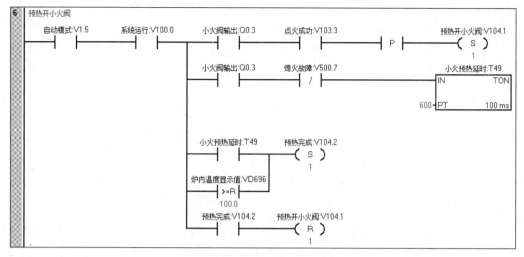

图 31.33 预热开小火阀

如图 31.34 所示,在自动模式下,点火成功(V103.3)接通,预热完成(V104.2)接通,供水温度显示值(VD616)小于等于启动温度 SET(VD808)的值,启动温度 SET(VD808)小于停止温度 SET(VD812)的值,启动温度 SET(VD808)大于 30.0,供温超高故障(V501.0)未接通,此时置位开启大火条件(V104.3)。预热完成是前提条件,无供温超高故障是安全条件,设定值要符合常规要求是附加条件,真正起作用的是供水温度显示值与启动温度值之间的比较。何时复位开启大火条件呢?当供水温度显示值(VD616)大于等于停止温度 SET(VD812)时或者供温超高故障(V501.0)接通时。

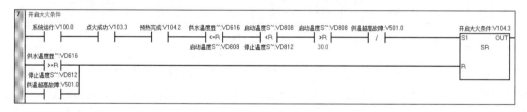

图 31.34 开启大火条件

如图 31.35 所示,在自动模式下,系统运行(V100.0)接通,故障停锅炉(V200.1)未接通,点火失败(V103.4)未接通,熄火故障(V500.7)未接通,开启大火条件(V104.3)未接通,大火阀输出(Q0.4)未接通,此时满足 3 个条件中任何一个都会开启小火阀。情况 1:点火开启小火阀(V104.0)接通;情况 2:燃烧器输出(Q0.2)接通时;情况 3:预热开小火阀(V104.1)接通。只要上述 3 种情况的任何一种发生都会开启小火阀,同时点亮小火指示灯(Q0.6)。

在自动模式下,点火失败(V103.4)未接通,熄火故障(V500.7)未接通,开启大火条件(V104.3)接通,小火阀输出(Q0.3)未接通,此时大火阀输出(Q0.4)的线圈接通,同时大火指示灯(Q0.7)的线圈也接通。此处大火阀和小火阀的开启做了互锁。

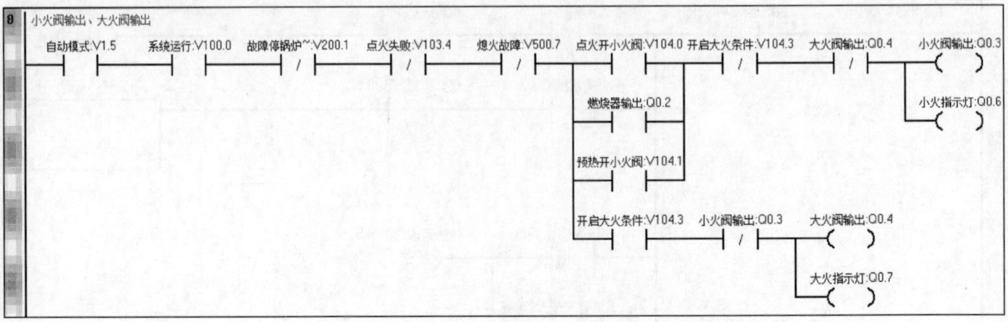

图 31.35 小火阀和大火阀输出

如图 31.36 所示,小火阀输出(Q0.3)未接通和大火阀输出(Q0.4)未接通,两个阀门都断开时通过 T51 延时 2s,如果 2s 内有阀门再次接通,属于阀门切换,如果 2s 内没有接通,那就是系统停止状态。本段程序是为了分辨出来是阀门切换状态还是系统停止状态。当两个阀门都关闭 2s 以上 T51 就会接通,T51 接通后,阀门全关闭(M20.0)接通,证明两个阀门都关闭了,属于系统停止转态。

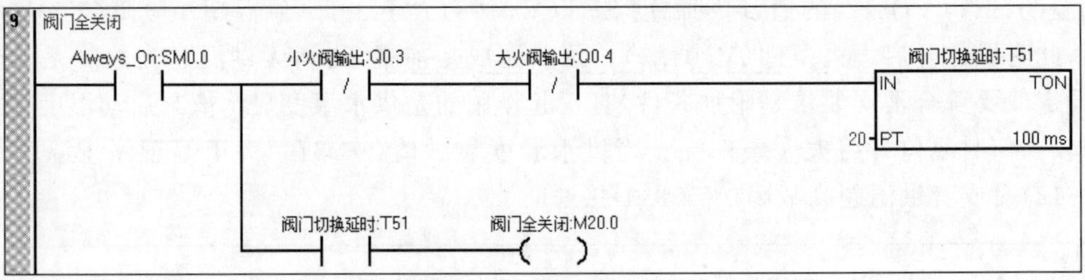

图 31.36 阀门全关闭

如图 31.37 所示,阀门全关闭(M20.0)接通的上升沿复位火焰信号(V0.4)。就是两个阀门都关闭后,火焰信号需要复位。循环泵输出(Q0.0)的上升沿置位水流信号(V0.3)和循环泵运行(V0.5),循环泵输出(Q0.0)的下降沿复位水流信号(V0.3)和循环泵运行(V0.5),风机输出(Q0.1)的上升沿置位风机运行(V0.6),风机输出(Q0.1)的下降沿复位风机运行(V0.6)。本段程序为调试时的测试程序,像火焰信号,只复位不置位,置位需要人工从触摸屏操作。循环泵的运行信号是监视循环泵运行的,水流信号是检测有没有水流的,都是显示到触摸屏的模拟信号。同理风机运行信号也是监视风机运行状态的,风机运行时置位风机运行(V0.6),风机停止时,复位风机运行(V0.6)。

7. 故障报警(SBR5)子程序

图 31.38 是用置、复位实现的急停故障报警。急停按钮外部接常闭触点。

图 31.39 是用置位优先实现的可燃气体报警故障报警。可燃气体报警信号外部接常开触点。

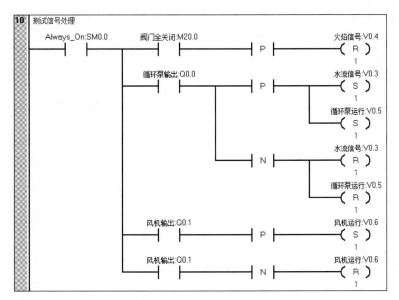

图 31.37 测试信号处理

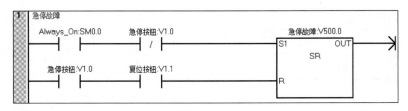

图 31.38 急停故障

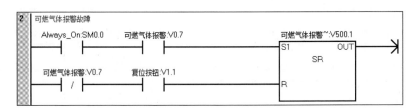

图 31.39 可燃气体报警故障

　　图 31.40 是用置、复位实现的故障报警。采用的是置位优先的信号。超压信号外部接常闭触点。

　　图 31.41 是用置、复位实现的故障报警。采用的是置位优先的信号。这里用了两个水位开关信号，并且都是接的常闭触点，任何一个触点断开都汇报故障，2 个都接通后按下复位按钮才能清除故障。

　　图 31.42 和图 31.43 都是用置、复位实现的故障报警。采用的都是置位优先的信号。热继电器接常闭触点。

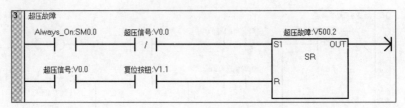

图 31.40　超压故障

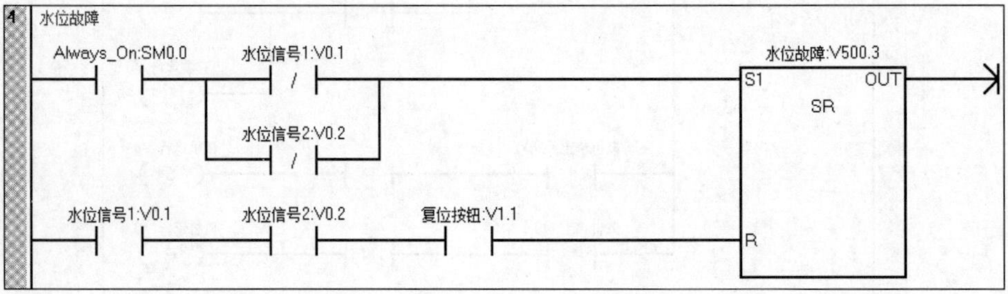

图 31.41　水位故障

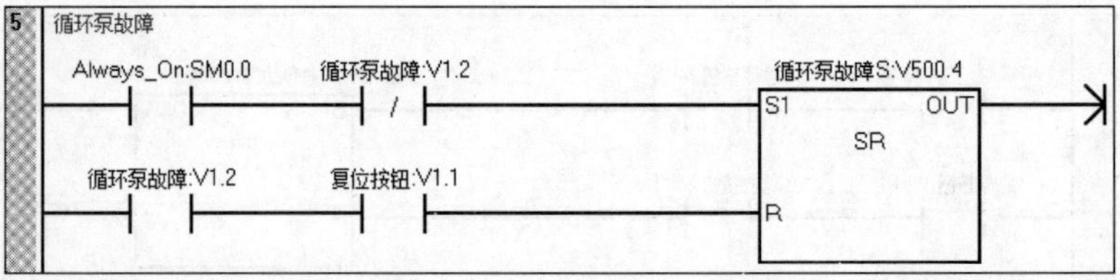

图 31.42　循环泵故障

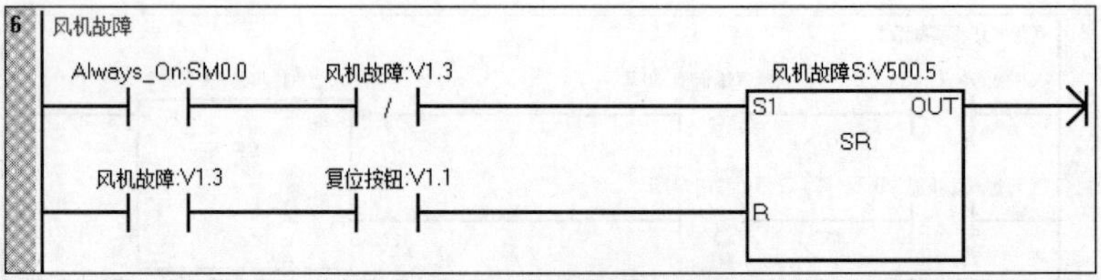

图 31.43　风机故障

　　如图 31.44 所示,循环泵运行(V0.5)接通,水流信号(V0.3)未接通,通过水流检测延时延时(T41)延时 20s。结合图 31.45 所示,T41 接通后置位水流信号故障(V500.6),当水流信号恢复后或者循环泵停运行信号未接通,按下复位按钮(V1.1)复位水流信号故障。

　　如图 31.46 所示,小火阀输出(Q0.3)接通或者大火阀输出(Q0.4)接通,火焰信号(V0.4)未接通,延时 10s,T42 接通。结合图 31.47 所示,T41 接通后置位熄火故障(V500.7)。当熄火延时(T42)断开后,按下复位按钮(V1.1)复位熄火故障。

　　如图 31.48 所示,当供水温度显示值(VD616)大于等于供水温度上限 SET(VD800)时,

图 31.44　水流检测延时

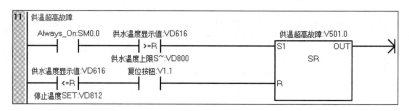

图 31.45　水流信号故障

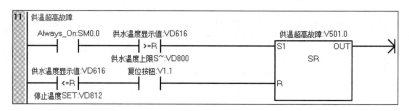

图 31.46　熄火延时

图 31.47　熄火故障

置位供温超高故障(V501.0)。当供水温度显示值(VD616)小于等于停止温度 SET
(VD812)时,按下复位按钮(V1.1)复位供温超高故障(V501.0)。这里需要注意的是供水温
度上限 SET(VD800)的数值一定要大于停止温度 SET(VD812)的数值。

图 31.48　供温超高故障

如图 31.49 和图 31.50 所示为我们实现的一个供温超低故障报警。锅炉刚开始点火的时候,供水温度本来就是低的,所以一开始就报供温超低故障是没有意义的,所以要排除这种情况。如图 31.49 所示,当供水温度显示值(VD616)大于等于停止温度 SET(VD812),停止温度 SET(VD812)大于等于 40.0,系统启动(V2.3)接通,供温超低故障(V501.1)未接通时,供温低报前提(V100.2)的线圈接通,此时 V100.2 的常开触点对温度比较进行自保。当供水温度达到设定温度停止值之后,当温度再次降低就可以报警了。这是报警的一个前提条件。

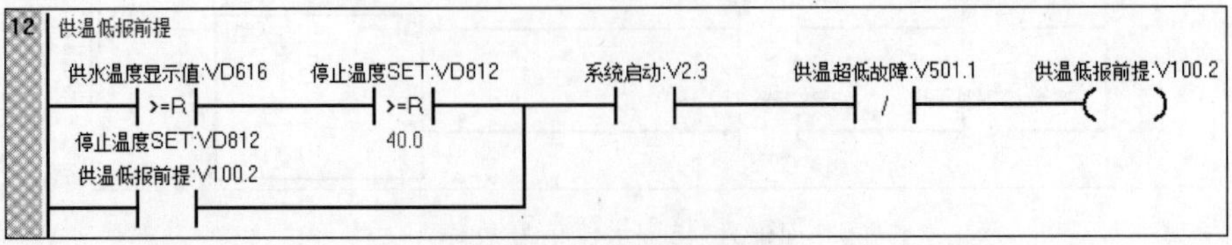

图 31.49　供温低报前提

如图 31.50 所示,供温低报前提(V100.2)接通,供水温度显示值(VD616)小于等于供水温度下限 SET(VD804),置位供温超低故障(V501.1)。当供水温度显示值(VD616)大于等于启动温度 SET(VD808)时,按下复位按钮(V1.1)复位供温超低故障(V501.1)。

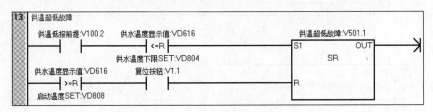

图 31.50　供温超低故障

如图 31.51 所示,当炉内温度显示值(VD696)大于等于炉内温度上限 SET(VD816),炉内温度上限 SET(VD816)大于等于 60.0,此时置位炉温超高故障(V501.2)。当炉内温度显示值(VD696)小于等于炉内温度上 SET(VD820)时,按下复位按钮(V1.1)复位炉温超高故障(V501.2)。这里需要注意的是炉内温度上限 SET(VD816)一定要大于炉内温度上 SET(VD820)的值。

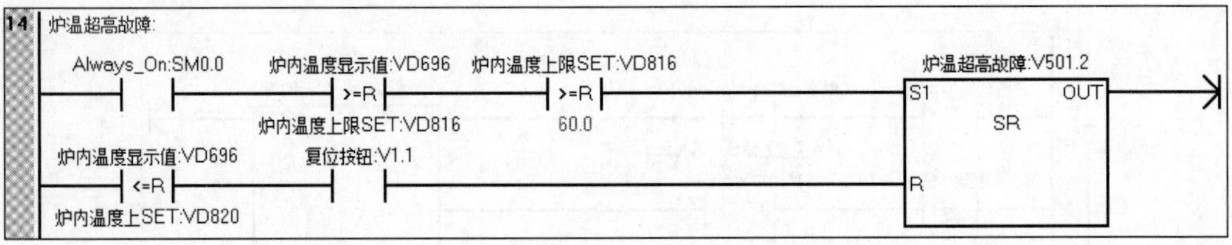

图 31.51　炉内温度超高故障

如图 31.52 所示,实现的是发生故障时,故障继电器(Q1.1)接通。VD500 是从 V500.0
到 V503.7 所有点的集合,本案例中这些点位只能用于故障状态使用,不能用到其他地方,
否则本条程序就需要修改或者导致程序混乱和错误。因为从 V500.0 到 V503.7 任何一个
点接通,VD500 就会有数值,此时 VD500 就会大于 0,故障继电器(Q1.1)的线圈就会接通。
故障继电器可以接报警灯,也可以接蜂鸣器,还可以接柱灯等,实现了一变多的功能。

图 31.52　故障继电器

如图 31.53 所示,急停故障(V500.0)、可燃气体报警故障(V500.1)、超压故障(V500.2)、
水位故障(V500.3)、熄火故障(V500.7)、水流信号故障(V500.6)、供温超高故障(V501.0)其中
任何一个故障发生,故障停锅炉(V200.1)就会接通,进而连锁控制系统停止。

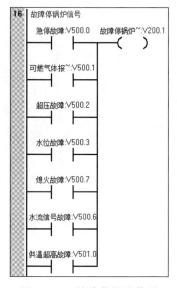

图 31.53　故障停锅炉信号

本章小结

设计程序时除了要对工艺细分之外,还要善于对现场控制条件的把控,把要实现的工艺
都通过程序体现出来。不管是明确要求的,还是根据程序编写需要做的,都能按照自己的编
程思路去实现。当面对多重情况时,要学会逐一划分程序块并单独去设计程序,最后再将程
序联系起来。要学会化整为零和各个击破的问题解决思路。

第六篇　番外提升篇

第 32 章

可调用子程序的编写

32.1 子程序的划分

S7-200 SMART 系列 PLC 编程的子程序常用的有 3 种,如图 32.1 所示。第 1 种是用户自己添加的可调用子程序,这种子程序根据程序需要调用即可。一般调用方式是直接在主程序 OB1 中调用,调用后 CPU 就会循环扫描并执行。如图 32.2 所示 HSC0_NIT (SBR1)子程序是利用向导自动生成的子程序,在程序段 1 通过 SM0.1 的常开触点来调用。该子程序并不是中断子程序,只是名字是"HSC0_NIT"而已。

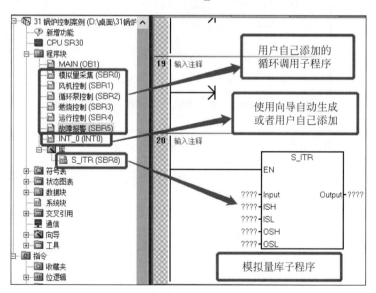

图 32.1 程序项目案例

第 2 种是中断子程序,当产生中断时,对应调用中断子程序。如图 32.3 所示 ATCH 指令将中断事件号 12 与中断子程序 INT1 连接了起来。如果中断事件号 12 对应的中断事件发生,就会调用 INT1。中断事件都有相应的中断事件号,中断事件号是无法修改的,具体

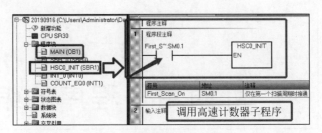

图 32.2   自动生成子程序调用

参看中断事件表。中断子程序被调用后能起到什么作用呢？这需要查看中断子程序的内容才能确定。如图 32.4 所示 INT1 中断子程序的内容,将 SMB37 赋值为 16♯A0；将 SMD42 赋值为 3000；启用 HSC 高速计数器。中断子程序也可以通过用户自己建立、命名和编写程序内容。只要命名正确,程序内容根据工艺要求或者程序需求编写即可。

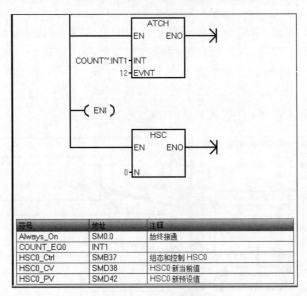

图 32.3   中断子程序调用

第 3 种是带输入和输出接口的可调用子程序的编写,这是本章重点讲解部分。如图 32.1 所示模拟量库子程序是 SBR8。有人对 SBR8 的序号会有疑惑,该序号是固定的还是随机的呢？该子程序是调用模拟量库时自动生成的,对应的子程序序号就是已经建立了的子程序序号加 1。如图 32.5 所示新建一个项目工程并直接调用模拟量库子程序,系统将自动生成一个命名为"SBR1"的子程序。如果在程序中还调用了其他库,也会生成对应的子程序。有时候想让自己建立的子程序编号连续却无法实现,这是因为对应的子程序编号已经被系统生成的子程序占用了。模拟量库文件需要添加到程序的库文件夹里之后才能调用。

如果把自己常用的成熟程序或者使用稳定的程序设计成可调用的子程序库或者库文件,以后就可以直接调用该子程序从而大幅提高编程效率。以后再做同一类事情的时候就

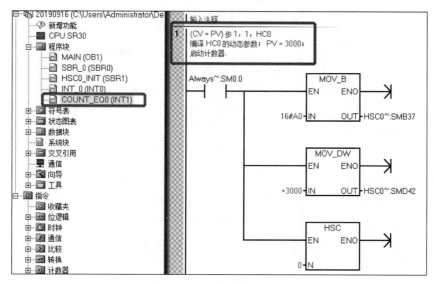

图 32.4　中断子程序内容

不用每次都重复编写程序,直接调用库程序并使用即可,这样既节约了大量时间,也防止再次编写出错。很多人认为这主意不错,但是基于 S7-200 SMART 的是小型 PLC,有的功能会受到一些限制。例如子程序中采用了定时器或者脉冲沿就可能导致程序不能正确执行,尤其是在同时调用同一子程序的时候。S7-300/400 系列或者 S7-1200/1500 系列可以采用 FB 来实现,因为 FB 自带背景 DB 块,能充分提供数据缓存区域。

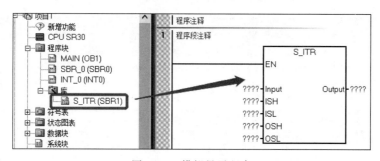

图 32.5　模拟量子程序

32.2　子程序编写的流程

1. 插入 SBR 子程序

如图 32.6 所示,新建一个工程项目,插入一个 SBR 子程序,默认生成 SBR1 子程序,可以右键选择并重命名,例如修改为"红绿灯",以后就可将这个子程序设计成红绿灯的模板子程序。

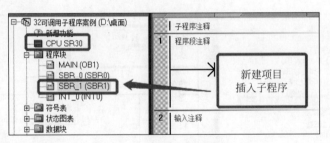

图 32.6 新建项目子程序

2. 建立子程序变量

刚刚入门人员在直接编写可调用子程序时不容易把控,容易陷入混乱和不知所措。所以在设计可调用子程序之前需要先实际测试好程序,按照测试好的程序来编制模板,否则调试起来会比较麻烦。如图 32.5 所示,子程序调用时有的引脚在方框左边,有的引脚在方框右边,引脚的里边还有标注。因为子程序变量的建立是有一定规则的,所以在设计子程序时一定要知道规则才能设计得准确。

如图 32.7 所示,在子程序中建立的变量只在对应的子程序使用,叫作局部变量。而部分变量也可以采用全局变量,这就需要建立在符号表里。如果建立在符号表里的变量在可调用子程序内使用了,其他的程序就不要使用了,否则会对该子程序造成影响,导致误动作或者程序混乱。例如我们在调用 Modbus 库或者其他库的时候,需要分配 V 区,这里的 V 区就是对应的库使用的 V 区变量。这些变量也是禁止用户使用的。全局变量和临时变量都不会在子程序块的引脚体现。但变量的符号名,则会在引脚里体现出来。

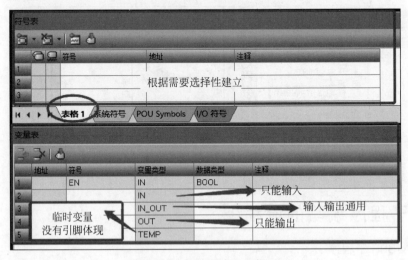

图 32.7 变量的建立和使用

如图 32.8 所示,变量类型为 IN 的变量,图中建立了"定时 SET"和"JCQ",数据类型为 INT。变量类型为 OUT 的变量,图中建立了"红绿灯",数据类型为 BOOL。为了防止名字重复和产生歧义,将变量名改为"输出灯"。变量类型为 TEMP 的变量建立了"计数器",数据类型也为 INT。变量名都是自己定义的,方便编程并且能看明白表示的意义就行。变量数据类型是根据实际需要建立的,如果在编程时需要修改变量的数据类型,编程时可以随时修改。注释根据自己的编程习惯和需求选择性地添加即可。如图 32.8 所示,调用子程序"红绿灯(SBR1)"后,左侧出现 2 个引脚,右侧出现 1 个引脚,引脚的标注都是自己定义的符号名。

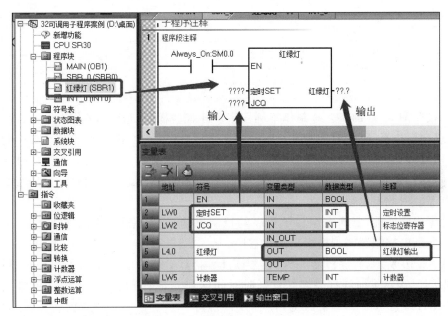

图 32.8 变量的建立和子程序调用

3. 程序编写和注意事项

在编写程序时要注意以下两点:①临时变量使用前要初始化赋值,程序执行完毕后临时变量就会被释放。②只有线圈接通后,对应的常开触点才会接通,同时常闭触点才会断开,所以常开和常闭触点放在线圈的下边较为合适。

下一节内容,我们以交通路口红绿灯为例(本书第 24 章红绿灯案例为模板基础),编写可重复调用的子程序。

32.3 子程序内容编写

在编写子程序时,如果发现子程序的内容越来越多,就要及时停止,我们编写可调用子程序的目的就是为了方便使用,简化编写过程,以及减少工作量。如果编写完子程序,比不用子程序还麻烦,何必编写子程序呢? 这样也就失去了编写可调用子程序的意义。如果仅仅想体验一下编写过程,掌握一种编程操作,可以试着去体验一下。

流程如图 32.9 所示,横向绿灯亮的时间为 T1,横向黄灯亮的时间为 T2,横向红灯亮的时间为 T3,纵向绿灯亮的时间为 T4,纵向黄灯亮的时间为 T5,纵向红灯亮的时间为 T6。

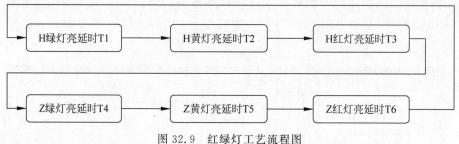

图 32.9　红绿灯工艺流程图

我们按照图 32.9 的工艺来制作案例程序。H 代表横向(东西),Z 代表纵向(南北)。工艺开始,横向绿灯亮,延时时间为 T1,时间到了之后,横向黄灯亮,延时时间为 T2,时间到了之后,横向红灯亮,延时时间为 T3,时间到了之后纵向绿灯亮,延时时间为 T4,时间到了之后纵向黄灯亮,延时时间为 T5,时间到了之后,纵向红灯亮,延时时间为 T6,时间到了之后,横向绿灯亮。依此工艺行程不断循环。

编写子程序之前,要确定编写子程序的控制思路,或者说要确定编程模板。可以按如图 32.10 所示的控制逻辑为模板来编写程序。

如图 32.10 所示,程序段 2 的含义:当启动运行(V100.0)接通,Z 红灯(Q0.5)和 ZT3(T56)都接通,表示纵向红灯亮起并且延时时间已到。如果此时 HT1(T51)绿灯亮的时间不到,那么 H 绿灯(Q0.0)就会接通,接通后 H 绿灯(Q0.0)的常开触点就会接通,对 Z 红灯(Q0.5)和 ZT3(T56)短接产生自保,那样 Z 红灯(Q0.5)和 ZT3(T56)任何一个断开都不会影响绿灯继续接通。

程序段 3 的含义:当启动运行(V100.0)接通,H 绿灯(Q0.0)接通表示绿灯亮,通过 HT1(T51)进行计时,计时时间由 VW200 的数值决定,单位是 100ms。结合程序段 2,如果计时时间到,T51 就会接通,T51 接通后,H 绿灯(Q0.0)的线圈就会断开。

本段程序实现了对单个灯的定时控制,我们将以此为模板来编写可调用子程序。

如图 32.11 所示为简化后的子程序的变量,变量类型为 IN 的变量,建立了"定时",数据类型为 INT。变量类型为 IN_OUT 的变量,建立了"输出灯",数据类型为 BOOL。变量类型为 TEMP 的变量建立了"L1",数据类型也为 BOOL。

如图 32.12 所示,程序段 1,当计时 C1 数值小于"定时"时,"输出灯"接通并输出。程序段 2,"输出灯"接通时,利用系统自带的时钟 SM0.5(系统时钟每一秒接通一次)给计数器 C1 计数,这样 C1 就变成了按照秒计时的定时器。当定时 C1 的数值大于等于"定时"的数值时触发一个上升沿,该上升沿复位计数器 C1。

如图 32.13 所示,当计时 C1 的数值大于等于"定时"的数值时触发一个上升沿,该上升沿执行一次加法指令 VW60 加 1,结果存放到 VW60 内,也就是每执行一次 VW60 自加 1。

图 32.10 控制逻辑模板

变量表

	地址	符号	变量类型	数据类型	注释
1		EN	IN	BOOL	
2	LW0	定时	IN	INT	
3	L2.0	输出灯	IN_OUT	BOOL	
4			OUT		
5	L2.1	L1	TEMP	BOOL	
6			TEMP		

图 32.11 变量表

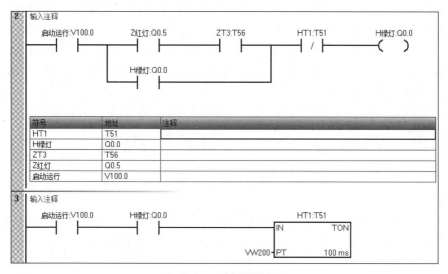

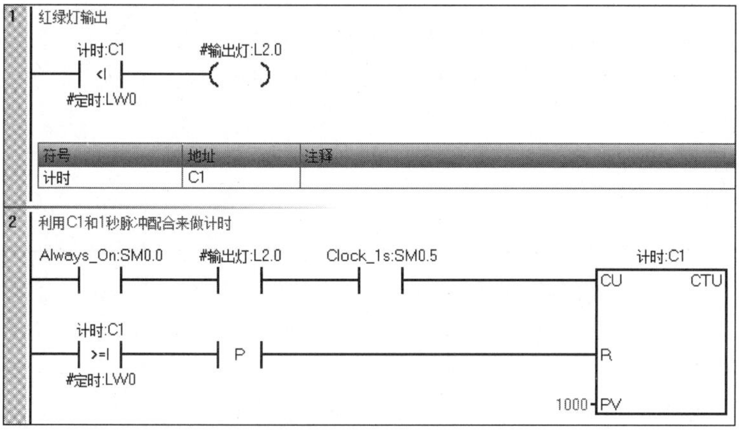

图 32.12 红绿灯输出

该上升沿复位"输出灯"(时间到了,输出停止)。该上升沿复位计数器 C1,本周期计数完成,为下一次调用计数清零。该上升沿被触发时,如果 VW60 大于等于 6 时将 VW60 赋值 1,也就是 6 个灯亮完了,进入下一周期的循环。这里可以对比第 24 章 PLC 中的可调用子程序查看,而那个子程序的定时是有问题的(预留的修改作业)。如果当时大家没有修改好,可以按照现在的程序修改和测试一下。

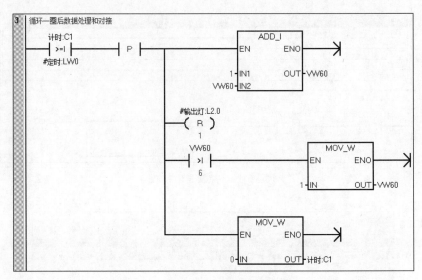

图 32.13 循环一圈后数据处理和对接

1. OB1 主程序编写内容

如图 32.14 所示,程序段 1 通过 SM0.0 的常开触点调用"可调用子程序",该程序为红绿灯的执行程序。程序段 2 是红灯倒计时程序的编写。启动(V10.0)接通后,H 红灯(Q0.2)接通的时候,做一个减法运算,用 H 红灯时间设定(VW104)减去 C1 的值等于 H 倒计时(VW120)的值。为什么减去 C1 呢?因为当 H 红灯(Q0.2)接通时,C1 的数值就是 H 红灯(Q0.2)亮的时间(单位是秒)。同理纵向红灯倒计时程序也是按照上述方法编写的,需自行理解和领悟。

2. 可调用子程序内容

如图 32.15 所示,启动(V10.0)接通后触发一个上升沿,该上升沿对数据进行初始化赋值。将计数器 C1 清零,VW60 初始化赋值为 1,目的是保证进入启动流程。

如图 32.16 所示,在启动(V10.0)接通后,当 VW 取不同的数值时,分别对"红绿灯"子程序进行调用。分别输入对应的时间设定值和输出值即可。如 VW100 是横向绿灯点亮的设置值,H 绿灯(Q0.0)为横向绿灯;VW102 是横向黄灯点亮时间的设定值,H 黄灯(Q0.1)为横向黄灯。图 32.17 和图 32.18 的程序按照上述方法推理即可。

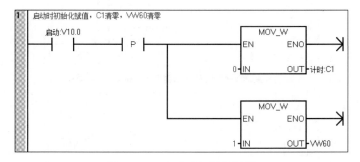

图 32.14　OB1 主程序和倒计时程序

图 32.15　启动时初始化赋值

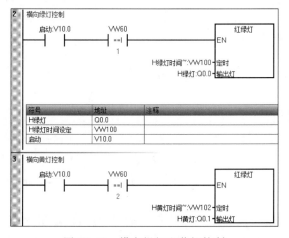

图 32.16　横向绿灯和黄灯控制

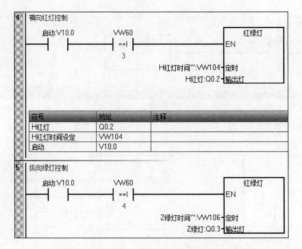

图32.17 横向红灯和纵向绿灯控制

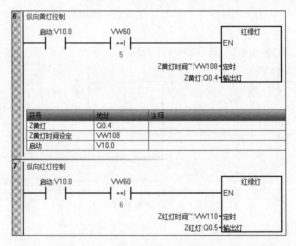

图32.18 纵向黄灯和纵向红灯控制

本 章 小 结

如果子程序实现起来比较困难或者比较烦琐,那就没必要编写可调用子程序了。可调用子程序编写完后一定要测试,要以实际执行结果为准。因为有的控制逻辑在同时调用后是无法执行的。通过本章的学习,掌握变量的建立规则和程序编写的要点,掌握可调用子程序的编写流程。通过本章要掌握编写可调用子程序的方法和思路,在日后编程的过程中可以试着去练习。

课后作业:将模拟量转换的库程序编写出来,并按照模拟量库文件的方法使用和测试。按照本书第24章的红绿灯工艺要求以最少的修改量来修改本案例程序,并保证能使用。

第 33 章

自由口通信

33.1 自由口通信介绍

33.1.1 自由口通信原理

14min

S7-200 系列 PLC 程序的上传和下载可以通过 CPU 模块集成的端口来实现,采用的协议是 PPI 协议。S7-200 SMART 系列 SR/ST CPU 集成的 PROFINET 接口,支持多种协议,PLC 程序的上传和下载都是通过该接口来实现的。S7-200 SMART CPU 模块均集成 1个 RS-485 接口,可以与变频器、触摸屏等第三方设备通信。如果需要额外的串口,可通过扩展 CM01 信号板来实现,信号板支持 RS-232/RS-485 自由转换。串口支持下列协议:Modbus_RTU、USS 和自由口通信,本章要讲的就是自由口通信。

13min

每个 S7-200 SMART CPU 都提供了集成的 RS-485 端口(端口 0)。标准 CPU 额外支持可选 CM01 信号板(SB)RS-232/RS-485 端口(端口 1)。自由口通信可使用发送(XMT)和接收(RCV)指令,通过 CPU 串行端口在 S7200 SMART CPU 和其他设备之间进行通信。通信协议是第三方约定的协议,必须在用户程序中执行通信协议。

16min

33.1.2 在自由端口模式下控制串行通信端口

编程人员可以选择自由端口模式通过用户程序控制 CPU 的串行通信端口。选择自由端口模式后,程序通过使用接收中断、发送中断、发送指令和接收指令来控制通信端口的操作,并在自由端口模式下完全控制通信协议。

1. 通信方式的控制

CPU 向两个物理端口分配两个特殊存储器字节:向集成 RS-485 端口(端口 0)分配 SMB30;向 CM01 RS-232/RS-485 信号板(SB)端口(端口 1)分配 SMB130。CPU 处于 STOP 模式时,会禁用自由端口模式,并会重新建立正常通信(例如,HMI 设备访问)。

仅当 CPU 处于 RUN 模式时,才可使用自由端口通信。要启用自由端口模式,需在 SMB30(端口 0)或 SMB130(端口 1)的协议选择字段中设置值 01。处于自由端口模式时,无法与同一端口上的 HMI 通信。SMB30 和 SMB130 分别组态通信端口 0 和 1 以进行自由端口操作,并提供波特率、奇偶校验和数据位数的选择。

特殊寄存器的 SMB30 或 SMB130 这 2 个特殊字节决定了对应端口的通信方式。如表 33.1 所示,将特殊字节的每一位都进行了划分,8 个位由高到低分别对应 ppdbbbmm。结合表 33.2,pp 两位组合用来设置"奇偶校验选择",d 用来设置"每个字符的数据位数",bbb 三位组合用来设置"自由端口波特率"mm 两位组合用来设置"协议选择"。通信方式通过设置 SMB30 或 SMB130 这 2 个特殊字节的数值即可。设置数值的含义可以参看表 33.2。

表 33.1 特殊寄存器控制字节按位排列表

寄存器	SMB30/SMB130							
端口 0	SM30.7	SM30.6	SM30.5	SM30.4	SM30.3	SM30.2	SM30.1	SM30.0
端口 1	SM130.7	SM130.6	SM130.5	SM130.4	SM130.3	SM130.2	SM130.1	SM130.0
代码	p	p	d	b	b	b	m	m

表 33.2 特殊寄存器标志位含义

自由口通信控制字节含义

pp	奇偶校验选择		d	每个字符的数据位数	
	00 =	无奇偶校验		0 =	每个字符 8 位
	01 =	偶校验		1 =	每个字符 7 位
	10 =	无奇偶校验			
	11 =	奇校验			
bbb	自由端口波特率		mm	协议选择	
	000 =	38400		00 =	PPI 从站模式
	001 =	19200		01 =	自由端口模式
	010 =	9600		10 =	保留(默认为 PPI 从站模式)
	011 =	4800		11 =	保留(默认为 PPI 从站模式)
	100 =	2400			
	101 =	1200			
	110 =	115200			
	111 =	57600			

如果使用端口 0,采用偶校验,每个字符 7 位,采用 38400 的波特率,选择自由口通信,那么需要给 SMB30 赋值 2#01100001,转换成十六进制就是 16#61。如果使用端口 1,采用无校验,每个字符 8 位,采用 9600 的波特率,选择自由口通信,那么需要给 SMB130 赋值 2#00001001,转换成十六进制就是 16#09。

2. 发送数据的控制

在设置好端口通信模式之后,可采用发送指令发送信息至第三方设备。发送(XMT)指令用于在自由端口模式下通过通信端口发送数据。发送指令用于对单字符或多字符(最多255 个字符)缓冲区执行发送操作。

数据发送应该按照固定的格式发送,如表33.3所示列出了发送缓冲区的格式。发送信息一共分两部分,第1部分是要发送的字节数,第2部分是发送的信息字符。第1部分占用一个字节,第2部分占用的字节数与发送的内容有关,最多254个。关于第2部分发送字符的开始码、结束码和校验方式等格式均由第三方协议决定,按照协议内容发送即可。

表33.3　发送信息格式表

发送信息格式							
X	M	E	S	S	A	G	E
①要发送的字节数	②信息字符						
第1部分	第2部分						

如果中断例程连接到发送完成事件,CPU将在发送完缓冲区的最后一个字符后生成中断(对于端口0为中断事件9,对于端口1为中断事件26)。也可以不使用中断,而通过监视SM4.5(端口0)或SM4.6(端口1)用信号表示完成发送的时间来发送消息(例如,向打印机发送信息)。

如果将字符数设为零,然后执行发送指令,这样可产生BREAK状态。这样产生的BREAK状态,在线上会持续以当前波特率发送16位数据所需要的时间。发送BREAK的操作与发送任何其他信息的操作是相同的。BREAK发送完成时,会生成发送中断,并且SM4.5或SM4.6会指示发送操作的当前状态。SM4.5表示:当发送器处于空闲状态时(端口0),置位为1;SM4.6表示:当发送器处于空闲状态时(端口1),置位为1。

数据发送方式一般选择轮询发送或者问答式发送。轮询发送就是按照固定的时间周期来发送,时间周期自己可以通过程序控制。问答式发送就是根据协议内容,采用问答式通信。至于通信周期的设置和通信故障的提示都是自己通过编写程序来完成的。

3. 接收数据的控制

在设置好端口通信模式之后,可采用接收指令接收来自第三方设备的信息。接收指令(RCV)可启动或终止接收信息功能。必须为要操作的接收功能框指定开始和结束条件。通过指定端口(PORT)接收的信息存储在数据缓冲区(TBL)中。数据缓冲区中的第一个条目指定接收的字节数。

数据接收也是按照固定的格式来接收的,如表33.4所示列出了接收缓冲区的格式。接收信息一共分两部分,第1部分是要接收的字节数,第2部分是接收的信息字符。第1部分占用一个字节,第2部分占用的字节数与接收的内容有关。关于第2部分接收字符的开始字符、结束字符和校验方式等内容都在接收完成后,按照第三方协议来确认和解析。数据接收完成后要提取有用信息,按照第三方协议解析并进行输出处理,最后处理成用户需要的数据。

表 33.4 接收信息格式表

接收缓冲区格式			
①接收到的字节数	②起始字符	③信息	④结束字符
接收到的字节数	信息字符		
第1部分	第2部分		

如果中断例程连接到接收信息完成事件,CPU 会在接收完缓冲区的最后一个字符后生成中断(对于端口 0 为中断事件 23,对于端口 1 为中断事件 24)。可以不使用中断,而通过监视 SMB86(端口 0)或 SMB186(端口 1)来接收信息。如果接收指令未激活或已终止,该字节不为零。正在接收时,该字节为零。接收指令允许选择信息开始和结束条件,对于端口 0 使用 SMB86～SMB94,对于端口 1 使用 SMB186～SMB194。接收缓冲区格式由特殊存储器(SMB86～SMB94,以及 SMB186～SMB194)来控制和监视。

SMB86/SMB186 是状态字节用于监视和查看接收信息的状态,每一位都对应不同的含义。如表 33.5 所示接收状态字节每一位的代码由高位到低位排列的顺序是 nrexxtcp,中间的 xx 表示保留不启用,其他的 6 位都有对应的数值和含义。

表 33.5 SMB86/SMB186 状态字节信息表

接收信息状态字节和每一位含义(SMB86/SMB186)							
端口 0	SM86.7	SM86.6	SM86.5	SM86.4	SM86.3	SM86.2	SM86.1	SM86.0
端口 1	SM186.7	SM186.6	SM186.5	SM186.4	SM186.3	SM186.2	SM186.1	SM186.0
控制位代码	n	r	e	x	x	t	c	p
数值	1	1	1	1	1	1	1	1
数值为1含义	通过用户命令终止接受信息	接受信息终止	收到结束字符	未启用	未启用	接收信息终止,超时	接收信息终止,超出最大字符	接收信息终止,奇,偶校验错误

SMB87/SMB187 是状态字节用于接收信息的接收模式的,每一位都对应不同的含义。如表 33.6 所示接收控制字节每一位的代码由高位到低位排列的顺序是 en、sc、ec、il、c/m、tmr、bk、x。最后一位 x 表示保留不启用,其他的 7 位都有对应的数值和含义。

如果 SMB87/SMB187 控制字节设置数值的时候,启用了 SMB88/SMB188、SMB89/SMB189、SMB90/SMB190、SMB92/SMB192 中的任何一个参数,我们都要设置对应参数的数值。例如在设置 SMB87 时令 sc=1,那么 SMB88/SMB188 就要设置好对应的开始信息的字符。又如在设置 SMB87 时令 ec=1,那么 SMB89/SMB189 就要设置好对应的结束信息的字符。

如表 33.7 所示列出了 SMB88/SMB188、SMB89/SMB189、SMB90/SMB190、SMB92/SMB192 和 SMB94/SMB194 对应控制位代码的含义和说明,在编程时按照表格内容去设置和使用即可。

表 33.6 SMB87/SMB187 控制字节信息表

接收信息控制字节和每一位含义（SMB87/SMB187）							
端口 0	SM87.7	SM87.6	SM87.5	SM87.4	SM87.3	SM87.2	SM87.1	SM87.0
端口 1	SM187.7	SM187.6	SM187.5	SM187.4	SM187.3	SM187.2	SM187.1	SM187.0
控制位代码	en	sc	ec	il	c/m	tmr	bk	x
数值	0	0	0	0	0	0	0	0
数值为 0 含义	禁用接收消息功能	忽略 SMB88 或 SMB188	忽略 SMB89 或 SMB189	忽略 SMW90 或 SMW190	定时器为字符间定时器	忽略 SMW92 或 SMW192	忽略断开条件	未启用
数值	1	1	1	1	1	1	1	1
数值为 1 含义	启用接收信息功能	使用 SMB88 或 SMB188 的值检测起始信息	使用 SMB89 或 SMB189 的值检测结束信息	使用 SMW90 或 SMW190 的值检测空闲状态	定时器是信息定时器	当执行 SMW92 或 SMW192 时终止接收信息	用中断编程选择 1	未启用
备注	每次执行 RCV 指令时，都会检查启用/禁用接收信息位							未启用

表 33.7 SMB88/SMB188～SMB94/SMB194 特殊寄存器含义说明

端口 0	端口 1	说明
SMB88	SMB188	信息字符开始。该字节存放的是开始字符
SMB89	SMB189	信息字符结束。该字节存放的是结束字符
SMW90	SMW190	空闲线时间段以毫秒为单位指定。空闲线时间过后接收到的第一个字符为新信息的开始
SMW92	SMW192	字符间/信息定时器超时值以毫秒为单位指定。如果超出该时间段，接收信息功能将终止
SMB94	SMB194	要接收的最大字符数(1～255 字节)。即使没有使用字符计数信息终止,此范围也必须设置为预期的最大缓冲区大小

4．中断程序的内容

我们按照上述流程设计完程序以后,再设计好中断子程序的内容就可以了。就像前边章节讲述的一样,我们把程序框架搭建好了,具体到子程序里的具体内容根据需要合理编写即可。如果要发送内容,就要将所有需要发送的内容准备好,放到对应的中断子程序,需要发送时,调用中断子程序即可。发送数据存放的数据区要按照发送数据格式赋值,同时还要与发送(XMT)指令结合起来应用。

33.2 采用 Modbus 协议测试自由口通信

33.2.1 Modbus 协议测试和确定

Modbus 协议是标准的协议,具体协议标准和内容可参看第 21 章。那么我们就采用 Modbus 协议来测试一下自由口通信。在测试之前需要确定采用什么从站设备,为了方便大家测试和学习,我们选择采用一台 PLC(ST20)来做 Modbus 从站,并编写从站程序。

1. Modbus 从站初始化程序

从站初始化程序 MBUS_Int 指令各个引脚的使用和含义如下:

"模式"(Mode)输入的值用于选择通信协议:输入值为 1 时,分配 Modbus 协议并启用该协议;输入值为 0 时,分配 PPI 协议并禁用 Modbus 协议。

参数"地址"(Addr)将地址设置为 1~247(包括边界)的值。

参数"波特"(Baud)将波特率设置为 1200、2400、4800、9600、19200、38400、57600 或 115200。

参数"奇偶校验"(Parity)应设置为与 Modbus 主站的奇偶校验相匹配。所有设置使用一个停止位。接受的值如下:0(无奇偶校验)、1(奇校验)和 2(偶校验)。

参数"端口"(Port)设置物理通信端口(0=CPU 中集成的 RS-485,1=可选信号板上的 RS-485 或 RS-232)。

参数"延时"(Delay)通过使标准 Modbus 信息超时时间增加分配的毫秒数来延迟标准 Modbus 信息结束超时条件。在有线网络上运行时,该参数的典型值应为 0。如果使用具有纠错功能的调制解调器,则将延时设置为 50~100ms 的值。如果使用扩频无线通信,则将延时设置为 10~100ms 的值。"延时"(Delay)值可以是 0~32767ms。

参数 MaxIQ 用于设置 Modbus 地址 0xxxx 和 1xxxx 可用的 I 和 Q 点数,取值范围是 0~256。值为 0 时,将禁用所有对输入和输出的读写操作。建议将 MaxIQ 值设置为 256。

参数 MaxAI 用于设置 Modbus 地址 3xxxx 可用的字输入(AI)寄存器数,取值范围是 0~56。值为 0 时,将禁止读取模拟量输入。建议将 MaxAI 设置为以下值,以允许访问所有 CPU 模拟量输入:0(用于 CPU CR20s、CR30s、CR40s 和 CR60s);56(所有其他 CPU 型号)。

参数 MaxHold 用于设置 Modbus 地址 4xxxx 或 4yyyyy 可访问的 V 存储器中的字保持寄存器数。例如,如果要允许 Modbus 主站访问 2000 个字节的 V 存储器,需将 MaxHold 的值设置为 1000 个字(保持寄存器)。

参数 HoldStart 是 V 存储器中保持寄存器的起始地址。该值通常设置为 VB0,因此参数 HoldStart 设置为 &VB0(地址 VB0)。也可将其他 V 存储器地址指定为保持寄存器的起始地址,以便在项目中的其他位置使用 VB0。Modbus 主站可访问起始地址为 HoldStart,字数为 MaxHold 的 V 存储器。

MBUS_INIT 指令完成时,"完成"(Done)输出接通。

Error 输出字节包含指令的执行结果。仅当"完成"(Done)接通时,该输出才有效。如果"完成"(Done)关闭,则错误参数不会改变。

如图 33.1 所示,在 ST20 PLC 中设计好了一个从站通信程序。程序段 1 为从站初始化程序,该程序的含义为:将端口 0 设置为 Modbus 通信模式,将 ST20 的从站地址设置为 2,通信波特率设置为 9600baud,无校验,发送数据的起始地址从 VB100 开始连续发送 4 个字(参数 MaxHold 值为 4)。初始化状态监控完成位是 V10.0,错误状态寄存器是 VB11。"延时"(Delay)设置为 1000ms。

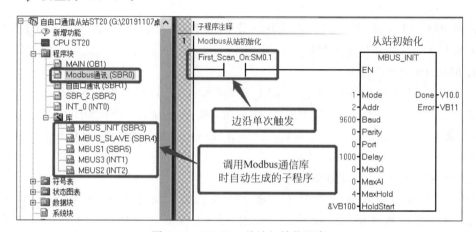

图 33.1　Modbus 从站初始化程序

2. Modbus 从站程序调用

如图 33.2 所示,MBUS_SLAVE 指令用于处理来自 Modbus 主站的请求,并且必须在每次扫描时执行,以便检查和响应 Modbus 请求。EN 输入接通时,会在每次扫描时执行该指令。MBUS_SLAVE 指令没有输入参数。

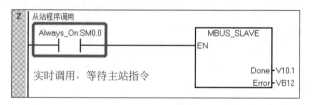

图 33.2　Modbus 从站程序调用

当 MBUS_SLAVE 指令响应 Modbus 请求时,"完成"(Done)输出接通。如果未处理任何请求,"完成"(Done)输出关闭。Error 输出包含指令的执行结果。仅当"完成"(Done)接通时,该输出才有效。如果"完成"(Done)关闭,则错误参数不会改变。从站程序状态监控完成位是 V10.1,错误状态寄存器是 VB12。

3. Modbus 从站程序数据赋值

如图 33.3 所示,为了方便测试先将数据赋值,将需要传递的数据区进行赋值。赋值内容如下:VB100=12 和 VB101=16♯A3。

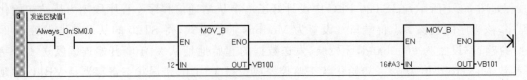

图 33.3　发送区赋值 1

按照上述 3 步完成程序以后,编译并下载 PLC 程序,然后将 ST20 设置为 RUN 模式,接下来编写 Modbus 通信主站程序。

4. Modbus 主站初始化

程序调用 MBUS_CTRL/MB_CTRL2 指令来初始化、监视或禁用 Modbus 通信。

在执行 MBUS_MSG/MB_MSG2 指令前,程序必须先执行 MBUS_CTRL/MB_CTRL2 且不出现错误。该指令完成后,将"完成"(Done) 位置为 ON,然后再继续执行下一条指令。

EN 输入接通时,在每次扫描时均执行该指令。

"模式"(Mode) 输入的值用于选择通信协议。输入值为 1 时,将 CPU 端口分配给 Modbus 协议并启用该协议。输入值为 0 时,将 CPU 端口分配给 PPI 系统协议并禁用 Modbus 协议。

参数"奇偶校验"(Parity)应设置为与 Modbus 从站设备的奇偶校验相匹配。所有设置使用一个起始位和一个停止位。允许的值如下:0(无奇偶校验)、1(奇校验)和 2(偶校验)。

参数"端口"(Port)设置物理通信端口(0=CPU 中集成的 RS-485,1=可选 CM01 信号板上的 RS-485 或 RS-232)。

参数"超时"(Timeout)设为等待从站做出响应的毫秒数。"超时"(Timeout)值可以设置为 1ms~32767ms 的任何值。典型值是 1000ms(1s)。"超时"(Timeout)参数应设置得足够大,以便从站设备有时间在所选的波特率下做出响应。

"超时"(Timeout)参数用于确定 Modbus 从站设备是否对请求做出响应。"超时"(Timeout)值决定着 Modbus 主站设备在发送请求的最后一个字符后等待出现响应的第一个字符的时长。如果在超时时间内至少收到一个响应字符,则 Modbus 主站将接收 Modbus 从站设备的整个响应。

当 MBUS_CTRL/MB_CTRL2 指令完成时,指令将"真"(TRUE)返回给"完成"(Done)输出。

"错误"(Error)输出包含指令执行的结果。

如图 33.4 所示,我们采用 SR30 作为 Modbus 主站并执行了主站初始化程序。将 SR30 通信波特率设置为 9600baud,无校验,通信采用端口 0,PLC 自带的端口为 0。完成位是 V10.0,错误状态寄存器是 VB11。"超时"(Timeout)设置为 2000ms,原来为 1000ms,调试后修改为 2000ms。

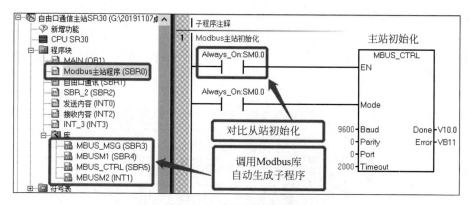

图 33.4　主站初始化程序

5. Modbus 主站程序

有新请求要发送时,将参数 First 设置为接通,并仅保持一个扫描周期。First 输入以脉冲方式通过边沿检测元素(例如上升沿),这将导致程序发送一次请求。

参数"从站"(Slave) 是 Modbus 从站设备的地址。允许范围为 0~247。地址 0 是广播地址。仅将地址 0 用于写入请求。系统不会响应对地址 0 的广播请求。并非所有从站设备都支持广播地址。S7-200 SMART Modbus 从站库不支持广播地址。

使用参数 RW 指示是读取还是写入该消息,0 代表读取,1 代表写入。

离散量输出(线圈)和保持寄存器支持读请求和写请求。离散量输入(触点)和输入寄存器仅支持读请求。参数地址(Addr)是起始 Modbus 地址。S7-200 SMART 支持以下地址范围:对于离散量输出(线圈),为 00001~09999;对于离散量输入(触点),为 10001~19999;对于输入寄存器,为 30001~39999;对于保持寄存器,为 40001~49999 和 400001~465535,Modbus 从站设备支持的地址决定了 Addr 的实际取值范围。

如图 33.5 所示,Modbus 主站通信程序的含义:读取从站 2 的数据,从 40001 开始读取,连续读取 4 个字,也就是 8 个字节的数据,存放在从 VB200 开始连续的 8 个字节里。状态监控完成位是 V10.1,错误状态寄存器是 VB12,First 引脚采用边沿触发。

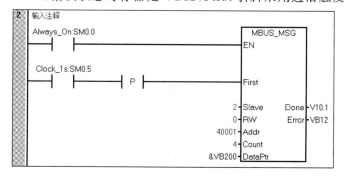

图 33.5　输入注释

6. Modbus 程序测试

如图 33.6 所示将接好的接头分别接到 2 个 PLC 上。因为西门子 DB9 接口引脚分布是 3+ 和 8-,所以两个 DB9 接头引脚都接 3+ 和 8-。利用一根 2 芯线接起来,接线时 3+ 连接 3+,8- 连接 8-。接好线以后,分别插到 2 个 PLC 的通信接口。如果通信正常,SR30 里会读取到 ST20 里的数据。

图 33.6   DB9 接头接线图

计算机联机 PLC 通过程序监视 SR30 中 VB200~VB205 的数据,发现数据都是 0,说明通信出现异常。需要排查问题和检测一下。如图 33.7 所示,使用串口调试助手连接 PLC,监视 SR30 发出的数据内容。发送的内容为 02 03 00 00 00 04 44 3A,根据 Modbus 协议内容判断,该发送内容正确。

图 33.7   串口调试软件监控 SR30 发出的数据

将 SR30 发送的数据内容复制到串口调试助手软件中利用计算机通过串口发送给 ST20,得到如图 33.8 所示的数据回复。根据 Modbus 协议内容判断回复内容有无错误。在 ST20 中 VB100 赋值为 12(16♯0C),VB101 赋值为 A3(16♯A3),收到的有效数据为 16 ♯0C 和 16♯ A3,发送数据和接收数据一致,因此判断回复数据正确。

利用计算机通过串口调试助手软件经过测试发送数据和接收数据都没有问题,那么问题出在哪里呢?如果推断接线有问题就要更换接头,并重新接线。我们更换接头并且重新

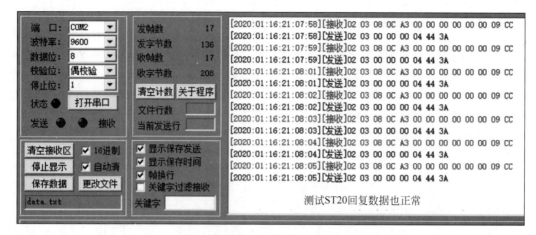

图 33.8 串口调试软件测试 ST20 回复数据

接线后还是接收不到数据,并且主程序一直报错 03 或者 06。根据故障提示判断从站响应超时,或者是从站没反应,或者是主站问询速率太快。既然已经测试出来从站没问题,那么问题就出在主站这里。我们将主站通信的检测延时 Timeout 由原来的 1000ms 改为 2000ms,经过测试可以接收到数据了。

本次调试发现不是从站没响应,而是主站对从站的响应时间短,还没等从站反应过来,主站就不等待了,判定为通信超时。经过修改通信延时"超时"(Timeout)的数值,通信成功了。如图 33.9 所示,从监控数据可以看到 VB200 和 VB201 都有数据了,十六进制显示时 VB200 为 0C,VB201 为 A3,与发送的数据一致,通信测试完成。

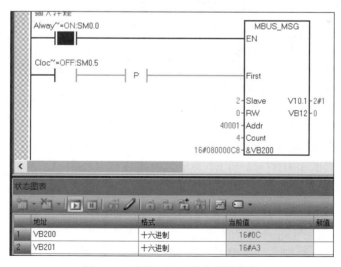

图 33.9 监控 SR30 接收到的数据

33.2.2 Modbus 协议测试自由口通信

33.2.1 节我们采用 Modbus 协议测试了通信,证明线路没有问题并且从站程序也没有问题。那么保证 ST20 的程序不变,我们将 SR30 的程序修改为自由口通信来测试一下。要发送的内容是 02 03 00 00 00 04 44 3A,应该接收到的内容为 02 03 08 0C A3 0C A3 00 00 00 00 CD 19,有效数据位 0C A3 0C A3。以上发送和接收的数据均为十六进制。

1. 主程序 OB1 调用子程序

如图 33.10 所示,为主程序 OB1 调用"自由口通信"子程序,将"Modbus 主站程序"子程序封掉不用。

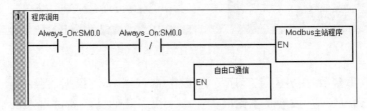

图 33.10 OB1 主程序调用子程序

2. 自由口通信程序

根据实际接线情况确定发送端口为端口 0,通信波特率 9600baud,无校验,8 个数据位。如图 33.11 所示需要对控制字节 SMB30 进行赋值,根据表 33.2 确定赋值为 16#09。

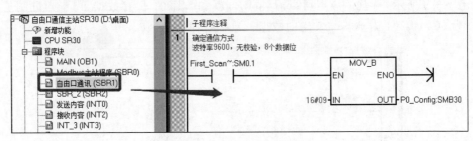

图 33.11 发送消息模式确定

根据实际接线情况确定接收端口为 0 端口,如图 33.12 所示接收消息控制字赋值为 16#B0,查表 33.6 可知,SMB87=16#E0 表示启用接收信息(SM87.7=1)、启用开始字符检测(SM87.6=1)和启用消息结束字符检测(SM87.5=1)。查表 33.7 可知,SMB89=16#02 表示开始字符为 16#02,SMB90=16#19 表示结束字符为 16#19,SMB94=16#100 最大接收字节数目设定为 100。

如图 33.13 所示,采用 T32 实现了一个 2s 循环接通的定时器,2s 时间到了自动断开一次。这样 T32 相当于 2s 产生一次脉冲信号。该信号将用于启动发送中断子程序。原本可以通过 SMB34 来实现具备时间间隔的定时中断,由于 SMB34 的最大值不满足使用,所以采用 T32 来实现定时中断。T32 的当前值等于预设值时对应的中断事件号是 21。

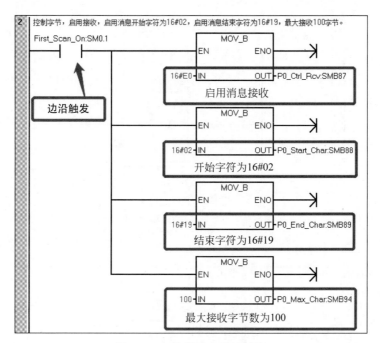

图 33.12 接收消息模式确定

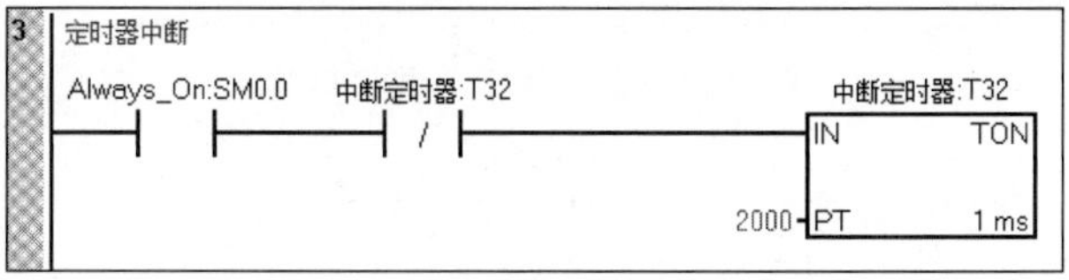

图 33.13 定时发送消息

ATCH 指令:中断连接指令将中断事件 EVNT 与中断例程编号 INT 相关联,并启用中断事件。如图 33.14 所示,将中断事件 21 与 T32 相连接,即 T32 接通后调用中断程序 INT0。INT0 子程序为发送消息的中断子程序;将中断事件 9 与中断子程序 INT2 连接起来,中断事件号 9 表示"发送完成"。即发送完成后,调用发送子程序(INT2)的内容。具体的中断事件号可查看附表 1 和附表 2。

3. 中断子程序 INT0

发送内容(INT0)子程序为需要发送时所使用的程序。

发送数据数量确定。如图 33.15 所示,VB100 赋值为 08,结合图 33.17 中的发送指令,表示要发送 8 个字节的数据。

发送数据赋值 1。如图 33.16 所示,将 VB101 赋值为 02,将 VB102 赋值为 03,将 VB103 赋值为 0,将 VB104 赋值为 0,对要发送的前 4 个字节赋值。

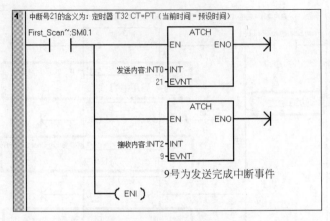

图 33.14　中断事件连接和开启

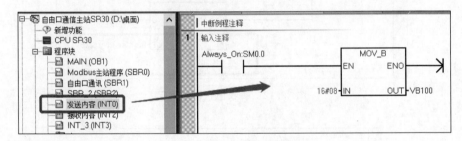

图 33.15　发送字节数量确定

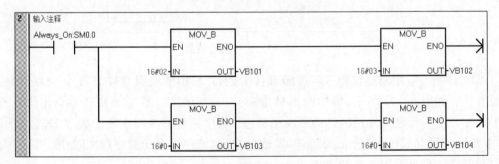

图 33.16　发送内容 1

　　发送数据赋值 2。如图 33.17 所示,将 VB105 赋值为 0,将 VB106 赋值为 04,将 VB107 赋值为 44,将 VB108 赋值为 3A,对要发送的后 4 个字节赋值。

　　发送指令 XMT 调用。如图 33.18 所示,调用自由口通信的发送指令 XMT,采用端口 0,从 VB101 开始发送数量为 VB100 的数值。

4. 中断子程序 INT2

　　接收内容(INT2)子程序为需要接收时所使用的程序。

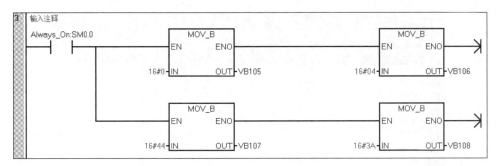

图 33.17 发送内容 2

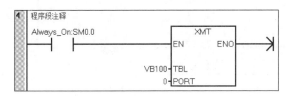

图 33.18 发送指令

接收指令 RCV 调用。如图 33.19 所示,调用自由口通信的接收指令 RCV,采用端口 0,从 VB300 开始存放数据,具体数据存放格式见表 33.4。接收到的有效数据可以传到其他数据来分析和处理。

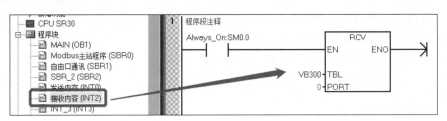

图 33.19 接收指令

接收数据监视和解析。如图 33.20 所示为监控接收到的数据表,VB300 存放的是接收到的数据字节数,一共接收了 13 个字节,接收内容为 02 03 08 0C A3 0C A3 00 00 00 00 CD 19,与上一章节用 Modbus 通信接收到的数据一样,证明我们测试的自由口通信成功了。通信成功仅仅是自由口通信工作的开始,后边还有很多数据解析和数据处理的工作要做。由于这次接收到的数据比较简单,数据处理就把有效数据提取出来就可以了。将 VB304～VB307 赋值到其他数据区域然后再进行数据解析和处理,保证原始接收到的数据不变。

	地址	格式	当前值	新值
1	VB300	无符号	13	
2	VB301	十六进制	16#02	
3	VB302	十六进制	16#03	
4	VB303	十六进制	16#08	
5	VB304	十六进制	16#0C	
6	VB305	十六进制	16#A3	
7	VB306	十六进制	16#0C	
8	VB307	十六进制	16#A3	
9	VB308	十六进制	16#00	
10	VB309	十六进制	16#00	
11	VB310	十六进制	16#00	
12	VB311	十六进制	16#00	
13	VB312	十六进制	16#CD	
14	VB313	十六进制	16#19	
15	VB314	十六进制	16#00	
16	VB315	无符号	0	

图 33.20　SR30 监控接收数据

本 章 小 结

　　通过本章的学习我们要掌握自由口通信的一般模式和思路,以后遇到类似的问题就知道如何去处理了。主要思路分两部分:第1部分是先测试完从站设备能正常通信后再编写程序;第2部分是按照流程测试对应的通信程序。大致流程如下:①确定发送端口和端口通信模式。②确定接收端口和接收端口接收模式。③确定发送方式和周期。④确定接收方式和周期。⑤启用中断和事件连接。⑥发送数据数量和发送内容确定并发送。⑦接收数据区域确定并接收。

结　束　语

　　编写本书的目的不是希望读者记住多少指令，也不是希望读者记住多少操作，而是希望读者理解一些内容，懂得一些方法，掌握一些思路。学习的目的不仅是知识和内容的本身，而且更应该通过体验和感悟理解一些方法和思路。知识就像一座座大山，想要攀登到一定的高度，就要付出辛苦。前方路途固然艰难，说明能力仍需历练。学习任重而道远，合适的方法和思路才是提高学习效率的宝典。书山有路勤为径，学海无涯苦作舟！

　　最终的提升和历练都要归结到实践和实战。本书就像我们平时使用的一种导航系统，给你指明方向和思路。都说"一入工控深似海"，愿大家在知识的海洋玩得开心，并且做到收放自如、游刃有余。

　　我们学习电气控制需要具备的特征主要有以下几点：胆大心细、刨根问底、触类旁通、举一反三、千锤百炼和宁折不弯。在学习中不断提升，在学习中持续进步。同时还要多动手，多动脑，多思考。请大家一定牢记："百闻不如一见，百看不如一练。"

　　只要生命还在继续，学习就不会停止。在这里我预祝每一位读者都有不同的收获，同时也告诫大家：本书内容的完结并不是学习的结束，而是新征程的开始。

附 表

附表 1 中断事件说明表 1

中断事件和说明详情表

事件	说明	CPU CR20s CPU CR30s CPU CR40s CPU CR60s	CPU SR20/ST20 CPU SR30/ST30 CPU SR40/ST40 CPU SR60/ST60
0	I0.0 上升沿	Y	Y
1	I0.0 下降沿	Y	Y
2	I0.1 上升沿	Y	Y
3	I0.1 下降沿	Y	Y
4	I0.2 上升沿	Y	Y
5	I0.2 下降沿	Y	Y
6	I0.3 上升沿	Y	Y
7	I0.3 下降沿	Y	Y
8	端口 0 接收字符	Y	Y
9	端口 0 发送完成	Y	Y
10	定时中断 0(SMB34 控制时间间隔)	Y	Y
11	定时中断 1(SMB35 控制时间间隔)	Y	Y
12	HSC0 CV＝PV(当前值 ＝ 预设值)	Y	Y
13	HSC1 CV＝PV(当前值 ＝ 预设值)	Y	Y
14-15	保留	N	N
16	HSC2 CV＝PV(当前值 ＝ 预设值)	Y	Y
17	HSC2 方向改变	Y	Y
18	HSC2 外部复位	Y	Y
19	PTO0 脉冲计数完成	N	Y
20	PTO1 脉冲计数完成	N	Y

中断事件和说明详情表

事件	说明	CPU CR20s / CPU CR30s / CPU CR40s / CPU CR60s	CPU SR20/ST20 / CPU SR30/ST30 / CPU SR40/ST40 / CPU SR60/ST60
21	定时器 T32 CT＝PT(当前时间 ＝ 预设时间)	Y	Y
22	定时器 T96 CT＝PT(当前时间 ＝ 预设时间)	Y	Y
23	端口 0 接收消息完成	Y	Y
24	端口 1 接收消息完成	N	Y
25	端口 1 接收字符	N	Y
26	端口 1 发送完成	N	Y
27	HSC0 方向改变	Y	Y
28	HSC0 外部复位	Y	Y
29	HSC4 CV＝PV	N	Y
30	HSC4 方向改变	N	Y
31	HSC4 外部复位	N	Y
32	HSC3 CV＝PV(当前值 ＝ 预设值)	Y	Y
33	HSC5 CV＝PV	N	Y
34	PTO2 脉冲计数完成	N	Y
35	I7.0 上升沿(信号板)	N	Y
36	I7.0 下降沿(信号板)	N	Y
37	I7.1 上升沿(信号板)	N	Y
38	I7.1 下降沿(信号板)	N	Y
43	HSC5 方向改变	N	Y
44	HSC5 外部复位	N	Y

随书笔记

　　请在这里记录你的感悟或者明白的原理和道理,亦或是新发现。请在这里记录你的灵感或者巧妙的思路,亦或是思想的改变! 在这里记录的是对 PLC 编程的理解,而不是对规则的描述;在这里记录的是知识的结晶,而不是要点的堆砌! 吸纳别人的知识就要结合自己的知识体系,消化吸收融为一体才能称之为"学会",否则只是"看过"而已。思考就像搅拌机,将知识块打碎帮助大家消化,思考得越深入消化得越快。你还在等什么呢? 开启自己的"搅拌机",敞开心扉去遐想和顿悟吧!

方法思路记录

_____

_____

_____

_____

_____

_____

_____

_____

_____

_____

_____

_____

_____

_____

_____

_____

思想感悟记录

参 考 文 献

[1] 李长久. PLC 原理及应用[M]. 2 版. 北京：机械工业出版社，2016.

[2] 西门子(中国)有限公司. S7-200 SMART 可编程控制产品样本[Z]. 2016.

[3] 三菱电机自动化(中国)有限公司. 三菱通用变频器 FR-A700 使用手册[Z]. 2005.

[4] ABB(中国)有限公司. 低压交流传动 ACS510-01 变频器用户手册[Z]. 2009.

[5] 中达电通股份有限公司. 小型泛用无感向量驱动器 VFD-M 系列使用手册[Z]. 2013.

[6] 欧姆龙通灵自动化系统(杭州)有限公司. 立真 3G3TA 系列变频器使用说明书[Z]. 2015.

图 书 资 源 支 持

感谢您一直以来对清华大学出版社图书的支持和爱护。为了配合本书的使用，本书提供配套的资源，有需求的读者请扫描下方的"书圈"微信公众号二维码，在图书专区下载，也可以拨打电话或发送电子邮件咨询。

如果您在使用本书的过程中遇到了什么问题，或者有相关图书出版计划，也请您发邮件告诉我们，以便我们更好地为您服务。

我们的联系方式：

地　　址：北京市海淀区双清路学研大厦 A 座 701

邮　　编：100084

电　　话：010-83470236　　010-83470237

资源下载：http://www.tup.com.cn

客服邮箱：tupjsj@vip.163.com

QQ：2301891038（请写明您的单位和姓名）

教学资源・教学样书・新书信息

人工智能科学与技术
人工智能|电子通信|自动控制

资料下载・样书申请

书圈

用微信扫一扫右边的二维码，即可关注清华大学出版社公众号。